计算机控制技术

主　编　刘庆丰
副主编　秦　刚　冷朝霞　戴　斌

科学出版社
北　京

内 容 简 介

本书介绍了计算机控制系统的种类、应用场合、结构组成、设计方法及发展趋势。全书共分9章，着重阐述了输入/输出接口设计、过程通道结构分析、系统的干扰种类及抗干扰方法、控制器的设计方法及优化方法、计算机控制系统的设计原则、硬件和软件的设计方法及设计步骤、计算机网络控制系统的种类。

本书注重理论与实践相结合，注重相关学科新技术的应用，列举了实际科研工作中的开发实例，各章后附有习题，既便于教学，又便于实际应用。

本书可作为高等院校自动化、电气工程及其自动化、计算机应用等相关专业的本科生教材，也可作为相关领域科技人员的参考书。

图书在版编目（CIP）数据

计算机控制技术/刘庆丰主编. —北京：科学出版社，2011.6

ISBN 978-7-03-031486-4

Ⅰ.①计… Ⅱ.①刘… Ⅲ.①计算机控制系统 Ⅳ.①TP273

中国版本图书馆CIP数据核字（2011）第110445号

责任编辑：余 江 张丽花/责任校对：赵桂芬

责任印制：徐晓晨/封面设计：迷底书装

科学出版社出版

北京东黄城根北街16号

邮政编码：100717

http://www.sciencep.com

北京建宏印刷有限公司 印刷

科学出版社发行 各地新华书店经销

*

2011年6月第 一 版 开本：720×1000 1/16

2019年5月第六次印刷 印张：16

字数：341 000

定价：59.00 元

（如有印装质量问题，我社负责调换）

前　言

“计算机控制技术”是普通高等学校自动化、电气工程及其自动化专业的重要课程之一。它是将大学四年学习过程中的相关课程：电路基础、模拟电子线路、数字电子线路、微机原理、控制理论等内容高度系统化、应用化的统一体，是从事计算机控制系统设计与研究必不可少的课程。

随着科学技术的发展，计算机在工业、国防及日常生活中得到了广泛的应用，使控制技术得到了空前的发展，也为控制技术的新理论和新技术的应用提供了广阔的平台，相关的理论和应用技术被总结成为计算机控制技术。

随着集成电路技术、计算机技术和控制技术的发展，新型的电路芯片、先进的控制方法在计算机控制系统中被广泛使用。本书在典型计算机控制系统设计方法的基础上，结合新的技术手段，重点介绍了一些发展的观点和实现方法，在系统设计方面增加的新内容体现了计算机控制系统的发展趋势。

本书针对计算机控制系统的特点及系统结构中各个环节的相关性，编写时遵从整体到局部，再从局部到整体的思路和设计原则，完善计算机控制系统设计过程中的结构分配形式，做到结构清晰、重点突出、方法明确、步骤简练准确。结合相关课程内容，论述了计算机控制系统设计过程中的重点和难点，并且通过示例讲解，通俗易懂，便于读者掌握。

全书共分 9 章，总结了计算机控制系统的发展过程，介绍了计算机控制系统的特点及发展趋势，着重阐述了计算机控制系统的种类、应用场合、结构组成、硬件及软件的设计方法和设计步骤。

本书第 1～5 章由西安理工大学刘庆丰编写，第 6 章由西安工业大学秦刚编写，第 7 章由运城学院戴斌编写，第 8 章由长安大学刘永奎编写，第 9 章由西安理工大学冷朝霞编写，全书由刘庆丰统稿。另外，感谢第二炮兵工程学院刘岩、西安石油大学苏娟以及西安科技大学倪云峰对本书编写的大力支持。

由于编者水平有限，书中难免存在不足之处，敬请读者批评指正。

编　者

2011 年 2 月

目　　录

第 1 章　计算机控制系统概述

随着社会和科技的发展，计算机控制技术已经广泛应用于社会经济生活的各个层面。大到非常庞杂的控制系统，小到各种微型控制设备，计算机控制技术在其中均起着越来越重要的作用。随着计算机技术的迅速发展及微型计算机的日益普及，尤其是各种性能优良、价格低廉的嵌入式微控制器的出现，使得用计算机实现的控制器成本不断降低，从而推动了计算机在控制系统中的应用。同时，由于通过软件编程可以实现各种复杂、灵活的控制算法，因而计算机控制技术广泛地应用于工农业生产、交通运输以及国防建设等各个领域，并取得了良好的控制效果。

1.1　计算机控制系统的组成及特点

自动控制是指通过控制装置使生产过程在没有人直接参与的情况下自动地按照预定的要求运行。计算机控制系统是以计算机为核心的实现生产过程自动控制的系统。用计算机来组建控制系统可以完成常规控制技术无法完成的任务，达到常规控制技术无法达到的性能指标。

计算机控制系统是在自动控制技术和计算机技术不断发展的基础上产生的。虽然经典控制理论已发展成熟，且在不同领域得到了成功的运用，但是它也有其局限性，对复杂的控制系统和复杂的算法，在实现上遇到了相当大的困难，不能满足系统的运行要求。现代控制理论的发展为自动控制系统的分析、设计与综合增添了理论基础，而计算机技术的发展为新型控制规律的实现提供了非常有效的手段，两者的结合极大地推动了自动控制技术的发展。

连续控制系统的典型结构如图 1-1 所示。

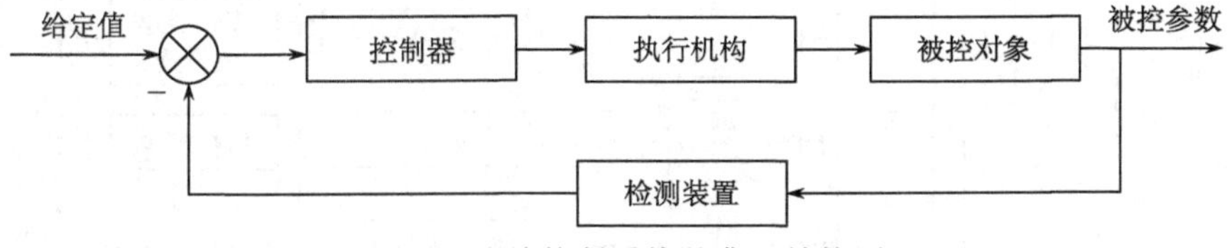

图 1-1　连续控制系统的典型结构图

该系统中各处的信号均为连续信号。此控制过程中给定值与反馈值经过比较器比较产生偏差，控制器对偏差进行调节计算，产生控制信号驱动执行机构，从而使被控参数的值达到期望值。将连续控制系统中的比较器和控制器的功能用计算机来实现，就组成了一个典型的计算机控制系统，其结构图如图 1-2 所示。

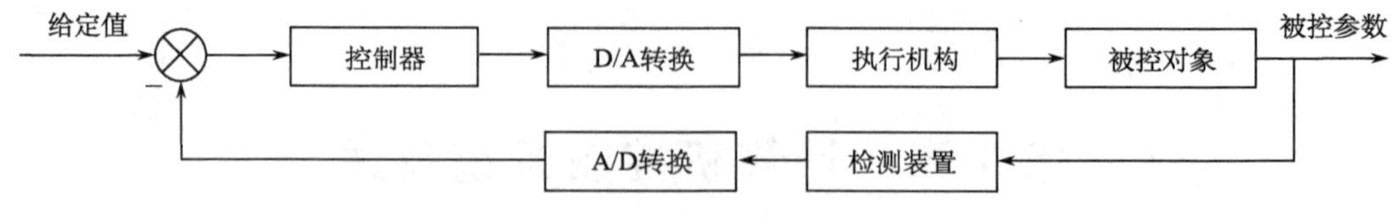

图 1-2　典型计算机控制系统结构图

在计算机控制系统中,计算机的输入和输出信号都是数字信号,而被控对象的被控参数一般都是模拟量,执行器的输入信号也大都是模拟信号。因此,需要有一个将模拟信号转换为数字信号的 A/D 转换器,以及一个将数字信号转换为模拟信号的 D/A 转换器。

计算机控制系统的控制过程通常可以归结为:

(1) 数据采集及处理。即对被控对象的被控参数进行实时检测,并输入计算机进行处理。

(2) 实时控制。即按已设计的控制规律计算出控制量,实时向执行器发出控制信号。

自动控制要求控制系统具有实时性,即要求信号的输入、计算和输出在一定的时间(采样间隔)内完成。这个过程的不断重复,使得整个系统能够按照一定的品质指标进行工作,同时也能够对被控参数和设备本身出现的异常状态进行监测并做出快速处理。

计算机控制系统由硬件和软件两部分组成,硬件是系统构成的物质基础,软件是功能程序的总和。

1.1.1　计算机控制系统的硬件组成

计算机控制系统的硬件一般由主机、过程输入/输出通道、外部设备、操作台和被控对象等组成,如图 1-3 所示。

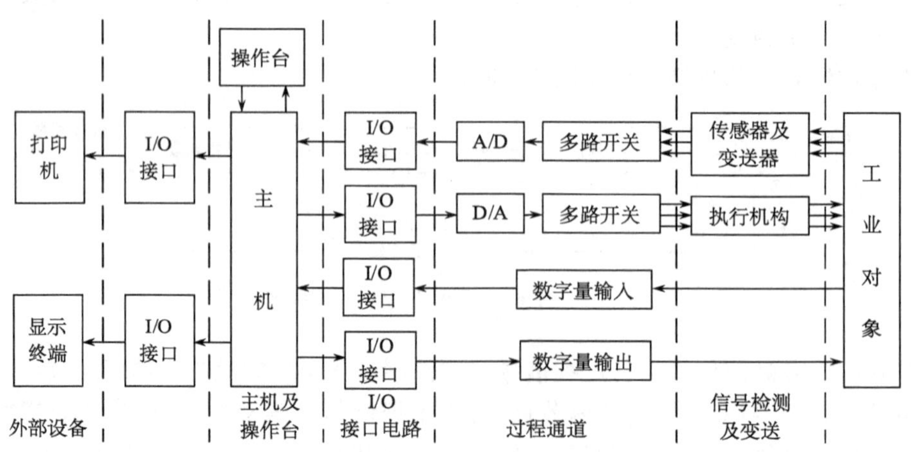

图 1-3　计算机控制系统的硬件组成框图

1. 主机

主机是计算机控制系统的核心，通过接口可以向系统的各个部分发出各种命令，同时对被控对象的被控参数进行实时检测及处理。其具体功能是完成程序存储、程序执行、数值计算、逻辑判断和数据处理等工作。

2. 过程通道

过程输入/输出通道是在主机和被控对象(或生产过程)之间设置的信息传送和转换的连接通道。

过程输入通道把被控对象(或生产过程)的被控参数转换成计算机可以处理的数字代码；过程输出通道把计算机输出的控制命令和数据，转换成可以对被控对象(或生产过程)进行控制的信号。

过程输入/输出通道一般分为模拟量输入通道、模拟量输出通道、开关量输入通道和开关量输出通道。

3. I/O接口

I/O接口是主机和通道、外部设备进行信息交换的纽带，由于外部设备是不能直接由主机控制的，必须由接口来传送相应的信息和命令。接口电路有并行接口、串行接口、脉冲接口和直接数据传送接口等。接口的任务是实现主机与外部设备的连接，外设不同，接口的形式也不一样。目前，绝大部分I/O接口都是采用可编程接口芯片，它们的工作方式可以通过编程设置，各种CPU都有配套的接口芯片。

4. 外部设备

外部设备是用来实现计算机和外界交换信息的设备。常用的外部设备有输入设备、输出设备和外存储器，用来显示、打印、存储和数据传送。

输入设备有键盘、鼠标、扫描仪等，主要用来输入用户命令和数据。

输出设备有打印机、显示器、记录仪、绘图仪、声光报警器等，主要用来显示或记录各种信息和数据。

外存储器有磁盘驱动器、光盘驱动器、磁带录音机等，兼有输入输出功能，主要用来存储程序和有关数据。

5. 操作台

操作台是操作人员与计算机控制系统进行“对话”的设备，通过它可以向计算机输入命令、修改参数、显示被测参数和发出各种操作指令。主要由以下四部分组成。

(1) 作用开关。电源开关、数据及地址选择开关、自动/手动切换开关等可通过接口与主机相连。它们完成对主机进行启/停、对设备进行启/停或修改数据、选择控制方式等功能。

(2) 功能键。通过功能键向主机申请服务。主要包括复位键、启动键、打印键、显示键、工作方式选择键等。

(3) 显示终端。LED、LCD或CRT显示屏，显示操作者所要求的内容或报警信息。在小型系统中，更多的是采用LED、LCD显示屏；而在规模比较大，要求比较高的系统中,可以选用 LCD、CRT 显示器。因为 LCD、CRT 显示器不仅可以显示数据表格,而且可以显示各种图形,如控制系统流程图、参数变化趋势图、调节回路指示图等。清晰美观的显示,便于操作人员的工作,提高系统的性能。

(4) 键盘。用于输入或修改参数。

操作台的各组成部分都通过对应的接口电路与主机相连,由主机实现对各部分的管理。

6. 其他

在计算机控制系统中,工业对象、执行机构、检测变送等设备,也是计算机控制系统硬件的组成之一,具体的工业被控对象不同,它的组成结构、执行机构及其检测设备也不相同。因此,设计计算机控制系统时,要根据具体的工业被控对象选择相应的执行机构和检测设备。

1.1.2 计算机控制系统的软件组成

对于计算机控制系统而言,软件也是它的组成部分。软件是指能够完成各种功能的计算机控制系统的程序总和。它是计算机控制系统的神经中枢,整个系统的动作都是在软件的指挥下进行工作的。它分为系统软件和应用软件两大部分,如图 1-4 所示。

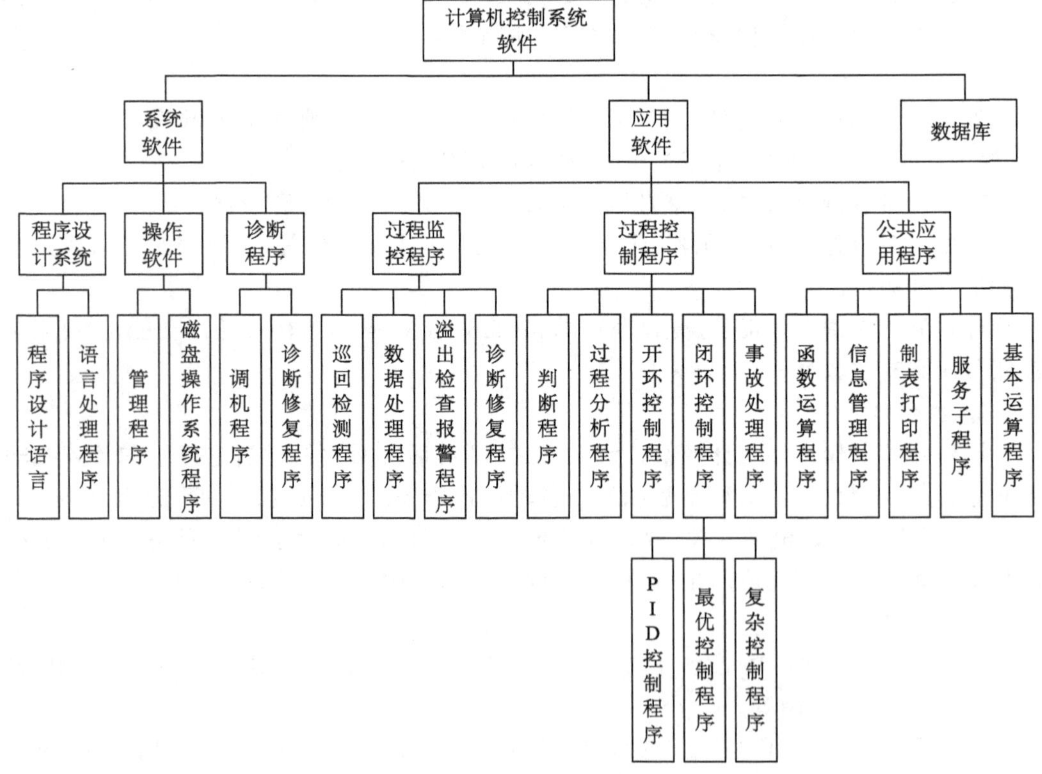

图 1-4 计算机控制系统的软件组成

系统软件是计算机运行操作的基础，是用于管理、调度、操作计算机各种资源，实现对系统监控与诊断，提供各种开发支持的程序，如操作系统、监控管理程序、故障诊断程序、各种语言的汇编、解释和编译程序等。系统软件一般由计算机厂家提供，用户不需要自己设计开发。

应用软件是用户根据要解决的控制问题而编写的各种程序，如各种数据采集、滤波程序、控制量计算程序、生产过程监控程序等。应用软件的优劣，将给控制系统的功能、精度和效率带来很大的影响。用于应用软件开发的程序设计语言有机器语言、汇编语言及各种高级语言。目前也有一些专门用于控制的应用组态软件，具有功能强、使用方便、组态灵活的特点，可节省设计者大量的时间。

在计算机控制系统中，软件和硬件不是独立存在的，设计时必须注意两者之间的有机配合和协调，这样才能研制出满足生产要求的高质量控制系统。

1.1.3 计算机控制系统的特点

与连续控制系统相比，计算机控制系统具有明显的特点。

(1) 连续控制系统中，系统处理的是模拟信号，构建的是模拟系统；而计算机控制系统既有模拟信号又有数字信号，构建的是混合系统。

(2) 在连续控制系统中，控制规律是由模拟电路实现的，控制规律越复杂，所需的模拟电路往往越多，要修改控制规律，一般要改变原有的电路结构；而在计算机控制系统中，只需修改相应的程序，就能达到改变控制规律的目的。

(3) 计算机控制系统具有强大的运算能力和逻辑判断能力，能够实现模拟电路不能实现的复杂控制规律。

(4) 在连续控制系统中，一般是一个控制器控制一个回路；而在计算机控制系统中，由于计算机具有高速的运算处理能力，一个数字控制器可以采用分时控制的方式，同时控制多个回路。

(5) 采用计算机控制系统，如分级计算机控制系统、集散控制系统、计算机网络控制系统等，便于实现控制与管理一体化，使工业企业的自动化程度进一步提高。

(6) 计算机控制系统具有强大的故障诊断能力，方便维护工作。

1.2 计算机控制系统的分类

计算机控制系统的类型与它所控制的对象复杂程度密切相关，不同的被控对象和不同的被控要求，应选择不同类型的控制系统。计算机控制系统的分类从不同角度出发有各种各样的结构和形式，按反馈方式可分为开环控制和闭环控制；按采用的控制规律可分为数字程序控制、常规控制(PID 控制)、高级控制(最优控制、自适应控制、预测控制、非线性控制等)、智能控制(模糊控制、专家控制、人工神经网络控制等)；按完成的功能和结构，可分为操作指导控制系统、直接数字控制系统、监督控制系统、集散控制系统、现场总线控制系统和计算机集成制造系统等。在设计计算机控制系统时一般都是采用构建系统的形式进行分类,即按完成的功能和结构分类,其具体形式如下。

1.2.1 操作指导型控制系统

该系统是指计算机的输出不直接控制被控对象,只是每隔一定时间,计算机进行一次数据采集,将系统的一些参数经 A/D 转换器转换后送入计算机进行计算及处理,然后进行报警、打印和显示。操作人员根据这些结果去改变控制器的设定值或直接操作执行机构。操作指导型控制系统是一个开环控制结构,该控制系统如图 1-5 所示。

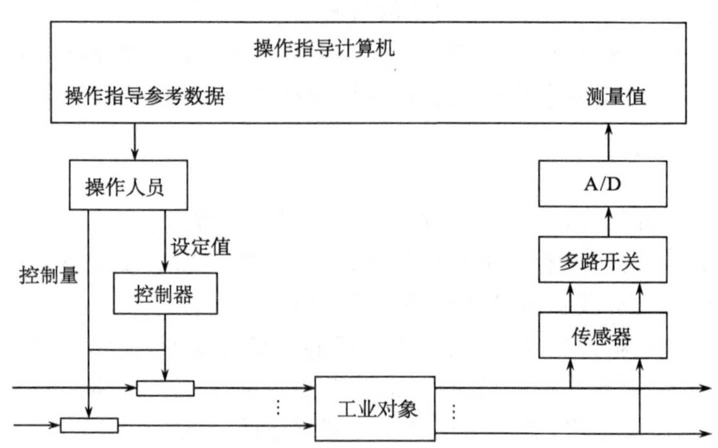

图 1-5 计算机操作指导型控制系统框图

操作指导型控制系统的优点是结构简单,控制灵活和安全,特别适用于未摸清控制规律的系统,常常被用于计算机控制系统研制的初级阶段,或用于试验新的数学模型和调试新的控制程序等。但是要人工操作,速度受到限制,故不适合于快速过程的控制和多个对象的控制。

1.2.2 直接数字控制系统

直接数字控制系统(Direct Digital Control,DDC),是计算机用于工业过程控制中最普遍的一种模式。计算机通过测量元件对一个或多个被控参数进行巡回检测,并经过输入通道将检测数据送入计算机,计算机根据规定的控制规律进行计算,发出控制信号直接控制执行机构,使系统的被控参数达到预定的要求。在 DDC 系统中计算机参与闭环控制过程,它不仅能取代模拟调节器,实现多回路的 PID(比例、积分、微分)调节,而且通过改变程序就能有效地实现较复杂的控制规律,如前馈控制、非线性控制、自适应控制、最优控制等。系统结构框图如图 1-6 所示。

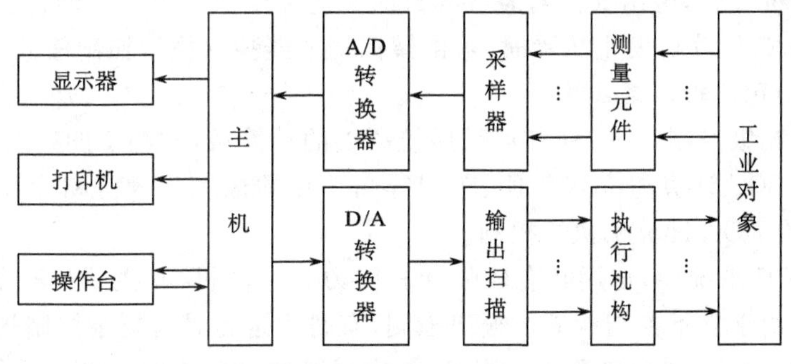

图 1-6　直接数字控制系统框图

1.2.3　监督计算机控制系统

监督计算机控制系统(Supervisory Computer Control,SCC)是一个两级控制系统,计算机按照描述生产过程的数学模型计算出最佳给定值,并送入模拟调节器或者DDC计算机,由模拟调节器或者DDC计算机控制生产过程,从而使生产过程始终处于最佳工作状态。该系统能对生产过程进行分析,做出故障诊断和预报。SCC系统有两种类型,一种是SCC+模拟调节器,另一种是SCC+DDC控制系统,监督计算机系统结构如图1-7所示。下面将分别介绍。

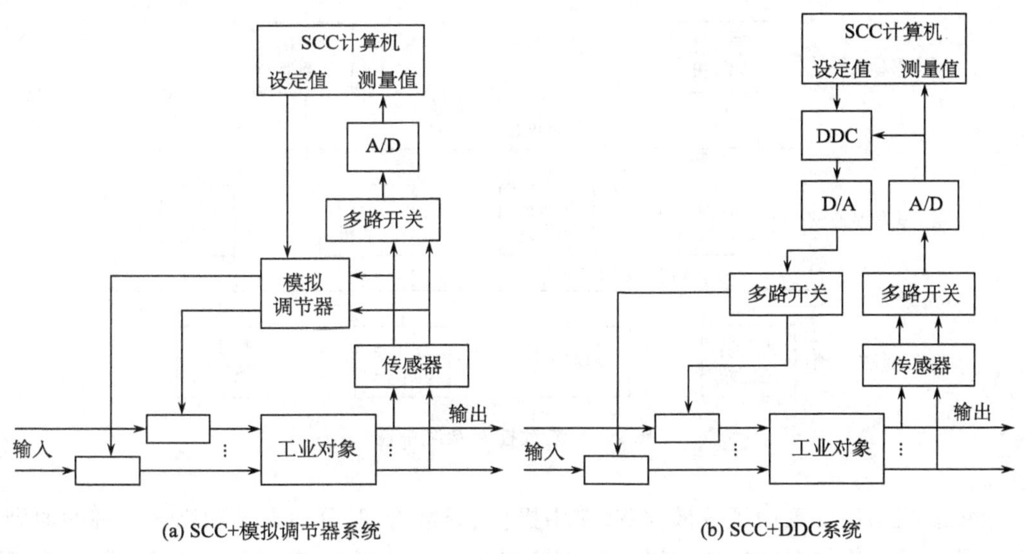

图 1-7　监督计算机控制系统框图

1. SCC+模拟调节器的控制系统

在该类型的系统中,计算机对各过程参量进行巡回检测,并按一定的数学模型对生产工况进行分析计算，得出被控对象各参数的最优设定值送给调节器，使工况保持在最优状态。当 SCC 计算机发生故障时，可由模拟调节器独立执行控制任务。

2. SCC+DDC 的控制系统

这是一种二级控制系统，SCC 可采用较高档的计算机，它与 DDC 之间通过接口进行信息交换。SCC 计算机完成工段、车间等高一级的最优化分析和计算，然后给出最优设定值，送给 DDC 计算机执行控制。

通常在 SCC 系统中，选用具有较强计算能力的计算机，其主要任务是输入采样和计算设定值。由于它不参与频繁的输出控制，有时间进行具有复杂控制规律的处理，因此，SCC 能进行最优控制、自适应控制等，并完成某些管理工作。SCC 系统的优点是不仅可进行复杂控制规律的控制，而且其工作可靠性较高，当 SCC 出现故障时，下级仍可继续执行控制任务。

1.2.4 集散控制系统

集散控制系统(Distributed Control System，DCS)，也称为分布式控制系统或分散式控制系统，就是由若干个微处理器或管理计算机分别承担部分任务而组成的计算机控制系统。该系统的特点是将控制任务分散，用多台计算机分别执行不同的任务，既能进行控制又能实现管理。其框图如图 1-8 所示。

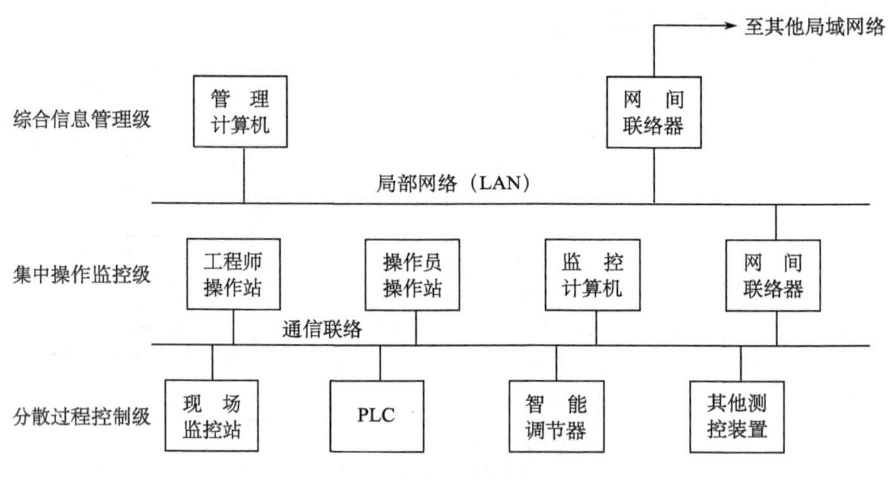

图 1-8 集散控制系统框图

集散控制系统采用了分散控制、集中操作、分级管理、分而自治和综合协调的原则，形成具有层次化体系结构的分级分布式控制。集散控制系统一般分为三个层次：过程控制级、集中操作监控级和综合信息管理级。各级有一台或多台计算机，级内计算机和级间计算机都通过网络进行通信，相互协调，构成一个严密的整体。每一级的功能明确，下面分别介绍。

(1) 综合信息管理级。一般采用大中型计算机作为管理计算机，根据监控级提供的信息及生产任务的要求，向决策者提供各种信息，如生产计划、调度和管理方案，实现生产、人、财、物等的综合管理和办公自动化。根据企业的规模和管理范围的大小，它又可以分为几级，例如车间管理级、工厂管理级、公司管理级等，如图 1-9 所示。按照各级职责不同，每一管理级的计算机任务也不同。

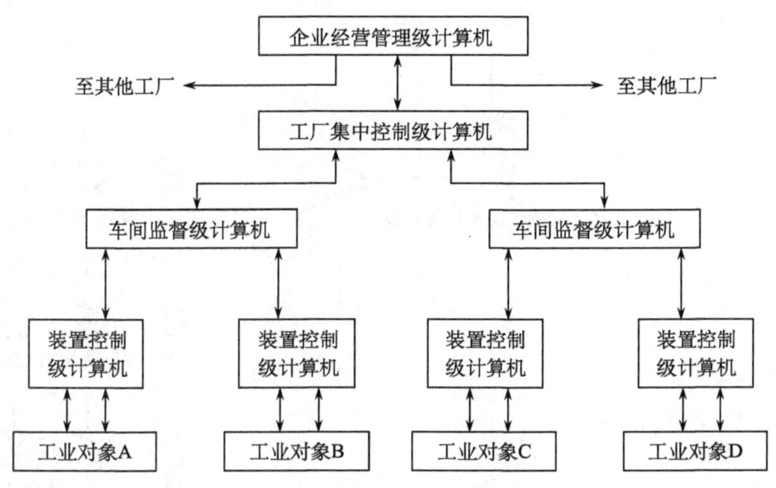

图 1-9　分级计算机控制框图

(2) 集中操作监控级。用于监视控制各站点的信息，实现信息的集中显示和对生产过程的集中控制操作，实现对各控制回路的组态、参数的设定和修改以及优化控制等。监控级有监控计算机、工程师操作站、操作员操作站。由于监控级能全面地反映控制级各工作站的情况，提供充分的信息，因此本级的操作人员可以直接干预系统的运行。

(3) 过程控制级。它是 DCS 的基础，用于直接控制生产过程。在这一级有许多计算机、PLC 或专用控制器分布在生产现场，完成对现场设备的直接监测和控制。过程控制级收集的数据供监控级调用，同时接收监控级发送的信息。由于生产过程由各站点分散控制，分散了危险，局部的故障不会影响整个系统的工作，提高了系统工作的可靠性。

1.2.5　现场总线控制系统

现场总线控制系统(Field Control System，FCS)是基于现场总线技术的计算机控制系统。它是集当今计算机技术、网络技术和控制技术为一体的先进的计算机控制技术，是一种全分散、全数字、全开放的控制系统。它适用于工业过程、制造业及楼宇自动化等控制领域，将逐渐成为计算机控制系统的主流形式。FCS 系统是用现场总线将各智能现场设备、各级计算机和自动化系统互连，形成一种数字式、全分散、双向串行传输、多分支结构、多点通信的控制网络，如图 1-10 所示。

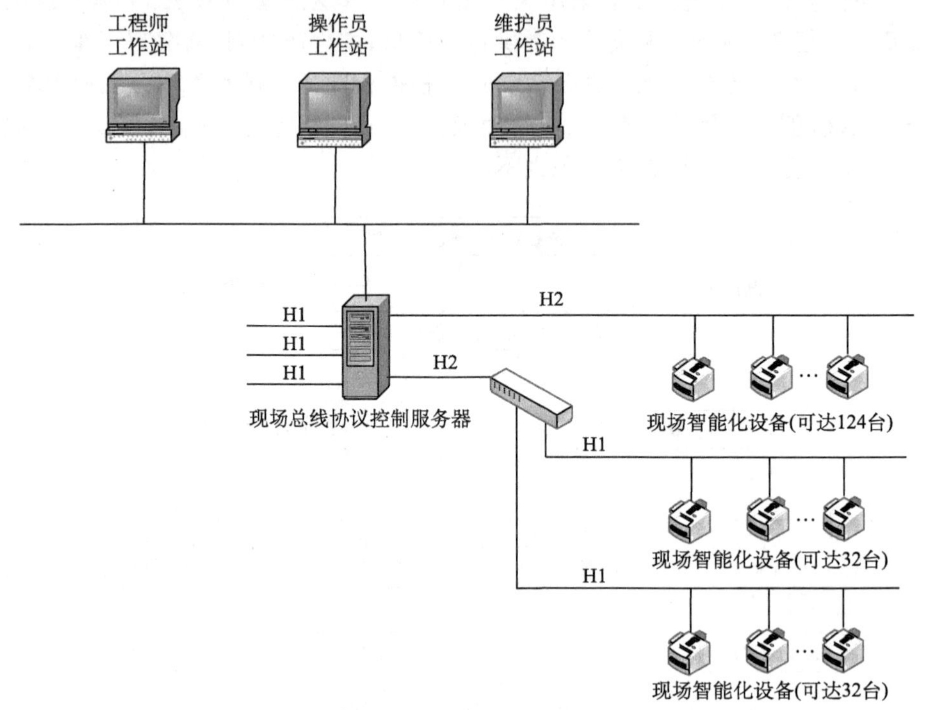

图 1-10 现场总线控制系统图

FCS本身是一个两级系统，即工作站级和现场级，并可方便地从工作站级向上联网，构成厂级或公司级网络，智能化现场设备和现场总线是组成 FCS 的两个重要部分。

现场级由现场总线智能化设备(智能变送器和智能执行器)组成，现场总线智能化设备以现场总线技术为基础，以微处理器为核心，以数字化通信为传输方式，并根据实际情况内置各种控制算法模块，从而完成数据采集、回路控制等功能，实现控制功能的彻底分散。现场总线智能化设备与一般智能传感器相比，需有以下功能。

(1) 共用一条总线传递信息，具有多种计算、数据处理及控制功能，从而减少主机的负担。

(2) 取代 4～20mA 模拟信号传输，实现传输信号的数字化，增强信号的抗干扰能力。

(3) 采用统一的网络化协议，成为 FCS 的节点，实现传感器与执行器之间的信息交换。

(4) 系统可对之进行校验、组态、测试，从而改善系统的可靠性。

(5) 接口标准化，具有即插即用特性。

工作站级位于控制室，分为工程师工作站(用于组态操作、系统仿真和调试)、操作员工作站(用于工艺操作、系统监视报警和报表打印等)和维护员工作站(用于掌握现场设备的详细信息，查找和确认故障，进行预测性维护）。

FCS 用现场总线在控制现场建立一条高可靠性的数据通信线路，实现各现场智能化设备之间及其与主控机之间的数据通信，把单个分散的现场设备变成网络节点。现场智能设备中的数据处理有助于减轻主控站的工作负担，使大量信息处理就地化，减少了现场设备与主控站之间的信息往返，降低了对网络数据通信容量的要求。经过现场设备预处理的数据通过现场总线汇集到主机上，进行更高级的处理（主要是系统组态、优化、管理、诊断、容错等），使系统由面到点，再由点到面，对被控对象进行分析判断，提高了系统的可靠性和容错能力。这样 FCS 把各现场设备连接成了可以互通信息、共同完成控制任务的网络型控制系统，更好地体现了 DCS 系统“信息集中，控制分散”的设计理念，提高了信号传输的准确性、实时性和快速性。

当前，各种形式的现场总线协议并存于控制领域。在楼宇自动化控制领域，Lon works和 CAN 网络具有一定的优势；在过程自动化控制领域，主要有过渡型的 HART 协议、得到广泛支持的 FF 现场总线协议以及同样较有竞争力的 PROFIBUS 协议。HART 协议将是目前几年内智能化仪表的主要通信协议；基金会现场总线是过程自动化领域中较有前途的一种现场总线，得到许多自动化仪表设备厂商的支持。

1.2.6 计算机集成制造系统

计算机集成制造系统（Computer Integrated Manufacturing System，CIMS）。近年来，随着计算机技术的发展和计算机应用的日益广泛，传统机械制造业已远不能适应现代市场产品品种多、变化快、生产周期短和质量高的要求。人们逐步认识到以用户为核心、利用计算机网络技术、采用计算机控制的辅助系统将生产过程的各环节高层次的集成，即组成更高水平的计算机辅助管理集成制造系统 CIMS，才是今后的发展方向。

计算机集成制造系统是在自动化技术、信息技术和制造技术的基础上，通过计算机及软件，将制造厂全部生产活动有关的各种分散的自动化系统有机地集成起来，并适合于多品种、中小批量生产的总体高效率、高柔性的制造系统。计算机集成制造系统在概念上，主要强调两点：首先在功能上，它包含了一个工厂的全部生产经营活动，即从市场预测、产品设计、加工工艺、制造、管理至售后服务以及报废处理的全部活动。因此它比传统的工厂自动化的范围要大得多，是一个复杂的大系统，是工厂自动化的发展方向；其次在集成上，它涉及的自动化不是工厂各个环节的自动化的简单叠加，而是在计算机网络和分布式数据库支持下的有机集成。这种集成主要体现在以信息和功能为特征的技术集成，即信息集成和功能集成，以便缩短产品开发周期、提高质量、降低成本。

CIMS 的组成一般可划分为 4 个功能子系统和 2 个支撑系统，它们分别是：工程设计自动化子系统、管理信息子系统、制造自动化子系统、质量保证子系统以及计算机网络支撑子系统和数据库支撑子系统，如图 1-11 所示。

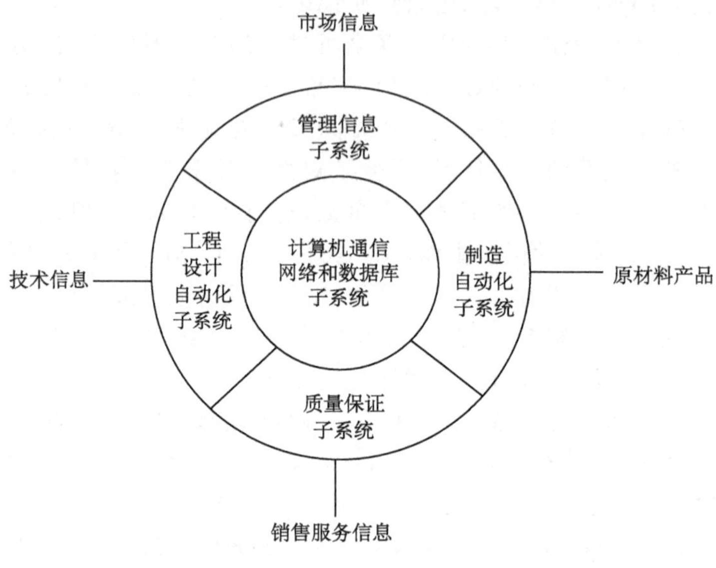

图 1-11　CIMS 组成示意图

(1) 管理信息子系统是以制造资源计划(Manufacturing Resource Planning,MRP)为核心,包括预测、经营决策、各级生产计划、生产技术准备、销售、供应、财务、成本、设备、人力资源的信息管理功能,通过信息集成,达到缩短产品周期、降低流动资金占用、提高企业应变能力的目的。因此,必须认真分析生产经营中物质流、信息流和决策流的运动规律,将他们与企业生产经营活动中产品的各种信息进行筛选集成与优化处理,保障企业有节奏、高效益地运行。

(2) 工程设计自动化子系统通过计算机来辅助产品设计、制造准备以及产品测试,即 CAD/CAPP/CAM 阶段。它可以使产品开发工作高效、优质地进行。其中,CAD(Computer Aided Design)系统包括产品结构的设计、定型产品的变形设计及模块化结构的产品设计;CAPP(Computer Aided Process Planning)系统完成按设计要求将原材料加工成产品所需要的详细工作指令的准备工作;CAM(Computer Aided Manufacturing)系统通常进行刀具路径的规划、刀位文件的生成、刀具轨迹仿真等工作。

(3) 制造自动化子系统是 CIMS 信息流和物流的结合点,是 CIMS 最终产生经济效益的聚集地,由数控机床、加工中心、清洗机、测量机、运输小车、立体仓库、多级分布式控制计算机等设备及相应的支持软件组成,根据产品工程技术信息、车间层加工指令,完成对毛坯的作业调度及制造。

(4) 质量保证子系统包括质量决策、质量检测、产品数据的采集、质量评价、产品加工过程中的质量控制与跟踪功能。系统保证从产品设计、制造、检测到售后服务全过程的质量。

(5) 计算机网络和数据库支撑子系统满足不同子系统对网络提出的不同要求、支持资源共享、分布处理、分布数据库和适时控制;同时,支持CIMS各子系统的数据共享和信息集成,覆盖了企业的全部数据信息。

系统的总体技术包括系统总体模式、系统集成技术、标准化技术、企业建模和仿真技术、CIMS的开发与实施技术。

综上所述,计算机集成制造系统是制造工程中的一项高级技术。它通过计算机的硬件、软件,综合运用了现代管理技术、制造技术、自动化技术、信息技术和系统工程技术,将企业运作过程中的物质流与信息流等要素有机地集成起来,从而形成了一个从市场分析、生产决策、设计开发、工艺规划、产品制造到销售经营的一个完整的企业计算机控制网络,使企业的信息管理系统和控制系统高度集中统一。

1.3 计算机控制系统举例

1.3.1 计算机过程控制系统

凡是采用模拟或数字控制方式对生产过程的某一或某些物理参数(流量、温度、液位、压力等)进行的自动控制就称为过程控制。过程控制系统可以分为常规仪表过程控制系统与计算机过程控制系统两大类。随着工业生产规模走向大型化、复杂化、精细化、批量化,依靠仪表控制系统已很难达到生产和管理要求,计算机过程控制系统是近几十年发展起来的以计算机为核心的控制系统。

计算机过程控制系统的应用领域非常广泛,计算机可以控制单个电机或阀门,也可以控制管理整个工厂企业;控制方式可以是单回路控制,也可以是复杂的多变量解耦控制、自适应控制、最优控制乃至智能控制。

图1-12是宝钢2030mm冷连轧计算机过程控制系统,生产管理控制计算机一般采用微型机完成冷连轧机组生产计划的编排、不同生产工序的协调和产品质量管理等功能。过程控制计算机通常采用工业控制微型机,其最大优点是工作稳定性好,适于长时间的在线运行。过程控制包括带钢跟踪系统、数据收集与通信、数学模型系统、控制画面及操作、生产数据管理及工程记录处理等功能。

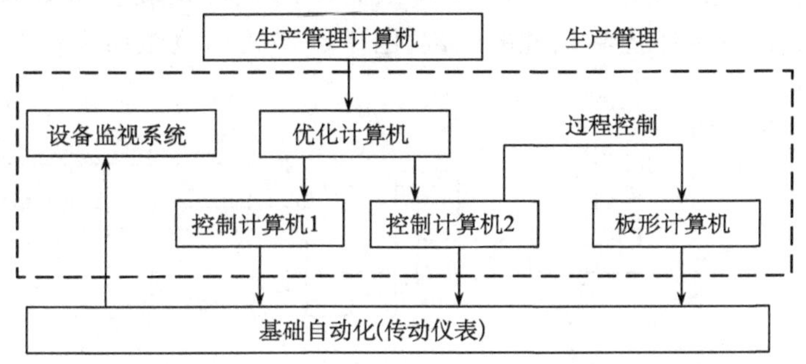

图1-12 宝钢2030mm冷连轧计算机过程控制系统

1.3.2 计算机控制的电动机调速系统

基于微型计算机的快速运算、数据处理、信息存储、逻辑判断等特点，电动机调速系统中的许多控制要求都很容易用计算机来实现。如，利用计算机来实现控制方式、控制参数、逻辑切换等的选择，可以大大提高系统的性能。

图 1-13 是一种计算机控制调速的新型洗胃机，它由单片机控制的调速电机带动，选用双腔洗胃管，管的前端设置 PH 传感器，在胃管上还同时装有压力传感器和流量计；PH 传感器、压力传感器和流量计均通过接口电路与单片机相接。通过单片机的调控，整个洗胃过程可由机器自动完成，也可以人工手动完成。洗胃机具有智能化程度高、安全可靠性好、体积小、使用方便等特性。

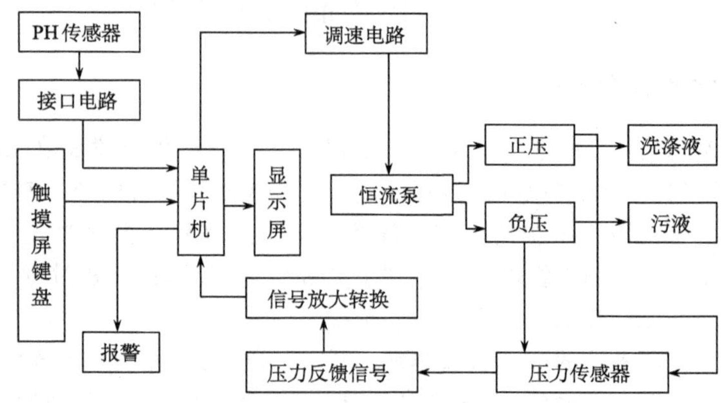

图 1-13 计算机控制调速的新型洗胃机系统框图

1.3.3 计算机数字程序控制系统

随着计算机技术的不断发展，计算机数字程序控制系统已广泛地应用于运输机械控制、交通管理、自动化生产线、机床控制等诸多工业自动控制系统中。

目前，数控系统多采用 16 位或 32 位工业控制微机系统或多处理机系统控制。图 1-14为数字式位置程序控制系统的组成，图中数字式伺服驱动模块与伺服电机等共

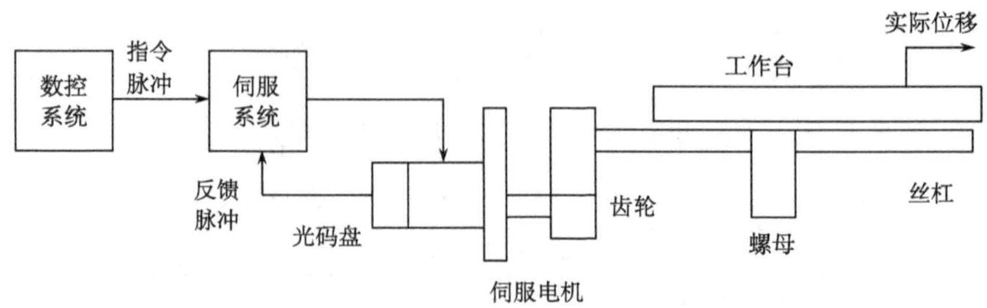

图 1-14 数字式位置程序控制系统的组成

同组成一套高精度角度闭环随动系统,其输入为数控系统给出的指令脉冲,输出为电机转角。在以光码盘等为反馈环节所实现的闭环控制下,电机轴的转角将严格随指令值变化。通过齿轮和丝杠螺母传动,电机的角位移被转换为所需的工作台直线位移。

1.3.4 计算机智能控制系统

计算机智能控制系统是先进的控制技术之一,计算机智能控制系统是制造技术、自动化技术、系统工程与人工智能等学科互相渗透、互相交织而形成的一门综合技术。计算机智能控制系统是新世纪控制系统的发展方向,其实施方案可以在整个控制的大系统中进行,也可以在单元技术(如模具设计专家系统、数控机床诊断专家系统、智能机器人等)上逐步推进。

图 1-15 为自主机器人智能控制运动系统。机器人的导航系统是在综合各类传感器和电子罗盘信息后,通过导航算法形成运动指令,经过串口通信模块发送至运动控制系统。运动控制器接收到模块的指令后,调用控制算法,计算并输出给左右电机的控制信号。图 1-15 为控制器 Atmega16L 为核心的硬件结构,主要包括了运动距离传感器模块、电机驱动模块、电子罗盘模块、串口通信模块、避障模块、显示模块、语音报警模块和必要的外围电路。

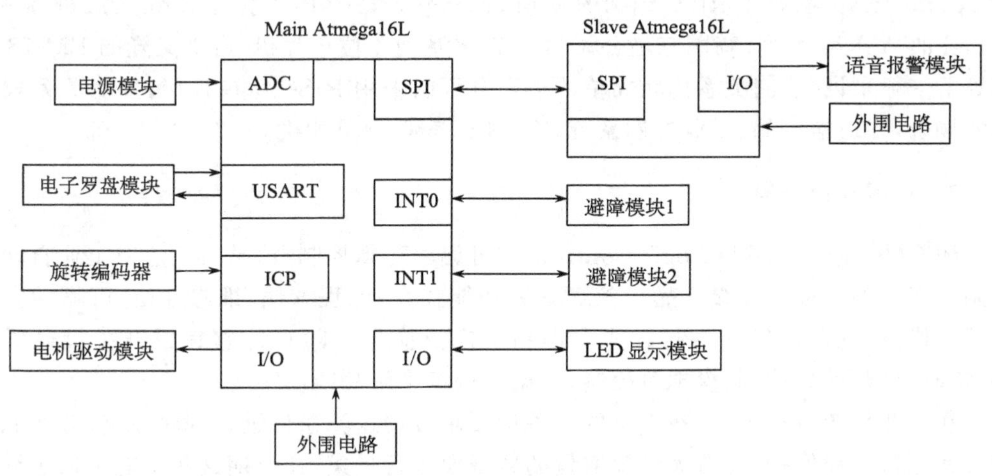

图 1-15　自主机器人智能控制运动系统

1.4 计算机控制系统中的常用机型

在计算机控制系统中,常用的典型机型有单片微型计算机、PLC 和工业 PC,它们适应不同的应用要求。在实际工程中,选用哪种机型,应根据控制规模、工艺要求和控制特点等来确定。下面分别介绍各机型的特点和应用。

1.4.1 单片微型计算机

单片微型计算机，简称单片机，是20世纪70年代中期发展起来的一种功能强、体积小、可靠性高、面向控制和价格低廉的大规模集成电路器件。根据程序存储方式的不同，单片机可分为EPROM、OTP(一次可编程)和QTP(掩膜)三种。我国一开始都采用ROMLESS型单片机(片内无ROM，需片外配EPROM)，对单片机的普及起了很大作用，但这种强调接口的单片机无法广泛应用，甚至走入了误区。如单片机的应用一味强调接口、外接I/O及存储器，便失去了单片机的特色。目前单片机大都将程序储存器置于其内，给应用带来了极大的方便。采用集中指令集(CISC)结构的单片机数据线和指令分时复用，即冯·诺依曼结构，它的指令丰富、功能较强，但取指令和取数据不能同时进行，速度受限，价格也高。采用精简指令集(RISC)结构的单片机数据线和指令线分离，即所谓的哈佛结构，这使得取指令和取数据可以同时进行，且由于一般的指令线宽于数据线，使其指令较同类CISC单片机指令包含更多的处理信息，执行效率更高，速度也更快，同时这种单片机指令多为单字节，程序存储器的空间利用率大大提高，有利于实现超小型化。属于CISC结构的单片机有Intel的8051系列、Motorola的M68HC系列、Atmel的AT89系列、台湾的Winbond(华邦)W78系列、荷兰Philips的PCF80c51系列等；属于RISC结构的有Microchip公司的PIC系列、Zilog的Z86系列、Atmel的ATgos系列、韩国三星公司的KS57c系列4位单片机、台湾义隆的EM-78系列等。一般来说，控制关系比较简单的小家电可以采用RISC型单片机；控制关系较复杂的场合，如通信产品、工业控制系统，应采用CISC型单片机。

1.4.2 可编程控制器

PLC(Programmable Logic Controller，可编程逻辑控制器)是为了适应工业自动化控制而产生的一种工业级产品。PLC具有功能强大、编程方便、维修方便、可靠性高等一系列优点，现在已经在各行各业中得到了广泛应用。PLC能够完成开关量逻辑控制、定时控制、计数控制、模拟量控制、数据处理等多种功能。

在工业生产过程中，存在大量的开关量要求按照逻辑条件进行顺序控制，并按照逻辑关系进行连锁保护，还有大量离散量的数据要进行采集，在早期这些功能是通过继电器控制系统来实现的。1969年，美国数字设备公司(DEC)研制出第一台PLC，这种新型的工业控制装置以其简单易懂、操作方便、可靠性高、通用灵活、体积小、使用寿命长等一系列优点，很快在工业领域得到推广应用。

PLC分为小型PLC、中型PLC和大型PLC三种。小型PLC的I/O点数一般在128点以下，特点是体积小、结构紧凑，整个硬件融为一体，除了开关量I/O以及其他各种特殊功能模块，还能执行包括逻辑运算、计时、计数、算术运算、数据处理和传送、通信联网等指令。中型PLC采用模块化结构，I/O点数一般在256～1024点之间，I/O的处理方式除了采用一般PLC通用的扫描处理方式外，还能采用直接处理方式，即在扫描用户程序的过程中，直接读输入，刷新输出。它能连接各种特殊功能模块，通信联网功能更强，指令系统更丰富，内存容量更大，扫描速度更快。大型 PLC 的 I/O 点数一般在 1024 点以上，其软件、硬件功能更强大，具有极强的自诊断功能。通信联网功能强，有各种通信联网的模块，可以构成三级或者四级通信网络，实现工厂生产控制自动化。

PLC 具有可靠性高、编程容易、功能完善、扩展灵活、安装调试方便等优点，而且品种齐全，在工业控制中得到了广泛的应用，有着很好的发展前景。

1.4.3 工业控制机

工业控制机简称工控机，是一种面向工业控制，采用标准总线技术和开放式体系结构的计算机。工控机的总线分内部总线和外部总线。内部总线是计算机内部功能模板之间进行通信的总线，按功能可分为数据总线、地址总线、控制总线和电源总线等四部分，每种型号的计算机都有自身的内部总线和外部总线，是计算机与计算机之间或计算机与其他智能设备之间进行通信的连线。工控机具有小板结构模块化设计、标准化、兼容性、完善的 I/O 通道、环境适应能力强、可靠性高和软件丰富等特点。

总之，通过以上介绍的几种类型的计算机，可以看出在工业控制领域使用的计算机应该具备以下特点。

(1) 可靠性高，要求计算机控制系统可以长期无故障地连续工作，能适用于震动、冲击、噪声、高频辐射以及电磁干扰十分严重的恶劣工业现场。

(2) 实时性好，要求计算机控制系统具有完善的中断系统和高速的输入输出通道，及时的响应外围设备的请求。

(3) 模块化设计，使计算机控制系统具有可装配性、可扩充性和可维护性。

在实际的应用中可以根据计算机控制系统本身的特点及应用场合，来选择相应类型的计算机，实现高质量的工业自动化控制过程。

1.5 计算机控制系统的发展

随着电子技术、计算机技术、信息技术、通信技术及自动控制理论的发展，极大地推进了计算机控制技术的进步。生产过程要求系统控制的可靠性和精确性向更高的方向发展，这就要求有与之相应的先进的控制系统。而计算机控制系统的出现满足了这一要求，它有着集成度高、功能强、体积小、功耗低、价格低廉和灵活方便等特点，在航空航天、海洋、地质、教育、经济、国防和日常生活中都得到了广泛的应用，并发挥着巨大的作用。

计算机控制系统的发展趋势如下。

(1) 单片机组成的控制系统。由于单片机种类齐全、功能强大、资源丰富、集成度和可靠性高，常被用于构成各种工业控制单元以实现智能控制。由单片机构成的计算机控制系统结构简单、组合容易、扩展方便、体积小、成本低，不仅在工业上应用广泛，在智能仪表、办公自动化、金融电子和家用电器等领域也都有着大量的应用。

(2) 可编程控制器。PLC是由继电器逻辑控制系统发展而来的，初期主要是代替继电器控制系统，侧重于开关量顺序控制方面。近年来，PLC在技术和功能上发生了极大的变化。在逻辑运算的基础上，增加了数值计算、闭环调节等功能；增加了模拟量和PID调节等功能模块，实现了顺序控制和过程控制的结合；运算速度得到提高，新型的PLC的CPU能力赶上了工业控制机；开发了具有智能的I/O模块；通信功能实现了PLC之间、PLC与上位机之间以及PLC与其他智能设备之间的通信，由此发展了多种形式的局部总线和网络，也可构成集散控制系统。PLC的这些特点使其在工业控制领域得到了广泛的应用。现代的PLC向着大型网络化、多功能和高可靠性的方向发展。

(3) 新型的集散控制系统。DCS采用标准化、模块化、系列化的设计，由过程控制级、控制管理级、生产管理级组成，以通信网络为纽带，集中显示，而操作管理和控制相对分散，是一种配置灵活、组态方便、具有高可靠性的实用系统。DCS正向着综合性和开放性发展。

(4) 现场控制总线技术。现场总线是一种用于智能化现场设备和自动化系统的开放式、数字化、双向串行、多结点的通信总线。采用现场总线技术可以实现一种具有开放式、数字化、网络化结构的新型计算机控制系统，即现场总线控制系统。现场总线的开放式、数字化、网络化的特点，使其具有成本低、组合扩展容易、安装及维护简便等显著优点，从问世开始就在生产过程自动化领域引起了极大的关注。现场总线系统是DCS之后计算机控制系统的一次重大变革，必将成为工业控制自动化的发展主流。

(5) 智能控制系统。计算机智能控制技术是控制理论、自动化技术和计算机技术的有机结合。在计算机智能控制系统中，可以采用各种先进的控制规律、控制策略和控制算法，以取得更好的控制性能。典型的智能控制系统有模糊控制系统、专家控制系统、神经网络控制系统，除了这三种以外还有很多智能控制系统，如分级阶梯智能控制系统、学习智能控制系统等。根据不同控制对象的不同要求，选择合适的控制策略，使系统具有更好的性能。

思 考 题

1.1 计算机控制系统的硬件一般由哪些部分组成？

1.2 计算机控制系统的软件包括哪两部分？

1.3 计算机控制系统的特点是什么？

1.4 计算机控制系统一般分为哪几类？

1.5 计算机控制系统中的常用机型有哪几种？

1.6 说明计算机控制系统的发展趋势。

第 2 章　输入/输出接口技术

输入/输出是微机系统与外部设备进行信息交换的过程。与存储器相比，外部设备有其本身的特点，存储器较为标准，而外部设备则比较复杂。不同的外部设备，其结构方式不同，有机械式、电动式、电子式等；输入/输出的信号类型也不相同，有数字信号，也有模拟信号；有电信号，也有非电信号；输入/输出信息的速率也相差很大。因此，CPU 与外部设备之间的信息交换技术比较复杂，要通过一个中间环节实现连接，即输入/输出接口电路。

2.1　输入/输出接口概述

2.1.1　I/O 接口的概念

输入/输出接口简称 I/O 接口，是 CPU 与外设之间连接的桥梁。CPU 与外设之间必须通过 I/O 接口连接起来，并通过 I/O 接口互相传送信息。它是微处理器正常工作所需要的辅助电路，实现 CPU 与外部设备之间信息的交换。

常用的外部设备如键盘、显示装置、打印机、磁盘机等都是通过 I/O 接口和总线相连的；完成检测和控制的仪器仪表装置，也是通过接口电路和 CPU 相连的。

2.1.2　I/O 接口电路的作用

首先分析外部设备的输入/输出操作和存储器读/写操作的不同之处：

存储器是用来保存信息的，功能单一，传送方式单一，品种有限（只读类型和可读/可写类型），存取速度基本上和 CPU 的工作速度匹配。

外部设备的功能多种多样，信息的形式有数字式和模拟式，信息传输的方式有并行与串行两种方式。外设的工作速度通常比 CPU 的速度低很多，而且各种外设的工作速度互不相同，这就要求通过接口电路对输入/输出过程起一个缓冲和联络的作用，完成相应的信号转换、速度匹配、数据缓冲等功能。其作用主要体现在如下几个问题。

1. 解决主机 CPU 和外部设备之间的时序配合和通信联络问题

主机的 CPU 是高速处理器件，而外设的工作速度通常比 CPU 低很多，在数据通信时，会出现丢失数据的现象。为了满足 CPU 和各种外设速度配合的问题，就需要借助于 I/O 接口电路来完成时序配合和通信联络。借助于接口电路（数据锁存器、缓冲器、状态寄存器以及中断控制器等），CPU 采用查询或中断控制方式为慢速外设提供服务，就可以保证 CPU 和慢速外设之间异步通信，从而解决了 CPU 和各类外设之间的时序配合与通信联络问题。

2. 解决主机CPU和外部设备之间的数据格式转换和匹配问题

为了降低成本，提高可靠性，外设接收和发送的数据通常是串行的，而CPU为了保证高速处理特性，都是按照并行处理的方式来设计的，这就产生了数据格式转换和匹配问题。要求外设的串行数据转换成并行数据后送往CPU，而CPU的并行数据转换成串行数据后送往外设，这些功能的实现都通过相应的专用接口芯片来完成。

3. 解决主机CPU的负载能力和外部设备端口选择问题

外设过多时，直接将外设的数据线和地址线挂接到CPU的数据线和地址线上，会出现超过CPU负载能力的现象，导致选址错误或数据丢失问题的出现。同时，过多的外设会使CPU无法区分数据来源于哪个外设或数据送往哪个外设，产生外设端口选择的问题。通过使用具有三态门的输出锁存器或输入缓冲器，以上问题将迎刃而解。首先，接口电路可以分担CPU总线的负载，使CPU总线不至于超负荷运行；其次，通过控制三态门的使能信号，同一时刻只选通一个外设的数据线，这样就解决了外设端口选择的问题。

2.1.3 I/O接口的功能

I/O接口的功能如下。

(1) 寻址功能：对送来的片选信号进行识别。

(2) 输入/输出功能：根据读/写信号决定当前进行的是输入操作还是输出操作。

(3) 数据转换功能：并行数据向串行数据的转换或串行数据向并行数据的转换。

(4) 联络功能：就绪信号、忙信号等。

(5) 中断管理功能：发出中断请求信号、接收中断响应信号、发送中断类型码的功能，并具有优先级管理功能。

(6) 复位功能：接收复位信号，从而使接口本身以及所连的外设进行重新启动。

(7) 可编程功能：用软件来决定其工作方式，用软件来设置有关的控制信号。

(8) 错误检测功能：一类是传输错误，另一类是覆盖错误。

2.1.4 I/O接口内部端口及传递的信息形式

CPU和外设进行数据传输时，各类信息在接口中进入不同的寄存器(数据寄存器、状态寄存器和控制寄存器)，一般称这些寄存器为I/O端口，每个端口有一个端口地址。用于暂存来自CPU和内存的数据或者送往CPU和内存的数据的寄存器，叫数据端口。用来存放外部设备或者接口部件本身的状态的寄存器，叫状态端口。用来存放CPU发出的命令，以便控制接口和设备动作的寄存器，叫控制端口。

I/O接口内传递的信息形式有三种，分别为数据信息、状态信息和控制信息。

1. 数据信息

主要包括三种形式：数字量、模拟量、开关量。数字量是指以二进制或ASCII码表示的数据或字符(通常是8位的)；模拟量是指来自现场时间上连续的、具有实际量纲的数据信息，一般先将这些物理量通过传感器转换为标准电压或者电流信号，再经过A/D转换器转换成数字量送往计算机，计算机送出的数字量要经过D/A转换器转换成模拟量送往执行机构；开关量表示两个状态，只要一位二进制数就可以表示，如开关的闭合和断开、电动机的启动和停止、阀门的打开和关闭等。

2. 状态信息

状态信息是外设通过接口向CPU提供的反映外设所处工作状态的信息。输入时，CPU读取READY状态信息，检查待输入的数据是否准备就绪，若准备就绪则读入数据，未准备好则等待。输出时，CPU读取BUSY信号状态信息，检查输出设备是否处于空闲状态，若空闲则向外设发送新的数据，否则等待。

3. 控制信息

控制信息是CPU通过接口传送给外设的控制信号。控制外设的启停、数据流向和端口寻址等操作。

2.2 输入/输出接口控制方式

外部设备的数据信息、状态信息需要通过接口电路进入CPU运算处理，CPU的运算结果、控制信息同样需要通过接口电路传送给外部设备实现控制过程。信息通过接口电路进出CPU的方式有三种，即程序控制方式、中断控制方式和直接存储器存储(DMA)控制方式。

2.2.1 程序控制方式

程序控制方式是指CPU通过执行程序实现信息在接口电路内传送的方式。程序控制方式可分为无条件传送方式和有条件传送方式，其中后者又称查询方式。

1. 无条件传送方式

当利用程序来控制CPU与外设交换信息时，若外设总是处于准备好的状态，不需要任何状态查询，就可以直接进行信息的传送，这种方式称为无条件传送方式。

如图2-1所示，CPU和外设之间的接口电路通常采用输入缓冲器和输出锁存器，通过对地址的译码选中I/O端口，用$\overline{WR}$、$\overline{RD}$信号决定数据流向。

外部设备提供的数据信息通过输入缓冲器进入CPU。当CPU执行输入指令时，读信号$\overline{RD}$有效，与端口地址译码器的输出端配合，使能与某一外部设备连接的输入缓冲器将准备好的输入数据经过数据总线读入CPU。CPU向外部设备输出数据时，由于外设的速度通常比CPU的速度慢得多，因而输出端口需要加锁存器，CPU可快速地将数据送入锁存器锁存，然后去完成别的任务。在锁存器锁存的数据可供较慢速的外部设备使用，这样既提高了CPU的工作效率，又能与慢速外部设备动作相适应。CPU执行输出指令时，$\overline{WR}$信号有效，CPU输出的数据送入按端口译码器所选中的输出锁存器保存，直到该数据被外部设备取走。

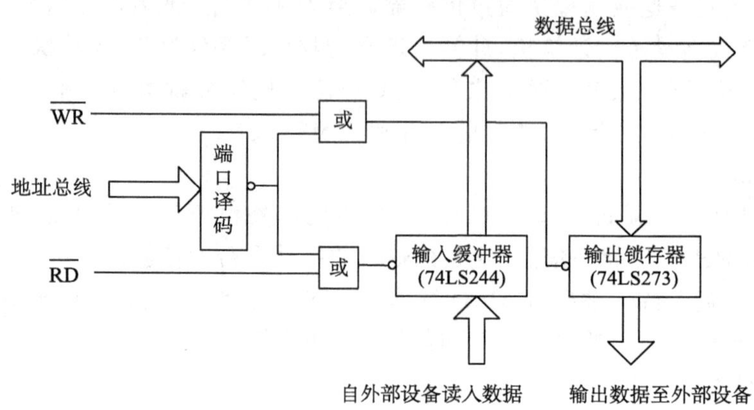

图 2-1　无条件传送方式接口电路原理图

无条件传送方式程序设计简单，硬件接口电路也比较简单，只能用在简单的外设操作上，应用场合很少。LED 数码管显示经常采用该种方式。

2. 有条件传送方式(查询方式)

数据传送过程中首先检测外部设备的状态。对输入设备来说，CPU 读取准备好(READY)信号，READY＝1 表示输入设备已准备好。对输出设备来说，则 CPU 读取忙(BUSY)信号，BUSY＝1 表示输出设备正在忙，不能接收来自 CPU 的数据，有条件传送方式接口电路原理图如图 2-2 所示。

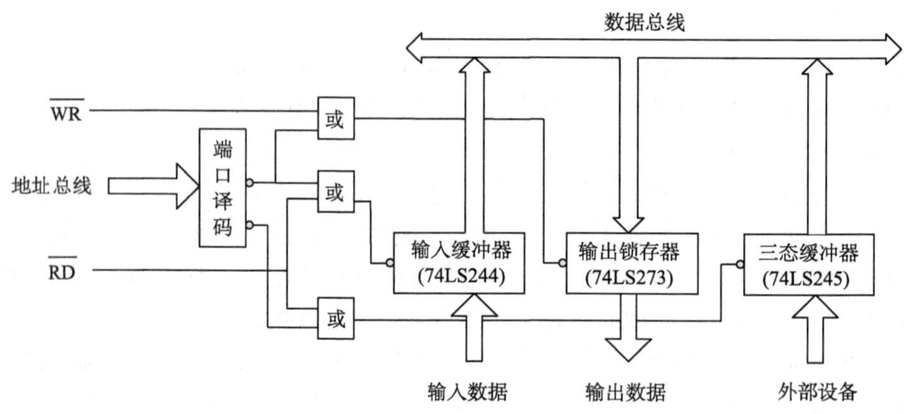

图 2-2　有条件传送方式接口电路原理图

当一个计算机控制系统中有多个外部设备采用有条件传送方式交换信息时，CPU 应采取分时控制方式，逐一查询，逐一服务，其工作原理如下：每个外部设备提供一个或多个状态信息，CPU 逐次读入并测试各个外部设备的状态，若该外部设备请求服务，则为之服务，然后清除该状态；否则，跳过并查询下一个外部设备的状态。各外部设备查询完一遍后，再返回从头查起，直到发出停止命令为止。假设某控制系统中采用有条件传送方式对 a、b 两个外部设备进行 I/O 管理，即用程序查询设备相应的状态，若设备不符合要求就等待，若符合要求就进入服务程序。有条件传送方式程序流程如图 2-3 所示。

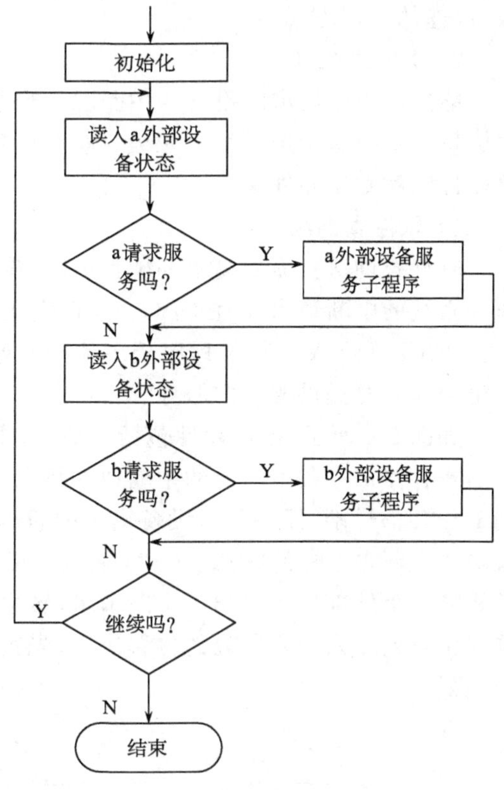

图 2-3　有条件传送方式程序流程图

3. 有条件传送方式优先级问题

当系统很大时，CPU 需要对多台设备进行查询，这时就出现了设备优先级问题，即究竟先为哪台设备服务。在这种情况下，为了确保每台设备都能够被查询服务，系统采用轮流查询法来解决。

这时的优先级是很明显的，即先查询的设备具有较高的优先级，可以得到较早的服务，而后查询的设备具有较低的优先级。

综上所述，程序控制方式使用方便，程序设计简单，适用于小型系统。但由于 CPU 进行动态查询的时间较长，因此降低了 CPU 的工作效率，对实时性要求较高的系统来说，不宜采用该方式进行数据传输。

2.2.2　中断控制方式

1. 中断控制方式

在查询方式下，CPU 需不断地读取设备状态字或检测状态字，这无疑占用了 CPU 大量的时间，降低了 CPU 的工作效率，尤其是当系统中有多台设备时，对某些设备的响应就比较慢，从而影响整个系统响应的实时性。这种情况下，就需要 CPU 只有当设备提出需要服务的时候才为其服务，而其他时间只需做自己的工作，这就是所谓的中断控制方式。

中断控制方式是指外设中断 CPU 的工作，使 CPU 停止执行当前程序，转而去执行另一个为外设的数据输入/输出服务程序，即中断服务子程序。中断服务子程序执行完以后，CPU 又转回到原来的程序中去继续执行，这样，CPU 不需花大量时间去查询外设的状态，而只需要具有检测中断请求、进行中断响应并能正确中断返回的功能就行了。

加入中断系统以后，CPU 与外设处于并行工作状态，因此大大提高了 CPU 的工作效率，尤其是对具有多个外部设备且实时响应要求较高的系统，中断控制方式是一种高效、快速的工作方式。

2. 中断优先级

能发出中断请求的设备叫中断源。当系统中有多个中断源提出中断请求时，就需要给每个中断源确定一个优先级。解决优先级的方法一般有三种形式：软件查询法、简单硬件法和专用硬件法。

1）软件查询法

软件查询法只需要简单的硬件电路，将系统众多台设备的中断请求信号相“或”后作为系统的中断请求发往 CPU。这时只要有一台设备提出中断请求都可发往 CPU，因此当 CPU 进入中断子程序仍不能确定唯一的中断源，还必须用软件查询的方法来确定中断源并提供相应的服务。

如图 2-4 所示，接口硬件包括三部分：中断寄存器、中断申请电路和并行 I/O 接口。中断寄存器寄存各中断源的中断请求信息，中断申请电路将中断请求信号相“或”后，加到 INTR 信号端，任一外部设备提出中断申请都可向 CPU 发出中断请求，通过并行接口输入中断寄存器的状态。CPU 响应中断后，读取并测试中断寄存器的状态，便可知道是哪一个外部设备提出了中断请求，转去为该外部设备服务。各外部设备的优先级顺序由查询序列中它所处的位置决定，先查询的设备优先级最高，最后查询的设备优先级最低。

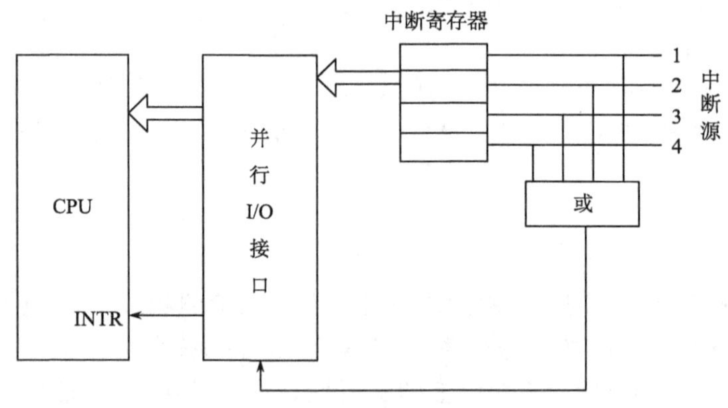

图 2-4 软件查询法接口电路

软件查询法的中断处理程序流程图如图 2-5 所示。其中 a、b、c 分别是不同的外部设备。查询的先后顺序决定了各外部设备的优先级高低，由程序流程图可看到，a 设备优先级最高，c 设备优先级最低。

2）简单硬件法（雏菊链法）

雏菊链法是得到中断优先级的一个简单硬件方法。它的基本思想是将所有的设备连成一条链，称为雏菊链。最靠近 CPU 的设备优先级最高，离 CPU 越远的设备优先级越低。当链上有设备提出中断请求时，该请求信号可以被 CPU 接收，CPU 若满足条件可以响应，则发出中断响应信号。该信号沿着这条链线达到优先级别高的设备，若优先级别高的设备发出了中断请求，则在它接收到中断响应信号的同时，封锁该信号使其不能往后传递。这样就使得其后的中断优先级较低的设备的中断请求不能得到响应。

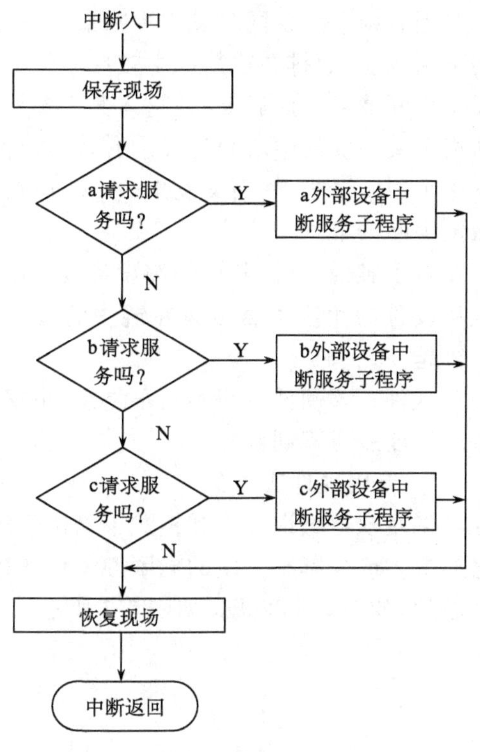

图 2-5　软件查询法程序流程图

图 2-6 分别是雏菊链的逻辑电路图和雏菊链法的连接线路图。从图中可以看到，当一个接口有中断请求时，CPU 如果允许中断则会发出低电平的 $\overline{\text{INTA}}$ 信号。如果一个级别较高的外部设备没有发出中断请求信号，那么这级中断逻辑电路会允许中断响应信号 $\overline{\text{INTA}}$ 原封不动地往后传递，这样 $\overline{\text{INTA}}$ 信号就可以发送到发出中断请求的接口；另一方面，如果一个外部设备发出了中断请求信号，那么本级的中断逻辑电路就对后面的中断逻辑电路实行阻塞，因而 $\overline{\text{INTA}}$ 信号不再传到后面的接口。这样安排之后，$\overline{\text{INTA}}$ 信号就可以沿着雏菊链往后传递，而发出中断请求信号的接口可以截取 $\overline{\text{INTA}}$ 信号。当某一接口收到 $\overline{\text{INTA}}$ 信号以后才撤销中断请求信号，随后往总线上发送中断类型号，CPU 由此而找到相应的中断服务子程序的入口，从而转入中断服务子程序的执行。

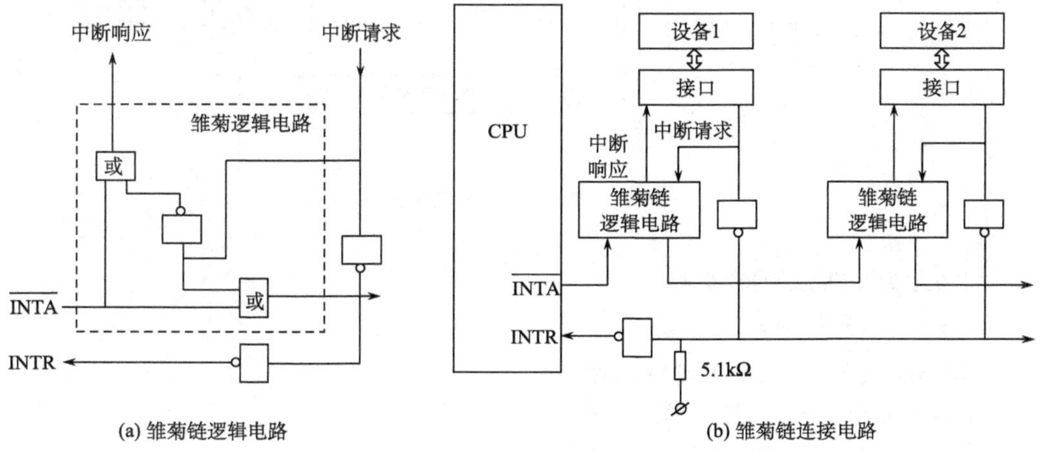

(a) 雏菊链逻辑电路　　(b) 雏菊链连接电路

图 2-6　雏菊链法

当有两个设备同时发出中断请求信号时，按上述原理，显然最接近CPU的接口得到中断响应，而排在雏菊链中较后面位置的接口收不到中断响应信号$\overline{INTA}$，从而一直保持中断请求。此后CPU进入某中断服务子程序的执行。如果这个子程序中用开中断指令又一次使中断允许标志有效，或者此中断服务子程序运行结束，则CPU会响应下一个中断请求，从而又发出中断响应信号$\overline{INTA}$，直到这时第二个请求服务的接口才撤销中断请求。

有了雏菊链后，各个外部设备接口就不会竞争中断响应信号$\overline{INTA}$，因为雏菊链已经从硬件的角度根据接口在链中的位置决定了它们的优先级，越靠近CPU的接口优先级越高。

这种方式硬件电路不是很复杂，也很容易实现。但缺点是链不能太长，否则链尾设备就可能总得不到服务。

3）专用硬件法

采用软件查询方式和链式中断优先级排队电路，虽然都能解决中断优先级问题，但它们或多或少都有一定的局限性。计算机控制系统中用的比较多的是可编程中断控制器芯片，如Intel 8259A，如图2-7所示。

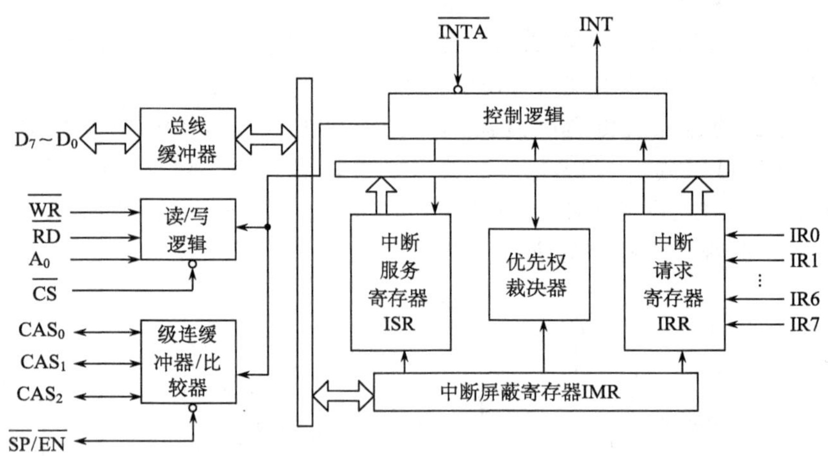

图2-7　8259A内部结构图

8259A为28脚双列直插封装。

$D_7 \sim D_0$：双向数据线。

$\overline{RD}$：读命令信号，与控制总线相连。

$\overline{WR}$：写命令信号，与控制总线相连。

$\overline{CS}$：片选信号，与地址译码电路相连。

A_0：地址线，8259A占用相邻两个端口地址，A_0与$\overline{CS}$配合，$A_0=1$时选中奇地址，$A_0=0$时选中偶地址，而且要求偶地址低，奇地址高。

CAS_2～CAS_0:级联线,在主从结构中,主、从片 8259A 的 CAS_2～CAS_0 对应连接。

$\overline{SP}/\overline{EN}$:双向信号线,有两个功能,作为输入时,主片 8259A 的此信号线接高电平,从片 8259A 的此信号线接低电平。作为输出时,如果 8259A 采用缓冲方式工作,则$\overline{SP}/\overline{EN}$信号作为数据线驱动器的使能信号。

INT:中断请求信号,与 CPU 的 INTR 引脚连接,向 CPU 发出中断请求。

$\overline{INTA}$:中断响应信号输入,与 CPU 的中断响应输出相连。

可编程中断控制器作为专用的中断优先级管理芯片,一般可以接收多级中断请求,它可以对多级中断请求的优先级进行排队,从中选出优先级别最高的中断请求,将其传给 CPU。它还设有中断屏蔽字寄存器,用户可以通过编程设置中断屏蔽字,从而改变原有的中断优先级。

计算机控制系统中采用了可编程中断控制器后,硬件的连线也发生了变化。这时 CPU 不再与中断接口电路相连,而是与中断控制器相连。来自外设的中断请求信号通过中断控制器的中断请求输入引脚 IRi 进入中断控制器。CPU 发出$\overline{INTA}$信号后,由中断控制器将选出级别最高的中断请求的中断类型码送出,使 CPU 可以转向相应的中断服务子程序。

2.2.3 DMA 方式

比起查询方式,利用中断方式进行数据传输提高了 CPU 的工作效率。但是中断方式下,仍是通过 CPU 执行程序来完成数据传送。每传送一次数据,CPU 都要执行一遍中断服务程序。而在执行的中断服务程序中往往需要保护现场和恢复现场,这些指令显然与数据传送没有直接关系,但在执行时却花费 CPU 不少时间。这对于快速外部设备以及成组传送的情况来说显然是不适宜的。为了解决快速设备的数据传送(如磁盘与内存交换数据),引入直接存储器存储方式(Direct Memory Access,DMA)。

DMA 传送方式是指外设利用专门的接口电路直接与内存储器进行高速数据传送,而不经过 CPU。这样数据传送速度基本上取决于外设与内存储器的速度。在正常情况下,CPU 管理系统总线,而在 DMA 传送时 CPU 让出总线控制权,由一个专门的控制电路来管理,这个专门的电路就是 DMA 控制器。DMA 控制器掌握总线控制权后,控制高速外设与内存间的数据传送。数据传送结束后,DMA 控制器再将总线控制权归还给 CPU。一次完整的 DMA 传送的主要步骤如下。

(1) 当外设准备就绪时,它向 DMA 控制器发出 DMA 请求,DMA 控制器接到此信号后,经过优先级排队,向 CPU 发出总线请求(送至 CPU 的 HOLD 引脚)。

(2) CPU 接到 HOLD 请求后,如果条件允许(如一个总线周期结束等),则发出 HLDA 信号作为响应,同时放弃对总线的控制权。

(3) DMA 控制器收到 HLDA 信号后,即取得总线控制权。这时它往地址总线上发送地址信号(指本次数据传送的位置),同时发出相应的读/写信号(决定是进行输入还是输出的操作)。

(4) 每传送一个字节,DMA 控制器会自动修改地址寄存器的内容,以指向下一个要传送的字节。同时修改字节计数器的内容,判断本次传输是否结束。

(5) 当字节计数器的值达到计数终点时,DMA 过程结束。这时,DMA 控制器向 CPU 发出结束信号,将总线控制权重新交给 CPU。

可以看出,一个完整的 DMA 传送过程中,DMA 表现出两大特性,总线从属性和总线主控性。所谓总线从属性是指 DMA 控制器如同一个普通的 I/O 接口一样,可由 CPU 进行随意的读/写操作,比如 DMA 传送前由 CPU 对其初始化,DMA 传送结束由 CPU 检查其正确性。而总线主控性是指 DMA 控制器如同 CPU 一样,可掌握总线的控制权,对内存和 I/O 接口进行读/写操作。

典型芯片是 Intel 系列高性能可编程 DMA 控制器 8237A。它允许 DMA 传输速度高达 1.6Mbit/s。8237A 内部包含 4 个独立的通道,每个通道包含 16 位的地址寄存器和 16 位的字节计数器,还包含了一个 8 位的模式寄存器等,4 个通道共用控制寄存器和状态寄存器。图 2-8 是 8237A 的内部编程结构和外部连接图。例如在 IBM PC/XT 系统中就使用了 8237A,其中 8237A 通道 0 用来对动态 RAM 进行刷新;通道 2 和通道 3 分别用来进行软盘、硬盘驱动器和内存之间的数据传输;通道 1 用来提供其他传输功能,如网络通信功能。系统中采用固定优先级,动态 RAM 进行刷新操作时的优先

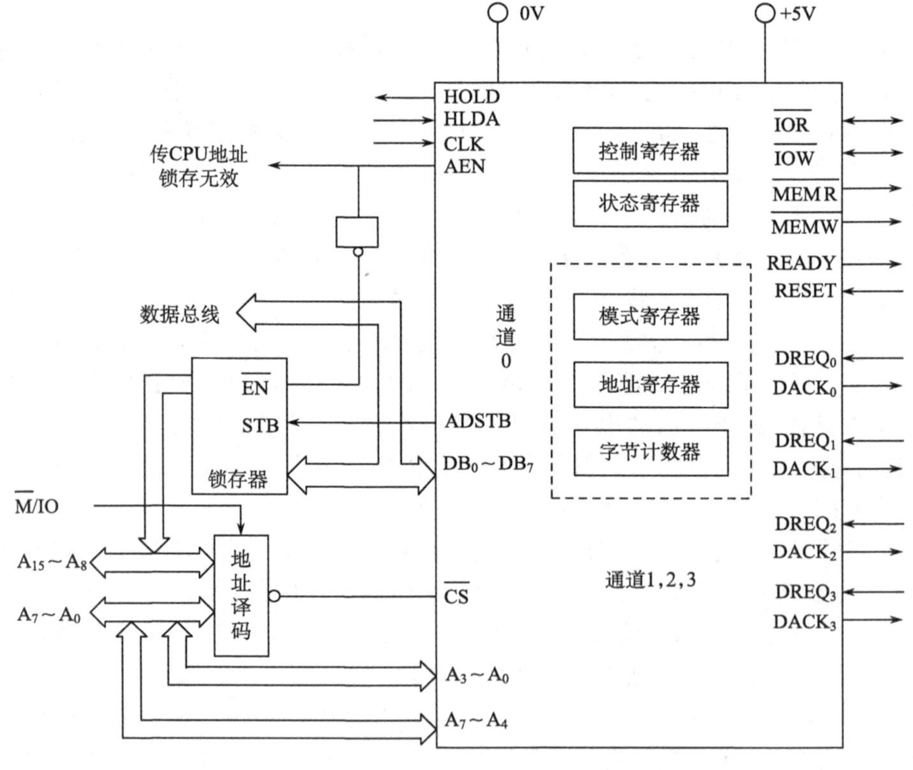

图 2-8 8237A 的内部结构和外部连接图

级最高，硬盘和内存的数据传输对应的优先级最低。4 个 DMA 请求信号中，$DREQ_0$ 和系统板相连，其他 3 个请求信号 $DREQ_1$、$DREQ_2$、$DREQ_3$ 都接到总线扩展槽的引脚上，由对应的软盘接口板、硬盘接口板和网络接口板提供。同样，DMA 应答信号 $DACK_0$ 送到系统板，而 $DACK_1$～$DACK_3$ 送到扩展槽上。

2.3　输入/输出接口的芯片选择

在设计 I/O 接口电路时，有两类芯片可供选择：专用芯片和可编程逻辑芯片。常用的专用芯片有 Intel 8259A、Intel 8237A、8255A、8251A、8253 等，其中 Intel 8259A、Intel 8237A 已经在前面的 2.2 节介绍过。可编程逻辑芯片有 GAL、CPLD 和 FPGA 三种可供选择。

数据在 CPU 与 I/O 接口之间传输时有串行数据和并行数据两种形式。早先由于 I/O 接口的速度比较慢，通常以并行数据的形式存在；随着计算机技术的发展，I/O 接口速度越来越高，串行数据的方式渐渐成为主导。

2.3.1　并行数据接口芯片

1. 可编程并行接口芯片 8255A

1）8255A 的内部结构

8255A 的内部结构如图 2-9 所示。它由以下几个部分组成。

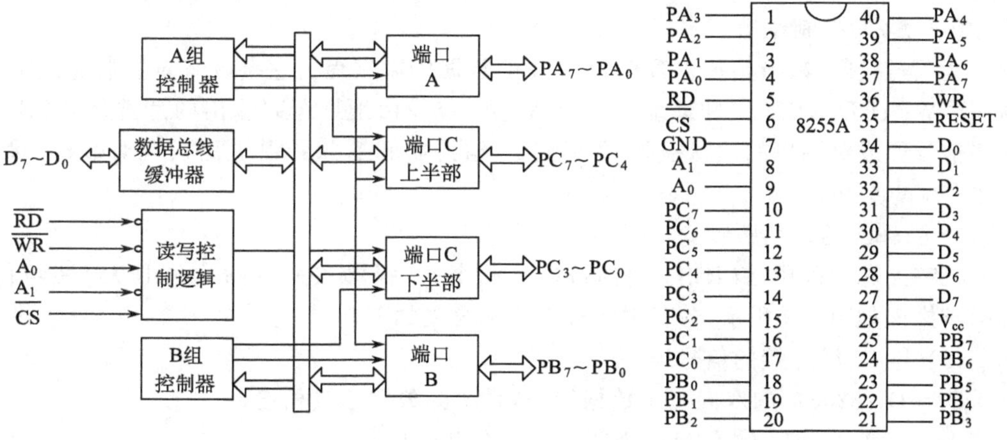

图 2-9　8255A 的内部结构及引脚

（1）三个数据端口 A、B、C。

8255A 芯片内部有三个 8 位的输入/输出端口，分别为端口 A、端口 B 和端口 C，可用指令将它们分别设置成输入或输出端口。它们在结构和功能上有各自的特点。

端口A包含一个8位数据输入锁存器和一个8位的数据输出锁存器/缓冲器。端口A无论用作输入口还是输出口,其数据均能受到锁存。

端口B包含一个8位数据输入缓冲器和一个8位的数据输出锁存器/缓冲器。用端口B作为输出口时,其数据能得到锁存。作为输入口时,它不具有锁存能力,因此外设输入的数据必须维持到被CPU读取为止。

端口C包含一个8位数据输入缓冲器和一个8位的数据输出锁存器/缓冲器,作为输入口时,它不具有锁存能力。

端口A和端口B一般作为独立的I/O口使用,与外设的数据线相连。端口C可以作为一个独立的8位I/O口,也可以拆分为高4位和低4位的两个4位端口,作为两个独立的4位I/O口使用;端口C拆分开的高4位和低4位还可以与端口A和端口B配合,用作它们的联络信号线。

(2) A组控制、B组控制。

8255A将端口A、B、C分为两组:端口A和端口C的高4位构成A组,由A组控制逻辑电路进行控制;端口B和端口C的低4位构成B组,由B组控制逻辑电路进行控制。这两组控制逻辑都从读/写控制逻辑接收命令信号和读写信号,从内部数据总线接收控制字,并根据控制字确定各端口的工作方式。

(3) 数据总线缓冲器。

数据总线缓冲器是一个双向三态的8位缓冲器,它直接与系统数据总线连接,是8255A与CPU之间传输数据的必经之路,数据的输入/输出以及控制字的写入都是通过这个缓冲器传递的。

(4) 读/写控制逻辑。

读/写控制逻辑电路负责管理8255A的数据传输过程。它接收来自控制总线的控制信号$\overline{WR}$、$\overline{RD}$、RESET和地址总线的A_1、A_0以及由地址译码输出的片选信号$\overline{CS}$,由这些信号形成对端口的读写控制,并通过A组控制和B组控制电路实现对数据、状态和控制信息的传输。

2) 8255A的外部引脚

8255A芯片采用NMOS工艺制造,是一个40引脚双列直插式(DIP)封装组件。其引脚排列如图2-9所示,各引脚信号名称和含义如下。

(1) 与CPU连接的信号线。

$D_7 \sim D_0$:8255A的双向三态数据线,与系统的数据总线相连。

A_1、A_0、$\overline{RD}$、$\overline{WR}$、$\overline{CS}$信号组合所实现的各种端口操作见表2-1。

表2-1 8255A芯片的各种端口操作

$\overline{CS}$	A_1	A_0	$\overline{WR}$	$\overline{RD}$	操作
1	×	×	×	×	不操作
0	0	0	1	0	端口A→数据总线

续表

$\overline{CS}$	A_1	A_0	$\overline{WR}$	$\overline{RD}$	操作
0	0	1	1	0	端口 B→数据总线
0	1	0	1	0	端口 C→数据总线
0	0	0	0	1	数据总线→端口 A
0	0	1	0	1	数据总线→端口 B
0	1	0	0	1	数据总线→端口 C
0	1	1	0	1	数据总线→控制寄存器

(2) 8255A 与外部设备相连的信号线。

PA_7～PA_0:端口 A 与外部设备连接的数据线,由端口 A 的工作方式决定这些引脚用作输入、输出或双向。

PB_7～PB_0:端口 B 与外部设备连接的数据线,由端口 B 的工作方式决定这些引脚用作输入或输出。

PC_7～PC_0:端口 C 输入输出数据线,这些引脚的用途由 A 组和 B 组的工作方式决定。

这 24 根信号线均可用来连接 I/O 设备,它们可以传送数字量或开关量信号,端口 C 还常常用来传递控制和状态信号。

(3) 8255A 的控制字。

8255A 有两类控制字:一类用于定义各端口的工作方式,称为方式选择控制字;另一类用于对端口 C 的一位进行置位或复位操作,称为端口 C 置位/复位控制字。这里只介绍方式选择控制字。8255A 共有三种基本工作方式。

方式 0:基本的输入/输出方式。

方式 1:选通输入/输出方式(应答方式)。

方式 2:双向传输方式。

这里只介绍 8255A 的方式 0。

8255A 各数据端口的工作方式由方式选择控制字(如图 2-10 所示)进行设置。对 8255A 进行初始化编程时,通过向控制字寄存器写入方式选择控制字,可以让三个数据端口以需要的方式工作。

其中,D_7 位是方式选择控制字的标志位,它必须是 1;D_6、D_5 位用于选择端口 A 的工作方式;D_2 位用于选择端口 B 的工作方式;D_4、D_3、D_1、D_0 位分别用于选择端口 A、端口 C 高四位,端口 B 和端口 C 低四位的输入/输出功能,置 1 时输入,置 0 时输出。

端口 A 可工作在三种工作方式中的任何一种,端口 B 只能工作在方式 0 或方式 1,端口 C 则常常配合端口 A 和端口 B 工作,为这两个端口的输入/输出传输提供控制信号和状态信号。

同组的两个端口可以分别作为输入或输出端口,允许它们有不同的传输方向。一个端口用作输入还是输出端口,完全通过对方式选择控制字的编程来确定。

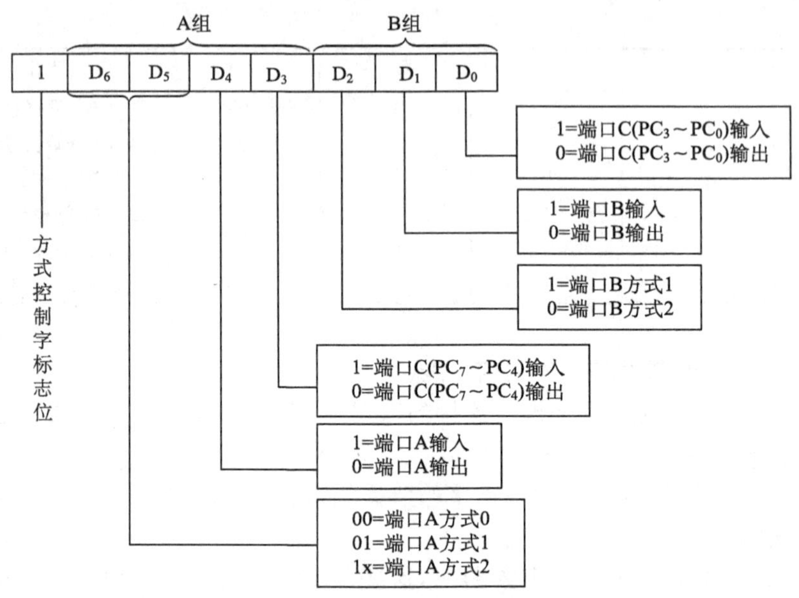

图 2-10　8255A 的方式选择控制字

(4) 8255A 的工作方式 0——基本输入/输出方式

方式 0 称为基本输入/输出方式,该方式下 3 个端口 24 根数据线完全由使用者决定它们的用途。可将 3 个数据端口划分为四个独立的部分:端口 A 和端口 B 作为两个 8 位端口,端口 C 的高 4 位和低 4 位可以用作两个 4 位端口(当然也可以作为一个 8 位端口),各个端口都可以独立用作输入或输出。

方式 0 使用在无条件传送和查询式传送两种场合。

无条件传送一般用于连接简单的外部设备。例如,键盘和开关状态输入,状态指示灯输出。

进行无条件传送时,接口和外部设备之间不使用联络信号,CPU 可以随时对该外部设备进行读写。用 8255A 进行无条件传送时,可实现三路 8 位数据或两路 8 位及两路 4 位的数据传输。

进行查询式传送时,端口 A 和端口 B 作为数据的输入/输出口,端口 C 的若干位用作联络信号。把端口 C 的一组(4 位)设置为输出,用作端口 A 和端口 B 的控制信号输出。把端口 C 的另一组(4 位)设置为输入,用作端口 A 和端口 B 的外设状态信号输入。两个组中剩余的引脚信号还可以用于其他控制,如控制指示灯或者开关输入。这样,利用端口 C 的配合可实现端口 A 和端口 B 的查询式数据传输。

2. 串行接口芯片 8251A 简介

1) 串行通信的基本概念

通信方式可分为并行通信和串行通信两种。串行通信是指在单根导线上将二进制数据逐位顺序传送,与并行通信相比,由于所用的传输线少,并且可以借助现有的电话交换网进行信息传送，因此特别适合于远距离传送。对于离计算机较近的外部设备如鼠标、绘图仪、终端等，也常常采用串行方式交换数据。所以，串行接口是计算机应用系统常用的接口。

串行通信线路有如下三种方式。

(1) 单工通信。它只允许一个方向传输数据，如图 2-11(a)所示。设备 1 只作为数据发送器，设备 2 只作为数据接收器，不能进行反方向传输。

(2) 半双工通信。它允许两个方向传输数据，但不能同时传输，只能交替进行，设备 1 发、设备 2 收或设备 2 发、设备 1 收，如图 2-11(b)所示。在这种情况下，为了控制线路换向，必须对两端设备进行控制，以确定数据流向。这种协调可以靠增加接口的附加控制线来实现，也可用软件约定来实现。

(3) 全双工通信。它允许两个方向同时进行数据传输，设备 1 收、设备 2 发的同时可设备 1 发、设备 2 收，如图 2-11(c)所示。显然，两个传输方向的资源必须完全独立，设备 1 与设备 2 都必须有独立的接收器和发送器，从设备 1 到设备 2 和从设备 2 到设备 1 的数据通路也必须完全分开(至少在逻辑上是分开的)。

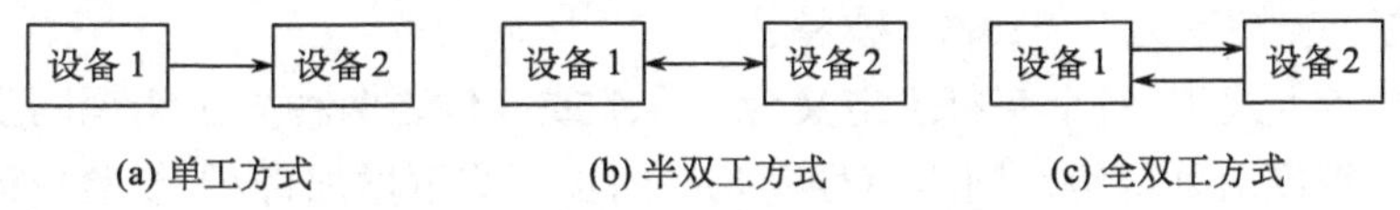

图 2-11　串行通信线路的三种方式

串行通信分为两种类型：异步串行通信和同步串行通信。

所谓异步通信是指通信中字符与字符之间没有严格的定时要求，而字符内位与位之间有严格而精确的定时。异步通信的格式见图 2-12。通信线路上传送的每个字符包括 1 个起始位、5～8 个数据位(字节低位先传送)、1 个奇偶校验位(可无)以及 1～2 个停止位。起始位和停止位分别用来表示字符的开始与结束，由此构成的一串数据叫做帧。从图 2-12 可以看到，一帧数据中位与位之间的时间间隔是固定的，而相邻两帧的数据之间其时间间隔是不固定的。

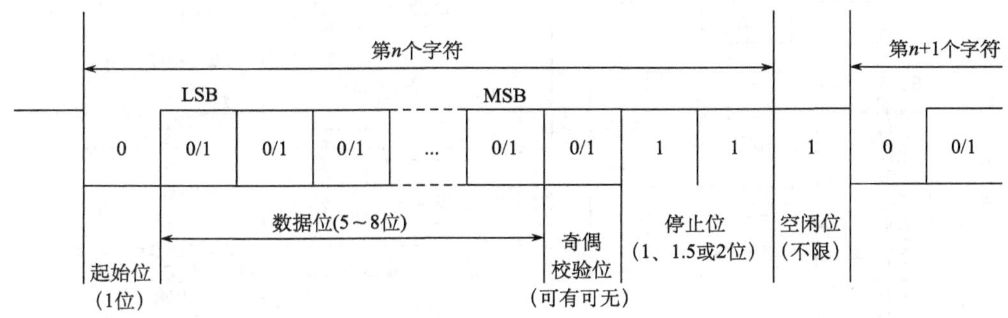

图 2-12　帧的格式

异步通信时字符是一帧帧传送的，每帧字符的传送靠起始位同步。为了保证正常通信，通信双方在通信之前必须约定：

① 字符格式，即一个字符包含多少个数据位、停止位以及采用何种校验形式。

② 波特率，即数据传送的速率，用位/秒(bit/s)来表示，也就是图 2-12 中二进制位持续时间的倒数，它也是衡量传输通道频宽的指标。例如，设数据传送的速率为 120 字符/秒，每个字符(帧)包括 10 个数据位，则传送的波特率为 10×120＝1200 位/秒＝1200 波特，则每一位传送的时间为 $T_d=1/1200=0.833\text{ms}$。

同步传送不给每个字符加起始位和停止位，而是把字符顺序连接起来，组成一个数据块。在数据块的开头设置 1～2 个同步字符 SYNC，表示数据传送的开始，在数据块的末尾加一定的差错校验字符。在同步通信时，数据是连续发送的，字符与字符之间没有空隙，严格按照约定的速率发送和接收。

2) 8251A 的主要性能和内部结构

8251A 是可编程的串行通信接口芯片，它的基本性能如下。

(1) 可工作在同步方式，也可工作在异步方式。同步方式下波特率为 0～64000 波特，异步方式下波特率为 0～19200 波特。

(2) 在同步方式下，每个字符可定义为 5、6、7 或 8 位。两种方法实现同步，由内部自动检测同步字符或由外部给出同步信号。允许同步方式下增加奇/偶校验位进行校验。

(3) 在异步方式下，每个字符可定义为 5、6、7 或 8 位，用 1 位作奇偶校验。时钟速率可用软件定义为波特率的 1、16 或 64 倍。另外，8251A 在异步方式下能自动为每个被输出的数据增加 1 个起始位，并能根据软件编程为每个输出数据设置 1 位或 2 位停止位。

(4) 能进行出错检测。带有奇偶、溢出和帧错误等检测电路，用户可通过输入状态寄存器的内容进行查询。

8251A 的内部结构框图如图 2-13 所示。从图中可以看出，它由数据总线缓冲器、读/写控制逻辑、发送缓冲器、发送控制器、接收缓冲器、接收控制器、调制/解调器控制逻辑、同步字符寄存器及控制各种操作的方式寄存器等组成。各部件实现的功能如下所述。

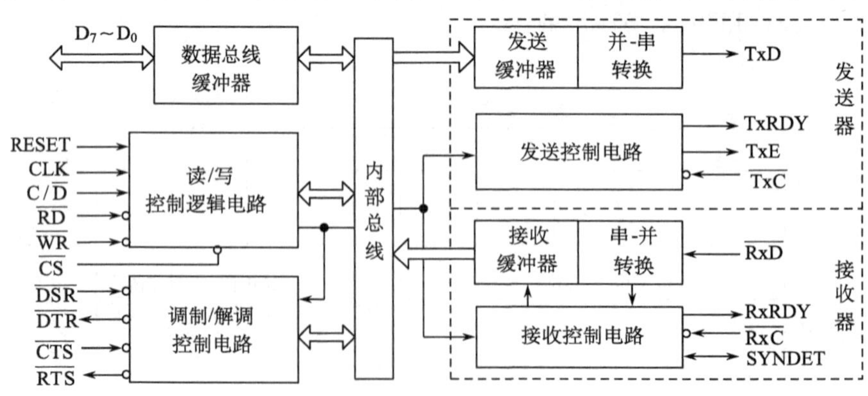

图 2-13 8251A 的内部结构框图

(1) 数据总线缓冲器

数据总线缓冲器通过 8 位数据线 D_7-D_0 和 CPU 的数据总线相连,负责把接收口接收到的信息送给 CPU,或把 CPU 发来的信息送给发送口。还可随时把状态寄存器中的内容读到 CPU 中,在 8251A 初始化时,分别把方式字、控制字和同步字符送到方式寄存器、控制寄存器和同步字符寄存器中。

(2) 读/写控制逻辑

表 2-2 是 8251A 的控制信号与执行的操作之间的对应关系。

表 2-2 8251A 的控制信号与执行的操作之间的对应关系

$\overline{CS}$	C/$\overline{D}$	$\overline{RD}$	$\overline{WR}$	功能
0	0	0	1	CPU 从 8251A 读数据
0	1	0	1	CPU 从 8251A 读状态
0	0	1	0	CPU 写数据到 8251A
0	1	1	0	CPU 写命令到 8251A
1	×	×	×	不操作

(3) 发送缓冲器包括发送移位寄存器和数据输出寄存器,发送移位寄存器通过 8251A 芯片的 TxD 管脚将串行数据发送出去。数据输出寄存器寄存来自 CPU 的数据,当发送移位寄存器空时,数据输出寄存器的内容送给移位寄存器。发送控制电路对串行数据实行发送控制。

(4) 接收缓冲器与接收控制器

接收缓冲器包括接收移位寄存器和数据输入寄存器。串行输入的数据通过 8251A 芯片的 RxD 管脚逐位进入接收移位寄存器,然后转换成并行格式进入数据输入寄存器,等待 CPU 取走。接收控制电路是用来控制数据接收工作的。

(5) 调制/解调器控制逻辑

利用 8251A 进行远距离通信时,发送方要通过调制解调器将输出的串行数字信号转换为模拟信号,再发送出去。接收方也必须将模拟信号经过调制解调器转换为数字信号,才能由串行接口接收。在全双工通信方式下,每个收信发口都要连接调制解调器。调制解调器控制电路是专为调制解调器提供控制信号用的。

2.3.2 串行数据接口芯片

近年来越来越多的接口芯片采用串行数据形式进行通信。串行数据接口有三种:3 线、2 线和单线。串行数据接口的数据通信介于主机(提供串行时钟)和从机/外设之间。大多数微控制器提供 SPI (3 线)和 I^2C (2 线)接口,用于发送、接收数据。微处理器通过几条总线控制周边的设备,如模/数转换器(ADC)、数/模转换器(DAC)、智能电池、端口扩展、EEPROM 以及温度传感器。与通过并口传输数据不同的是,串行数据接口通过 2 条、3 条或 4 条数据/时钟总线连续传输数据。虽然并行数据接口具有传输速度快的特点，但是串行数据接口占用较少的控制和数据线。

SPI 串行外设接口总线最早由 Motorola 提出，出现在其 M68 系列单片机中，由于其简单实用，又不牵涉到专利问题，因此许多厂家的设备都支持该接口，广泛应用于外设控制领域。SPI 接口是全双工三线同步串行外围接口，采用主从模式(Master Slave)架构；支持多从机模式应用，一般仅支持单主机。时钟由主机控制，在时钟移位脉冲下，数据按位传输，高位在前，低位在后，应用中的数据速率可以达到 10Mbit/s 的水平。

I^2C 接口是 PHIPIS 定制的串行数据接口，包括一条数据线(SDA 或 SMBDATA)和一条时钟线(SCL 或 SMBCLK)。I^2C 接口在成功完成一次读操作后会传输一个应答位。因为 I^2C 接口只有一条数据线，所以它只能工作在半双工模式(数据的读写不可以同时进行)，但是，I^2C 支持多主机多从机操作。因为 I^2C 接口为每个从机分配唯一的地址，所以可以在一条 I^2C 总线上连接多个从机而不需要片选信号。目前，I^2C 的数据速率可以达到 400kbit/s 的水平。

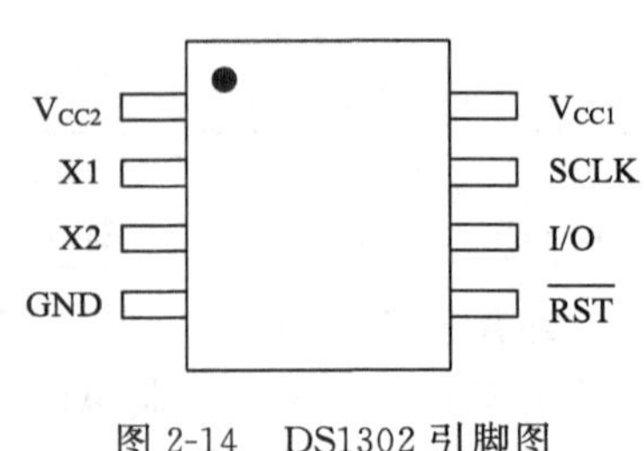

图 2-14　DS1302 引脚图

1. 时钟芯片 DS1302

1）引脚图及功能说明

图 2-14 为 DS1302 的引脚图，V_{CC2} 为主电源；V_{CC1} 为备用电源，通常会连接一块蓄电池；GND 为接地端；X1 与 X2 是振荡源，外接 32.768kHz 的晶振；$\overline{RST}$为复位/片选端；I/O 为串行数据输入/输出端，是双向的。

2）工作原理

串行时钟芯片主要由寄存器、控制寄存器、振荡器、实时时钟以及 RAM 组成。为了对任何数据传送初始化，需要先将$\overline{RST}$置高电平，且将 8 位地址和命令信息装入移位寄存器。数据在 SCLK 的上升沿串行输入，前 8 位指定访问地址；将命令字装入移位寄存器，在之后的时钟周期里，读操作时输出数据(如图 2-15)，写操作时输入数据(如图 2-16)。

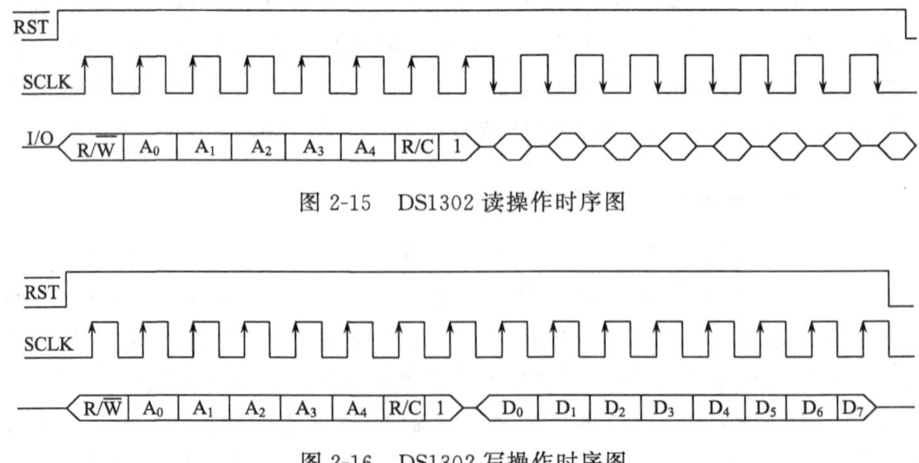

图 2-15　DS1302 读操作时序图

图 2-16　DS1302 写操作时序图

3）主要功能

(1) 实时时钟具有能计算秒、分、时、日、日期、星期、月、年的能力，还有闰年调整的能力；

(2) 31×8 位暂存数据存储 RAM；

(3) 串行 I/O 口方式，使得管脚数量最小；

(4) 读/写时钟或 RAM 数据时，有单字节传送和多字节传送两种传送方式。

2. 带 SPI 接口的温度传感器 TC77

1）引脚图及功能说明

如图 2-17 所示，SO 为串行数据输出引脚；SCLK 为串行时钟引脚，接收来自主机的串行时钟信号；GND 为接地端；$\overline{CS}$为片选信号，低电平有效；V_{CC}为电源端，2.7～5V 输入。

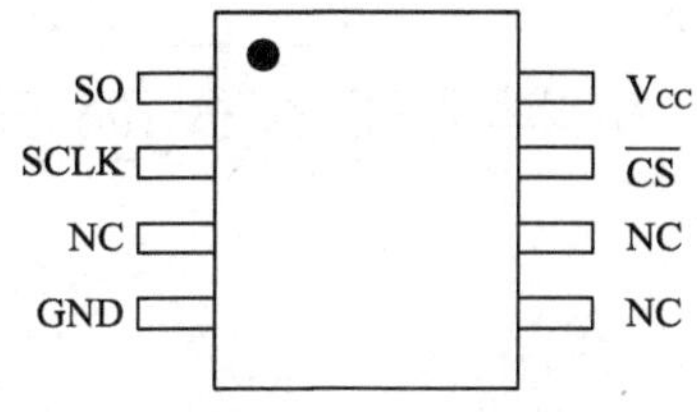

图 2-17　TC77 引脚图

2）主要特性

(1) 以 13 位数字格式输出温度值；

(2) 固态温度检测；

(3) +25～+65°C 的精度为±1°C(最大值)；

(4) −40～+85°C 的精度为±2°C(最大值)；

(5) −55～+125°C 的精度为±3°C(最大值)；

(6) SPI 和 MICROWIRE™兼容接口。

3）典型应用

(1) 硬盘驱动器和其他 PC 外设的温度保护；

(2) 笔记本电脑的 PC 卡设备；

(3) 低成本温度控制；

(4) 工业控制；

(5) 办公设备；

(6) 蜂窝式无线电话；

(7) 替代热敏电阻。

4）工作原理

TC77 包含一个带隙式温度传感器、一个 12 位+符号位(13 位)Σ-Δ 模/数转换器(Analog-to-Digital Converter，ADC)、一个内部转换振荡器(30 kHz)和一个串行输入/输出端口。器件具有三线串行 SPI 接口，可用于与普通单片机和处理器进行简单的通信。串行接口包括片选($\overline{CS}$)、串行时钟(SCLK)和串行数据(SO)信号。TC77 满足 SPI 总线规范，且该串行接口设计兼容 Microchip PIC® 系列单片机。$\overline{CS}$输入用于在有多个器件连接到串行时钟和数据线时选择 TC77。当$\overline{CS}$为逻辑“1”时，SCLK 输入被禁止。$\overline{CS}$线的下降沿启动通信，而$\overline{CS}$的上升沿结束通信。SCLK 输入由外部单片机提供，用于同步 SO 线的数据。温度和生产厂商 ID 寄存器为只读寄存器，而配置寄存器为可读

/ 写寄存器。当 $\overline{CS}$变成逻辑“0”时，$\overline{CS}$线也用来在写或读取器件时同步数据，开始与 TC77 通信。串行 I/O 信号线(SO)随后发送数据的第一位。如图 2-18 所示，单片机串行 I/O总线主器件在 SCLK 的上升沿移入数据。SCLK 的下降沿将用于移出剩余的数据。发送完 14 位数据(13 位温度位和 1 位完成标志位)后，SO 线变成三态，通信结束。

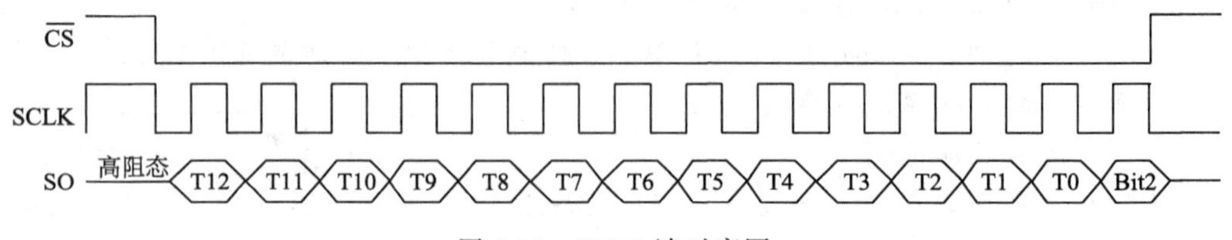

图 2-18　TC77 读时序图

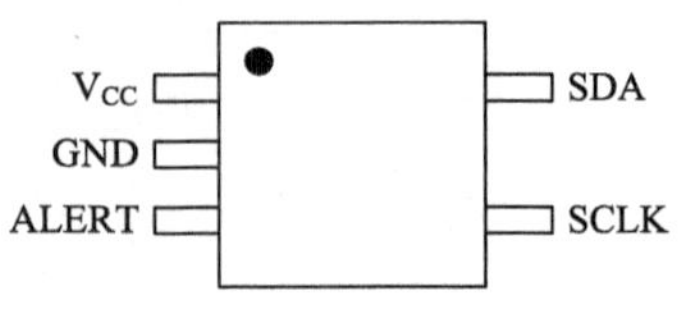

图 2-19　MCP9800 引脚图

3. 带 I^2C 接口的双线高精度温度传感器 MCP9800

1）引脚图及功能说明

如图 2-19 所示，V_{CC} 为电源端，2.7～5V；GND 为接地端；ALERT 为温度报警输出；SCLK 为串行时钟输入端；SDA 为双向串行数据传输端。

2）主要特性

(1) 高精度温度数字转换器；

(2) 12 位分辨率；

(3) ＋25℃时为±0.5℃（典型值）；

(4) －10～＋85℃时为±1℃(最大误差)；

(5) －10～＋125℃ 时为±2℃（最大误差)；

(6) －55～＋125℃ 时为±3℃（最大误差)；

(7) 双线接口：I^2C。

3）典型应用

(1) 个人电脑和服务器；

(2) 硬盘驱动器及其他 PC 外设；

(3) 娱乐系统；

(4) 办公设备；

(5) 数据通信设备；

(6) 移动电话；

(7) 通用温度监测。

4）工作原理

MCP9800 的 7 位 I^2C 总线地址被内置到芯片内，为 1001000。如图 2-20，主控 CPU 首先向 MCP9800 发送 8 位数据，前 7 位是地址位(1001000)，最后一位为读/写操作位，前 7 位地址必须与所选地址匹配，MCP9800 才能作出 ACK 响应。最后一位若被置为“1”,则为读操作,MCP9800 作出 ACK 响应后,会把温度串行数据传入到主控 CPU 内;最后一位若被清零,则为写操作,MCP9800 作出 ACK 响应后,会把 CPU 传入的串行数据写入到 MCP9800 相应的寄存器内。

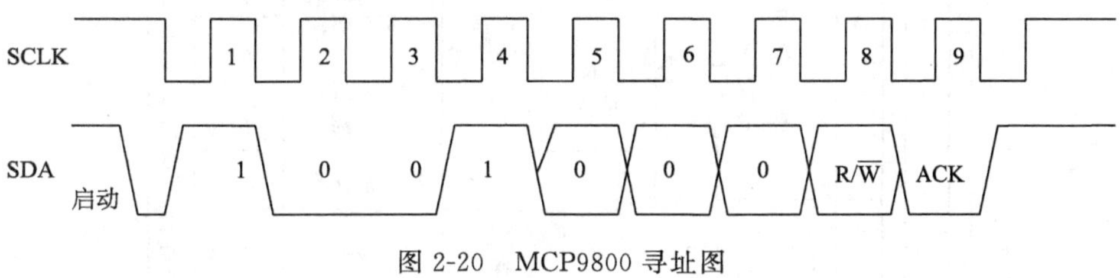

图 2-20　MCP9800 寻址图

2.4　接口的设计

在了解接口的作用及基本知识基础上,接下来的工作就是通过接口电路的设计实现计算机控制系统的构建。这其中要解决几个关键的问题:计算机控制系统中,通常仅有一个 CPU,而系统的外部设备有很多,实现单个 CPU 与多个外设的数据有效可靠的传输需要解决 I/O 接口的扩展问题;信息在 CPU 与接口之间进行传递有并行数据传输和串行数据传输两种形式,早期的 CPU 多采用并行数据传输的形式,通过 CPU 的并行数据总线与外设交换信息,然而随着计算机技术的发展,近年来新型的 CPU 多数采用串行数据传输的形式与外设进行数据交换,利用已有的接口功能芯片实现外设与 CPU 的连接进行信息的交换,就会出现两种结构,需要设计者根据所选计算机控制系统的主控制器 CPU 的特点,来设计接口电路;在一些特殊情况下已有的接口功能芯片不能满足设计的需要,必须通过可编程逻辑器件根据实际要求,具体设计专用的接口电路,通过可编程逻辑器件实现外设与 CPU 的连接进行数据的交换,已经被越来越多的计算机控制系统设计者所采纳。

2.4.1　接口与系统的连接

I/O 接口是 CPU 和外部设备之间的连接界面。典型的 I/O 接口和外部的连接如图 2-21 所示。图中 I/O 接口电路通常是一块大规模集成电路芯片。不同的芯片其内部结构差别很大,虽然内部结构不同,但是从外部连接来看都可以把接口分为两个部分,第一部分用来和 I/O 设备相连,第二部分用来和系统总线相连,CPU 是通过系统总线与 I/O 接口相连接的。第一部分的接口结构和设备的传输要求与数据格式有关,随外部设备的不同而互不相同,如,串行接口和并行接口差别就很大。第二部分的结构对不同的接口芯片也不相同,随着计算机技术的发展,I/O 接口的速度越来越高,CPU 与接口芯片数据的交换在向着串行传输的方式发展,如图 2-22 所示,串行数据传输仅靠 I/O 接口和控制总线完成,结构更加简单,数据传输更加准确可靠。

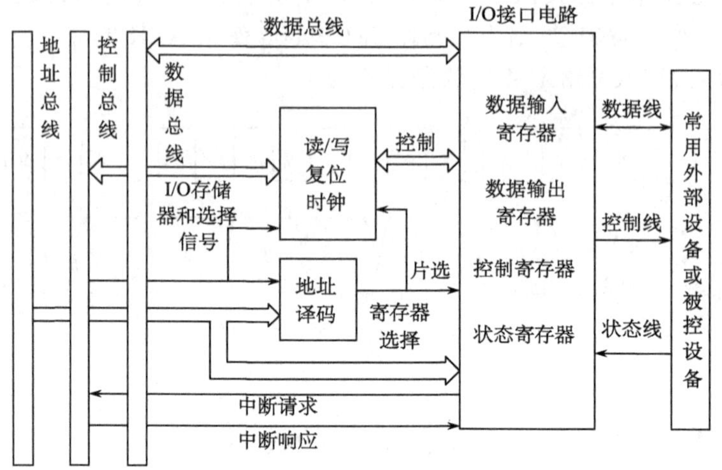

图 2-21 典型的 I/O 接口和外部的连接

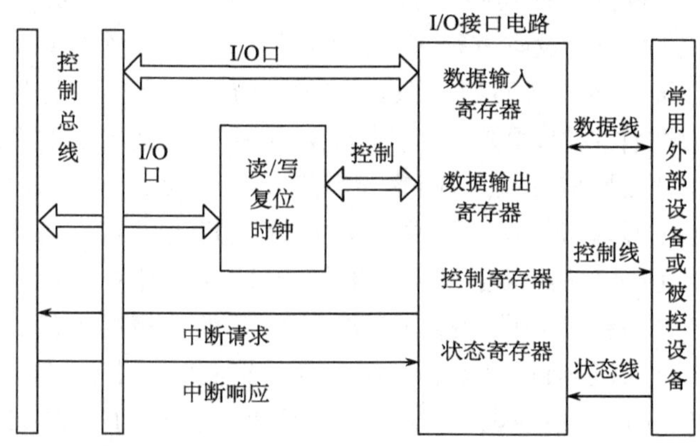

图 2-22 I/O 接口和外设之间串行数据的传输

如图 2-23 所示，并行数据传输芯片与 CPU 之间必要的连接信号有以下 4 类。

1. 数据信号 $D_0 \sim D_7$

数据信号 $D_0 \sim D_7$，即接口芯片的 8 位数据线连接到系统数据总线上。CPU 与外部设备之间的信息交换都通过数据总线传输，CPU 对接口芯片的编程命令和接口芯片送往 CPU 的状态信息也经由数据线传输。

2. 读/写控制信号 $\overline{RD}$、$\overline{WR}$

接口芯片接受 CPU 发出的读/写控制信号，当 $\overline{RD}$ 信号为低电平时，表示 CPU 从接口寄存器读取数据或状态信息。当 $\overline{WR}$ 信号为低电平时，表示 CPU 往接口寄存器写入数据或控制命令。

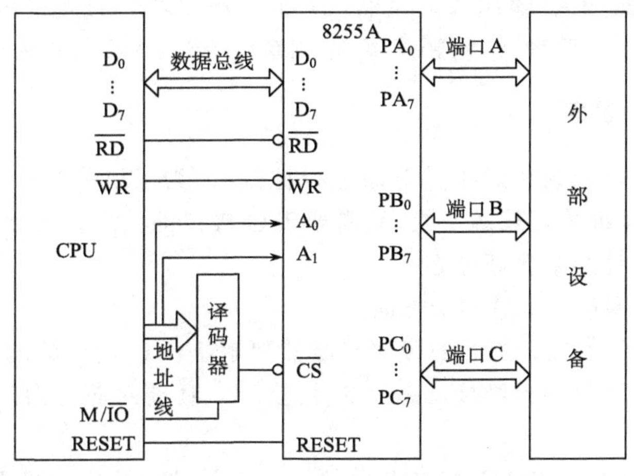

图 2-23　8255A 与 CPU 和外围设备的连接

3. 片选信号$\overline{CS}$和地址线 A_1、A_0

片选信号$\overline{CS}$是由 CPU 的地址信号通过译码得到的，此外还应加上存储器和 I/O 选择控制信号，在 8086 最小模式系统中，就是 M/$\overline{IO}$或($\overline{M}$/IO)，在最大模式系统中，可用$\overline{IOWC}$和$\overline{IORC}$来直接指出 I/O 地址空间。某些通用接口芯片(如 PIO、CTC、8255A 等)内部有 4 个 I/O 端口(寄存器)，为了寻址片内的四个寄存器，就要引入地址线 A_1、A_0。

4. 时钟、复位、中断控制、联络信号等控制信号

所用的芯片不同，这些控制信号也有所不同。因此，在系统设计时，在接口芯片与 CPU 连接部分就要把上述必须的连接信号考虑进去，并进行恰当的连接。特殊的信号线须进行特殊的处理。

图 2-24 所示为串行数据传输芯片与 CPU 之间信息交换的连接形式。MICROCHIP 公司的 PIC 系列微处理器在计算机控制设计中得到了广泛的应用，PIC18F4620 是其中比较典型的一款。图中 SCL 是 I^2C 数据总线的串行时钟输入/输出口，SDA 是

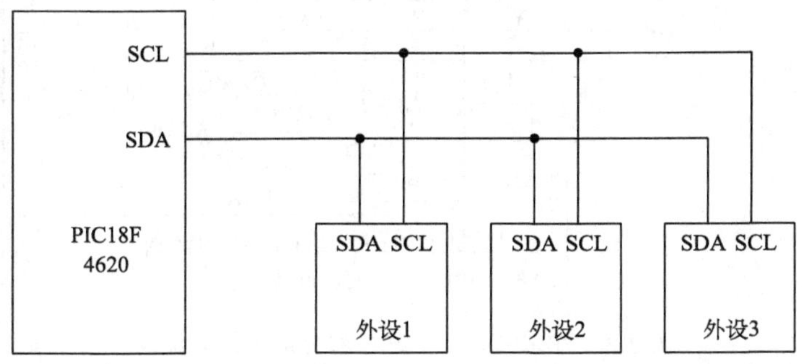

图 2-24　外设与 CPU 之间 I^2C 串行数据的连接形式

I^2C 数据总线的数据输入/输出口。显然，CPU 与外设之间的连接信号只有时钟信号 SCL 和数据信号 SDA 两种，结构更简单，占用系统资源更少，数据传输更加准确可靠。

2.4.2 I/O 接口的扩展

在设计计算机控制系统对生产对象进行控制时，为了解决单个 CPU 与多个外部设备挂接，实现数据准确可靠的交换，就需要 I/O 接口的扩展。因此，I/O 扩展是计算机控制系统硬件设计的主要任务之一。

I/O 接口的扩展包括下述两个方面。

(1) 地址译码的扩展。扩展 I/O 接口必然要解决 I/O 端口的编址、选址问题。扩展的地址译码电路不仅要提供接口芯片的片选信号，还要对芯片内的各 I/O 端口进行寻址。

例 2-1 此例为采用 74LS138 作地址译码器设计的计算机主机板接口子系统地址译码电路，连接电路如图 2-25 所示。

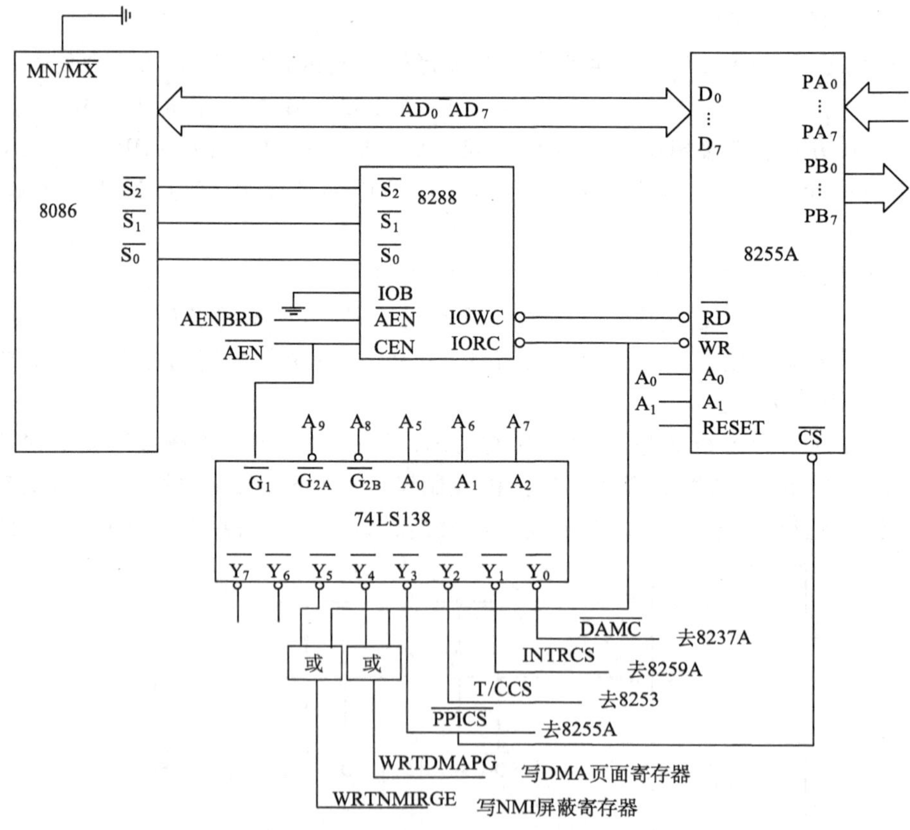

图 2-25 IBM PC/XT 接口部分地址译码电路

从图中我们可以看到，8086 的 MN/$\overline{MX}$接地，CPU 工作在最大模式，系统中使用了总线控制器 8288，8288 的 IOB 端接地，则 8288 工作于系统总线方式，$\overline{AEN}$和系统的 AENBRD 相连，CEN 和系统的$\overline{AEN}$相连，AENBRD 和$\overline{AEN}$信号引自 PC/XT 微型机的 DMA 应答电路。当 DMA 操作时，AENBRD 为高电平，$\overline{AEN}$为低电平。在 CPU 工作时，AENBRD 总是为低电平，$\overline{AEN}$则总是为高电平，总线处于正常工作状态。因此，只要 CPU 工作，8288 便处于允许状态，对 CPU 送来的$\overline{S_2}$～$\overline{S_0}$信号进行译码，产生 I/O 读操作信号$\overline{IOR}$和 I/O 写操作信号$\overline{IOW}$。

74LS138 接入了地址线 A_9、A_8、A_7、A_6、A_5，在 CPU 控制总线时$\overline{AEN}$＝1，如果此时，$A_9=A_8=0$，则此片 74LS138 选中，按 A_7、A_6、A_5 译出片选输出信号，分别送到各接口芯片的$\overline{CS}$端，图中还画出了并行接口 8255A 的地址译码电路及与 CPU 的连接，译出的各芯片对应端口地址如表 2-3 所示。

表 2-3　IBM PC/XT 接口芯片对应的端口地址

输出	接口芯片	对应的端口地址	实际使用地址
$\overline{Y_0}$	DMA 控制器(8237A)	00H～1FH	00H～0FH
$\overline{Y_1}$	中断控制器(8259A)	20H～3FH	20H～21H
$\overline{Y_2}$	计数器/定时器(8253)	40H～5FH	40H～43H
$\overline{Y_3}$	并行接口(8255A)	60H～7FH	60H～63H
$\overline{Y_4}$	DMA 页面寄存器	80H～9FH	80H～83H
$\overline{Y_5}$	NMI 屏蔽寄存器	0A0H～0BFH	0A0H
$\overline{Y_6}$、$\overline{Y_7}$	保留	0C0H～0FFH	

地址总线的低 5 位未接到 74LS138 上，可作为对接口芯片内部寄存器的选择信号。一般都只用 A_1、A_0，此时 A_4～A_2 悬空，这样一个 I/O 端口便对应了多个端口地址。

上述地址译码接口扩展实现的是并行数据传输，采用地址线译码和并行数据线 D_0～D_7，以字节的形式传递并行数据。随着 CPU 技术的发展，在数据传输形式上有了很大的改观，采用串行数据的传输形式逐渐占据主导地位。

串行数据传输接口芯片的地址译码有两种形式：I^2C 总线接口技术的器件地址一般是内置在芯片中的，CPU 与外设的地址译码是通过软件设置实现的；而 I/O 单线和 SPI 总线接口技术的器件一般是通过片选电路来实现地址译码的，下面以 SPI 总线的译码电路为例进行说明。

例 2-2　此例为 SPI 总线接口与 CPU 之间的片选译码电路，如图 2-26 所示。SCLK 为 SPI 总线的串行时钟输入/输出口，SDO 为 SPI 总线的串行数据输出口，SDI 为串行数据输入口，PA_1、PA_2 为 CPU 芯片的 I/O 接口，外设 1 与外设 2 的 CS 为片选信号(低有效)。首先设置 CPU 的 PA_1、PA_2 为输出口，若 PA_1 为“1”，PA_2 为“0”，则外设 2 选通；若 PA_1 为“0”，PA_2 为“1”，则外设 1 选通；若 PA_1 为“0”，PA_2 也为“0”，则外设 1、外设 2 同时选通。

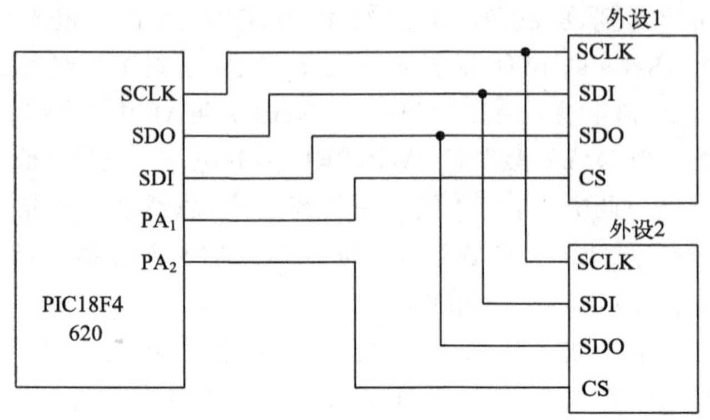

图 2-26　SPI 总线的片选译码电路

(2) 负载能力的扩展。总线系统负载能力有限,不能无限制地增加负载,负载过重会使各信号线的电平偏离正常值,造成系统工作不稳定,甚至会损坏器件,因此,我们一般应用总线收发器提高总线驱动能力。这里常用到的芯片有 Intel 8286、74LS244(单向三态门)、74LS373(74LS273)(三态输出锁存器)、74LS245(三态输出八总线收发器)。另外,在一些简单的应用场合也有利用上拉电阻提高总线负载能力的。如图 2-27 所示,CPU 的 I/O 接口输出电流一般为 5～20mA,而发光二极管一般需要 20～50mA 的驱动电流,通常采用上拉电阻提供额外的负载能力。因此,负载能力的扩展也是 I/O 接口扩展设计中必须考虑的问题之一。

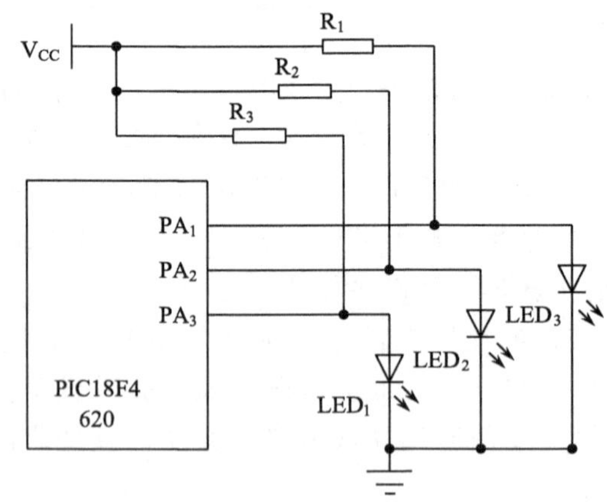

图 2-27　用上拉电阻提高 I/O 接口负载能力驱动发光 LED

2.4.3　接口的设计

接口设计的任务包括确定各外部设备的控制方式,接口硬件电路设计和接口控制软件设计。如果一个计算机控制系统结构比较简单,I/O 接口较少,I/O 接口设计就比较简单。如果系统规模较大，所带常规外部设备和被控对象较多时，I/O 接口的设计就比较复杂。对于这类系统可按下述步骤进行设计。

(1) 了解分析常用外部设备或被控设备与 CPU 之间信息交换的要求，如要求什么联络信号、I/O 数据格式、I/O 线数量、最短响应时间、服务时间估算，即确定 I/O 控制方式。

(2) 考虑硬件和软件的功能分配，综合考虑速度、成本、特性、设计难易程度等因素，合理的分配硬件和软件完成功能。

(3) 进行 I/O 端口的数量统计、数据流向安排和端口地址分配。

(4) I/O 接口硬件电路的扩展设计，包括扩展方案选择、地址译码扩展和负载能力扩展等。

(5) I/O 接口控制软件设计。

(6) 进行接口硬件和软件联调，如发现问题，再返回前面各步重新调整、修改，直到所设计的接口硬件和软件能满足快速、可靠、准确的实现 CPU 和各外部设备之间的信息交换要求为止。

扩展 I/O 接口的方案，归纳起来有两种。一种是购置厂家生产的现成的多功能 I/O 接口板。为适应系统 I/O 扩展的需要，每一种计算机控制系统都设计有配套的 I/O接口板，将 I/O 接口板插到系统外引总线槽上，只要适当地选择板上的有关选择开关(选址开关或工作方式选择开关等)，就可与系统配套使用。如按 STD 总线标准设计的模块式工业控制计算机，采用小板结构，每种模板功能单一，有 CPU 模板、内存模板、键盘显示模板、并行接口模板、串行接口模板、A/D 转换模板、D/A 转换模板等等，按扩展要求可选用其中几块模板，构成实用的工业控制机，非常灵活方便、可靠。如果控制系统对 I/O 没有特殊要求，经费也许可的话，选用此种方案是最简单、快速的。

另一种是自行设计、安装 I/O 接口电路。在具体做法上有两种方式，①采用通用的大规模集成电路接口芯片扩展 I/O 接口电路。由于数据传输方式有并行数据传输和串行数据传输两种，使用的芯片和扩展方法各不相同。因此在硬件电路设计上有着各自的特点。②采用普通的缓冲器、锁存器、译码器和可编程逻辑器件(GAL、CPLD、FPGA)等集成电路扩展 I/O 接口。

例 2-3 设计 8086 最小模式系统接口电路，采用 8255A 作为连接打印机的接口，指定 8255A 的 A、B、C 和控制端口的地址号分别为 0FFF8H、0FFFAH、0FFFCH 和 0FFFEH。

以程序控制方式设计，设定(如图 2-28 所示)：

8255A 端口 A，方式 0 输出，向打印机输出字符数据；

8255A 端口 B，不用；

8255A 端口 C，方式 0，传送状态和控制信息；

PC_2，打印机向 CPU 提供状态信息的输入端，PC_3～PC_0 输入方式；

PC_6，CPU 把数据输出给打印机的选通信号，PC_7～PC_4 输出方式。

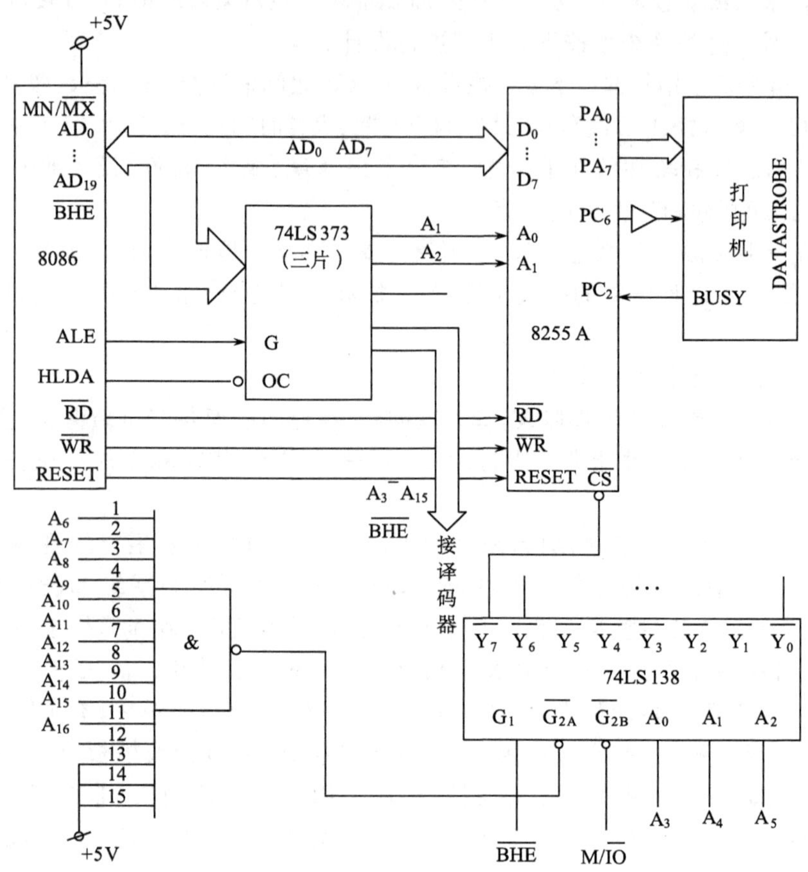

图 2-28　8086 和打印机接口原理电路

8255A 初始化程序：

```
INIT：MOV   AL，81H      ；写控制字 81H 到 8255A 控制寄存器
      OUT   FFFEH，AL    ；
      MOV   AL，0DH      ；用置 1/置 0 方式置 PC6 为 1
      OUT   FFFEH，AL    ；使/DATASTROBE 为高电平
```

输出一个字符数据至打印机的子程序：

```
LPST：IN      AL，FFFCH  ；读入打印机状态信息
      AND   AL，04H      ；监测打印机忙否？
      JNZ    LPST        ；若 BUSY＝1，即忙，则等待
      MOV   AL，CL       ；若 BUSY＝0，不忙
      OUT   FFF8H，AL    ；则存入 CL 中的字符数据送 A 端口
      MOV   AL，0CH      ；使/DATASTROBE 为 0
      OUT   FFFEH，AL    ；
```

```
INC   AL
OUT   FFFEH, AL   ；再使/DATASTROBE 为 1，发一个负脉冲
RET
```

例 2-4 笔记本电脑容易发热，现将笔记本电脑划分为 4 个区域，利用 PIC18F4620 和 SPI 接口的温度传感器 TC77 设计一个有 4 路温度采集通道的监测系统，实时的监测笔记本各区域的温度参数。

如图 2-29 所示，PIC18F4620 为主控 CPU，RB1 与 SCLK 相连，作为串行时钟输入输出口；RB2 与 SDI 相连，作为串行数据输出口；RB3 与 SDO 相连，作为串行数据输入口；RA1～RA4 分别与 1～4 路温度监测通道的片选信号相连，起到选择通道的作用。本程序采用软件模拟 SPI 时序的方法实现，而不是采用 PIC18F4620 的硬件 SPI 口。

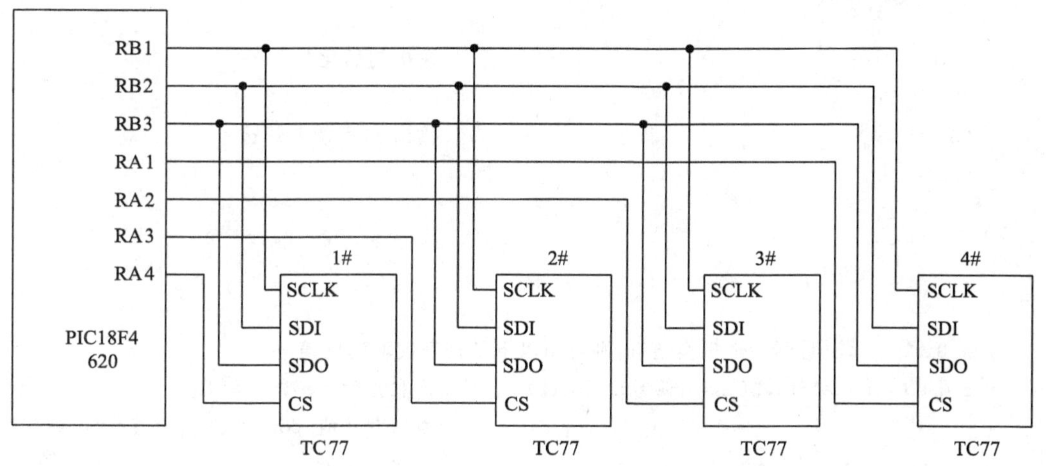

图 2-29　笔记本电脑温度监测系统

程序如下：

```
#define   SCLK         PORTEbits.RB1    //   串行时钟输出端
#define   TRIS_ SCLK   DDREbits.RB1     //   为 0，输出端
#define   SDO          PORTEbits.RB2    //   串行数据输出端
#define   TRIS_SDO     DDREbits.RB2     //   为 0，输出端
#define   SDI          PORTEbits.RB3    //   串行地址输入端
#define   TRIS_SDI     DDREbits.RB3     //   为 1，输入端
#define   CS1          PORTEbits.RA1    //   第一路片选信号
#define   TRIS_CS1     DDREbits.RA1     //   为 0，输出端
#define   CS2          PORTEbits.RA2    //   第二路片选信号
#define   TRIS_CS2     DDREbits.RA2     //   为 0，输出端
#define   CS3          PORTEbits.RA3    //   第三路片选信号
#define   TRIS_CS3     DDREbits.RA3     //   为 0，输入端
#define   CS4          PORTEbits.RA4    //   第四路片选信号
```

```
#define  TRIS_CS4        DDREbits.RA4      //  为0,输出端

void TC77Init(void)                        //  端口初始化
{

  TRIS_ SCLK = 0;                          //  初始化为输出端
  TRIS_ SDO = 0;
  TRIS_SDI = 1;                            //  初始化为输入端
  TRIS_CS1 = 0;
  TRIS_CS2 = 0;
  TRIS_CS3 = 0;
  TRIS_CS4 = 0;

  SCLK = 0;                                //  输出初始化为0
  SDO = 0;
  CS1 = 1;                                 //  输出1,不使能片选
  CS2 = 1;
  CS3 = 1;
  CS4 = 1;

}
//  Bit2 =1,说明第一个转换结束,则可用以下子程序读取温度值
unsigned int ReadSPIAD(unsigned char port)  //  读取温度传感器,返回值
{                                           //  为温度数值,port为选通通道标号(1~4)
     unsigned int Tempr;                    //  温度值变量
     unsigned char iCounter;                //  计数器

     if( 1 = = port )
     {
         CS1 =0;                            //  使能所选通道
     }
     else if ( 2 = = port )
     {
         CS2 =0;
     }
     else if ( 3 = = port )
     {
         CS3 =0;
     }
     else if ( 4 = = port )
     {
```

```
        CS4 = 0;
    }

    SCLK = 1;
    delay( 500ns );                              //  延时 500ns
    Tempr = SDI;                                 //  读取 T0;
    SCLK = 0;
    delay( 500ns );
    for( iCounter = 0;iCounter < = 10;iCounter + + ;)
    {
        SCLK = 1;
        delay( 500ns );
        Tempr = ( Tempr<<1 ) | SDI ;
        SCLK = 0;
        delay( 500ns );
    }

    CS1 = 1;
    CS2 = 1;
    CS3 = 1;
    CS4 = 1;

    return  Tempr;
}
```

2.5 人机接口

人机接口是指人与计算机之间建立联系、交换信息的输入/输出设备的接口,这些设备包括键盘、显示器、打印机、鼠标等。由于篇幅有限,这里只介绍键盘与显示器。

2.5.1 人机交互设备

人机交互设备是计算机系统中最基本的设备之一,是人和计算机之间建立联系、交换信息的外部设备,常见的人机交互设备可分为输入设备和输出设备两类。

1. 输入设备

输入设备是人向计算机输入信息的设备,常用的输入设备有:①键盘是人向计算机输入信息最基本的设备;②鼠标是一种光标指点设备;③触摸屏是一种坐标定位设备,常用于公共查询系统。

2. 输出设备

输出设备是直接向人提供计算机运行结果的设备,常用的输出设备有:①显示器是计算机的主要输出设备,它与键盘一起构成最基本的人机对话环境;②打印机为用户提供计算机信息的硬拷贝。常用的打印机有击打式、喷墨式和激光打印机。

3. 人机接口

人机接口是计算机同人机交互设备之间实现信息传输的控制电路。它与人机交互设备一起完成信息形式的转换和信息传输的控制两个任务。

2.5.2 键盘

键盘由一组排列成矩阵形式的按键开关组成,通常有独立式键盘和矩阵式键盘两种类型。

(1) 独立式键盘。独立式键盘中某个键按下后,能够提供与该键相对应的信息。它的缺点是硬件设备随着键数的增加而增加。如图 2-30 所示,为中断式键盘电路与查询式键盘电路。一般采用低电平有效的接线。按键断开时,上拉电阻保证 I/O 端口为高电平。

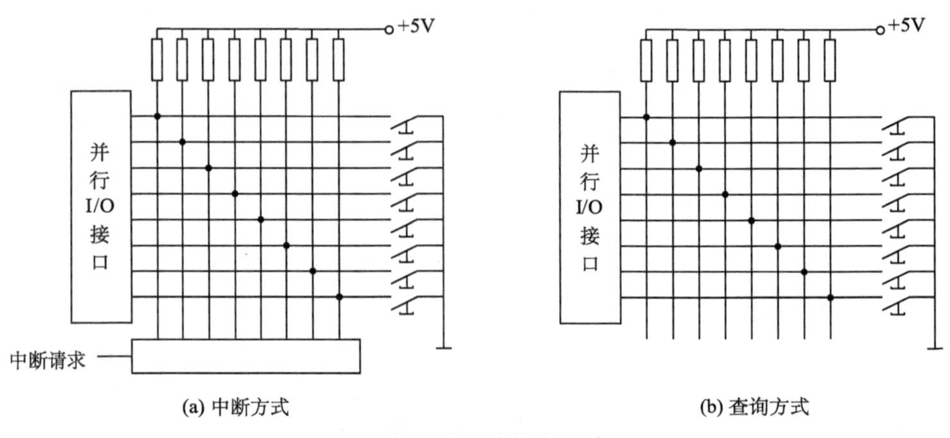

图 2-30 独立式键盘电路

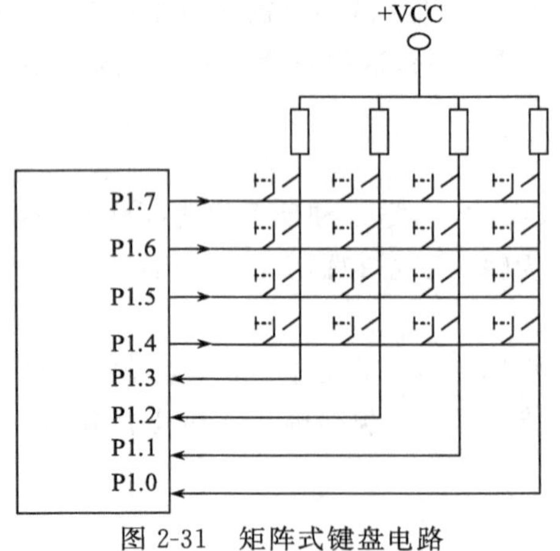

图 2-31 矩阵式键盘电路

(2) 矩阵式键盘。它是用较为简单的硬件和一套专用程序来识别按下键的位置,并提供与按下键相对应的中间代码,然后再把中间代码转换成相对应的编码。

由于键盘通常排列成矩阵格式,如图 2-31 所示。因此可以用硬件或软件的方法对行、列分别进行扫描来查找按动的键。

在此不再详细说明键盘接口的工作原理,可以参照有关书籍。

2.5.3 显示器

1. CRT 显示器

CRT(Cathode Ray Tube)就是阴极射线管。它是微机系统中一种最重要的人机交互设备,它可用来显示字符、图形和图像,可分为单色和彩色两种。CRT 显示器采用光栅扫描技术——利用 CRT 中高速电子束的不断扫描来实现屏幕上图形/字符的显示。

CRT 显示接口的主要任务是:①接受来自计算机(通过系统总线)的预显示字符的代码;②按规定产生各种有用的定时信息;③取出显示字符,按扫描次序换成能控制每个光点的找点信号;④按时产生并加入行同步、场同步以及消引信号,形成“全电视信号”。CRT 字符显示接口电路如图 2-32 所示。

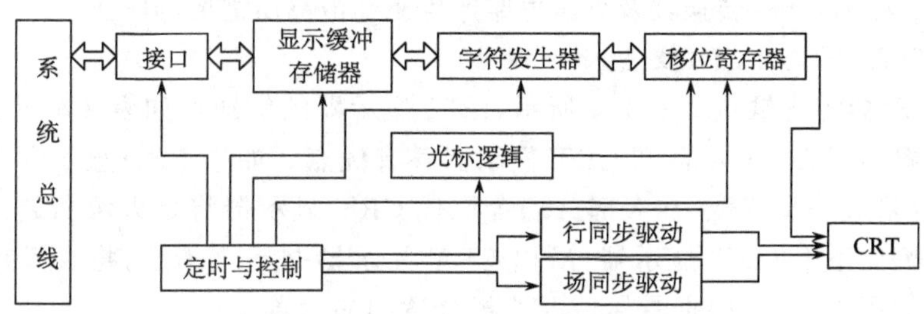

图 2-32 CRT 字符显示接口电路

2. LCD 显示器

LCD 显示器即液晶显示器。液晶是介于固体和液体之间的中间物质,一般情况,它和液体一样可以流动,但在不同方向上它的光学特性不同,显示出类似于液晶的性质。利用液晶电光效应制作成的显示器就是液晶显示器。

LCD 显示器又分为 TN 型液晶显示器和点阵式液晶显示器,下面将详细介绍。

(1) TN 型液晶显示器。将上下两块制作有透明电极的玻璃通过四周的胶框封接后,形成一个几微米厚的盒。在盒中注入 TN 型液晶材料。在通过特定工艺处理的盒中,TN 型液晶的棒状分子平行地排列于上下电极之间,而上下电极之间的分子被逐步扭曲。入射光通过偏振方向与上电极面液晶分子排列方向相同的上偏振片(起偏器)形成偏振光。此光通过液晶层时扭转了 90°。到达下偏振片(检偏器)时,偏振方向不变,偏振光通过下偏振片,并被下偏振片后方的反射板反射回来。盒呈透亮,因而我们可以看到反射板。当上下电极之间加上一定电压后,电极部位的液晶分子在电场作用下转变成与上下玻璃面垂直排列,这时的液晶层失去旋光性。偏振光通过液晶层时没有改变方向,与下偏振片偏振方向相差 90°,光被吸收,没有光反射回来,也就看不到反射板。在电极部位出现黑色。由此可知,根据需要制作成不同的电极,就可以实现不同内容的显示。平时液晶显示器呈透亮背景,电极部位加电压后显示黑色字、符或图形,这种显示称正显示。若将下偏振片转成与上偏振片的偏振方向一致装配，则正好相反，平时背景呈黑色，加电压后显示字符部分呈透亮，这种显示称为负显示。后者适用于带背光源的彩色显示器件。可见，液晶显示器最突出的一个特点就是其本身不发光，用电来控制对环境照明的光在显示部位的反射（或透射）方法而实现显示。因此在所有的显示器件中，它的功耗最小，每平方厘米在一微瓦以下，与低功耗的 CMOS 电路匹配最适于各种便携的袖珍型仪器仪表、微型计算机等作为终端显示用。

(2) 点阵式液晶显示器。在液晶显示器中，大多为点阵式液晶显示器。点阵式 LCD 显示器是将液晶放在正交的带状电极之间利用各带状电极的组合进行显示。点阵式液晶显示系统是由液晶显示屏、驱动电路、电源电路和控制电路组成。驱动电路产生驱动液晶所需的信号，控制电路产生驱动电路需要的信号和所要显示的信息。驱动电路所需的液晶显示偏置电压由电源电路提供。电源电路必须产生 6 个电位以驱动液晶。电源电路用 5V 输入电压，经 DC/DC 转换器及分压电路产生驱动液晶所需要的电压。

3. CRT（纯平）与 LCD（液晶）的优缺点

CRT 显示器的优缺点如表 2-4 所示，LCD 显示器的优缺点如表 2-5 所示。从上面的分析可以看出，LCD 显示器和 CRT 显示器各有优点。如果 LCD 显示器在技术上进一步提高，价格进一步降低，在大部分场合取代 CRT 显示器将是大势所趋。但由于在有些方面永远比不上 CRT 显示器，所以 CRT 显示器并不会消亡，将长期占有一席之地。在实际应用中，应该根据具体情况选择合适的显示器。

表 2-4　CRT 显示器的优缺点

优点	缺点
相对便宜	耗电量大
没有可视角度的限制	很重，尤其是大屏幕尺寸的 CRT
通常颜色表现很好	无论是哪一种分辨率，像素都不太清晰
运动图像不会出现残影模糊	可视面积小
不存在信号不同步造成抖动问题	当刷新频率低于 75Hz 时出现闪烁，大屏幕尺寸会更明显
可采用不同的分辨率，图像质量下降很少	与 LCD 相比，低频电磁辐射较多
	没有几何失真几乎是不可能的，尤其对于纯平显示器来说
	让红绿蓝三色电子束在屏幕的任何位置都汇聚得很好几乎是不可能的

表 2-5　LCD 显示器的优缺点

优点	缺点
薄而且外观时尚	价格相对较高
省电	易损坏
重量轻，尤其是在屏幕尺寸大的时候	有限的可视角度
图像清晰锐利	色彩表现有限或者不够一致
更大的可视面积	运动图像可能模糊或残影

续表

优点	缺点
无闪烁	与输入信号不同步时会产生画面抖动
与 CRT 显示器相比，基本上没有低频电磁辐射	使用非屏幕物理分辨率时的图像效果会变得很差，因为图像必须被缩放以适应它的物理像素
完美的几何特性，没有几何失真	
没有汇聚(三色对齐)问题	

思 考 题

2.1 I/O 接口的定义以及作用。

2.2 I/O 接口内部传递信息的形式有哪几种?

2.3 信息在接口内部的控制方式有几种? 分别是什么?

2.4 中断优先级的判别方法分别是什么?

2.5 简述接口与 CPU 之间进行信息交换的传输方式。

2.6 简述在串行数据传输方式当中 SPI 与 I^2C 的优缺点。

2.7 简述接口设计的步骤。

第3章　过程通道概述

过程通道也称为I/O通道。它是计算机和控制对象之间信息传送和变换的连接通道。计算机要实现对生产机械和生产过程的控制，就必须采集现场控制对象的各种参量，这些参量分为两类：①模拟量，即时间上和数值上都连续变化的物理量，如温度、压力、流量、速度、位移等。②数字量，也称为开关量，即时间上和数值上都不连续的量。如表示开关闭合或断开的两个状态的开关量，按一定编码的数字量和串行脉冲列等。同样，被控对象也要求得到模拟量（如电压、电流）或数字量两类控制量。但是，计算机只能接收和发送并行的数字量，因此，为使计算机和被控对象之间能够连通起来，除了需要I/O接口电路外，还需要I/O通道（如图3-1所示），由它将从被控对象采集的参量变换成计算机所要求的数字量（或开关量）的形式，送入计算机；计算机按某一数学公式计算后，又将其结果数字量形式转换成模拟量形式输出至被控对象，这就是I/O通道所要完成的功能。

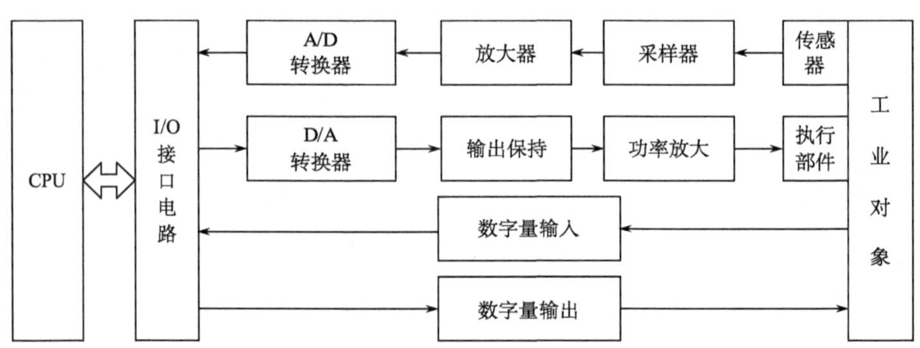

图3-1　过程（I/O）通道的组成框图

过程通道（I/O通道）包括模拟量输入通道、模拟量输出通道、数字量输入通道和数字量输出通道。

(1) 模拟量输入通道：主要功能是将随时间连续变化的模拟输入信号经检测、变换和预处理，最终变换为数字信号通过接口电路送入计算机。

(2) 模拟量输出通道：将计算机输出的数字信号转换为连续的电压或电流信号，经功率放大后送到执行部件对生产过程或装置进行控制。

(3) 数字量输入通道：也称为开关量输入通道。凡是电平高低和开关通断等两位状态表示的信号统称为数字量或开关量。主要有三种形式：①是以若干位二进制数表示的数字量，它们并行输入到计算机，如拨码盘开关输出的BCD码等；②是仅以一位二进制数表示的开关量，如启停信号和限位信号等；③是频率信号，它是以串行形式进入计算机的，如来自转速表、涡轮流量计、感应同步器等的信号。这些信号都要通过数字量输入通道进入计算机。

(4) 数字量输出通道：有的执行部件只要求提供数字量，例如步进电机、控制电机启停和报警信号等，这时应采用数字量输出通道。

过程通道的分类是以经过通道的信号形式来划分的，并不以连续的对象来划分。

3.1 D/A 转换器

D/A 转换器是将数字量转换成模拟量的器件，它是模拟量输出通道的重要组成部分，也是模拟量输入通道中重要组成环节 A/D 转换器内部的组成部分之一。D/A 转换器按分辨率划分有：8 位分辨率的 D/A 芯片(DAC0800 系列、DAC0830 系列)；10 位分辨率的 D/A 芯片(DAC1020 系列、AD7520 系列)；12 位分辨率的 D/A 芯片(DAC1208 系列、AC1230 系列、DAC1220 系列、AD7521 系列等)。D/A 转换器也可按与 CPU 数据交换的数据形式划分为并行 D/A 芯片(如 DAC0832)和串行 D/A 芯片(如 TLC5620)。有些 D/A 转换器内部还有参考电压源和输出放大器等。有的 D/A 转换器可实现模拟电压的单极性或双极性输出。

3.1.1 D/A 转换器的工作原理

D/A 转换器由电阻网络和运算放大器组成。电阻网络实现数字量往模拟电流的转换，运算放大器完成模拟电流相加并转换成模拟电压输出。此外，D/A 转换器还需要位切换开关和基准电压。

常用的电阻网络有权电阻网络和 T 型电阻网络两种。由于权电阻网络所用的电阻阻值很大，各电阻阻值都不相同，且对误差的要求比较高，工艺上难以制造，因此在集成电路 D/A 转换器中不采用权电阻网络而采用 T 型电阻网络，因为 T 型电阻网络仅使用 R 和 $2R$ 两种电阻构成。采用 T 型网络的 D/A 转换器如图 3-2 所示。运算放大器的同相端接地，用反向端作输入端。输入点称为虚地，$-U_0=I_L R_f$，即输出端电压 $-U_0$ 等于反馈电阻上的电压降的负值。

T 型电阻网络只用两种数值的电阻 R 和 $2R$ 组成，该电路的特点是，任何一个节点的三个分支的等效电阻是相等的，该电路为线性网络，可以应用叠加原理。假设 S_1 接到电源电压 U_R 上，而 $S_2,\cdots,S_n$ 接地时，即输入信号 D_1 为 1，D_2～D_n 为零，等效电路如图 3-3(a)所示；从 A 点向左、向右、向下看，等效电阻都是 $2R$，如图 3-3(b)所示，可见分支电流 I 过节点 A 产生电流 $I/2$ 经另外两个分支流出，此时，流经负载电阻 R_L 上的电流 $I_L=I/2$。当输入的信号中 $D_1=0$、$D_2=1$，D_3～D_n 为 0 时，即将 S_1 接地，S_2 接电源电压 U_R，$S_3,\cdots,S_n$ 接地，此时等效电路如图 3-3(c)所示。由图可见，流过第二条支路电流 $I=U_R/(3R)$，而过节点 A 流经负载电阻 R_L 的电流 $I_L=I/4$。依此类推，当 S_i 接

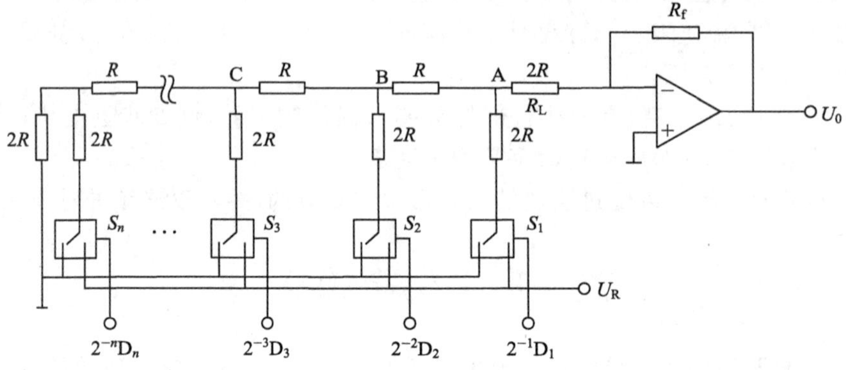

图 3-2　T 型电阻网络组成的 D/A 转换器

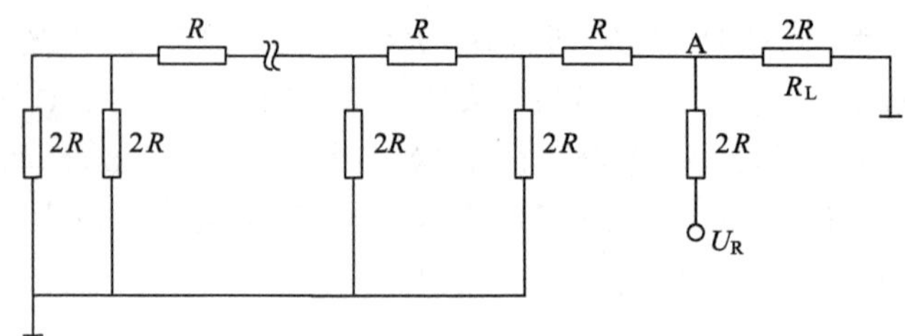

(a) S_1接通电源时，其余开关接地

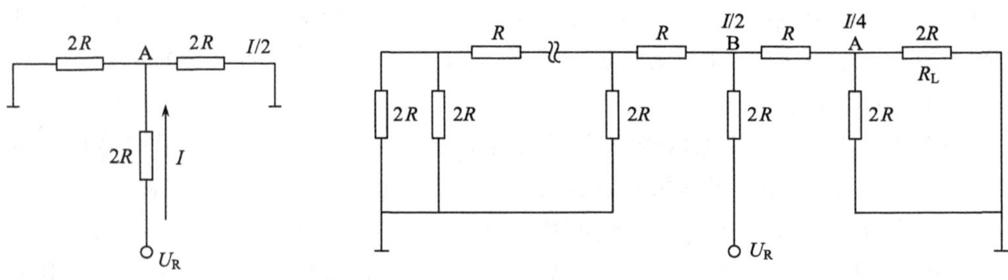

(b) S_1接通时的等效电路

(c) S_2接通电源，其余接地

图 3-3　S_1、S_2 接通时的等效电路

通电源，流过第 i 条支路的电流仍为 $I=U_R/(3R)$，其中只有 $1/2^i$ 的电流流经负载电阻 R_L。根据叠加原理，可以写出流经负载电阻的电流 I_L 的表达式为

$$I_L = (2^{-1}D_1 + 2^{-2}D_2 + \cdots + 2^{-n}D_n)I = \frac{U_R}{3R}(2^{-1}D_1 + 2^{-2}D_2 + \cdots + 2^{-n}D_n)$$

取 $R_f=3R$，则

$$-U_0 = I_L R_f = U_R(2^{-1}D_1 + 2^{-2}D_2 + \cdots + 2^{-n}D_n) \tag{3-1}$$

由式(3-1)可见,转换后的输出模拟电压与输入数字量成正比,实现了 D/A 转换过程。输出电压 U_0 除了和输入二进制数有关以外还与反馈电阻 R_f 和标准电压 U_R 有关。

3.1.2 D/A 转换器的性能指标

(1) 建立时间。D/A 转换器的输入数字量有满量程的变化时,其输出模拟量达到终值±(1/2)LSB 时所需的时间,一般为几微秒。

(2) 分辨率。当输入数字量变化 1 时,输出模拟量变化的大小。对于一个 N 位的 D/A 转换器其分辨率为:分辨率=满刻度值/2^N。例如,对于满刻度值 5.12V,单极性输出,8 位 D/A 转换器的分辨率为:5.12V/2^8=20mV;10 位 D/A 转换器的分辨率为:5.12V/2^{10} = 5.12V/1024 = 5mV;12 位 D/A 转换器的分辨率为:5.12V/2^{12} = 5.12V/4096=1.25mV。

(3) 输入编码。一般为二进制编码、BCD 码、符号—数值码等。一般 D/A 转换器都采用二进制码输入数据,计算机的运算结果直接送出,比较方便。也可选用 BCD 码,与输出显示器的代码一致。

(4) 工作温度。工业级 D/A 转换器工作温度范围为−40~85℃,商业级的为 0~70℃。

(5) 线性误差。D/A 转换器的实际输出与理想输出特性的最大偏差和满刻度输出之比的百分数。如图 3-4 所示。线性误差一般为 0.01%~0.8%。

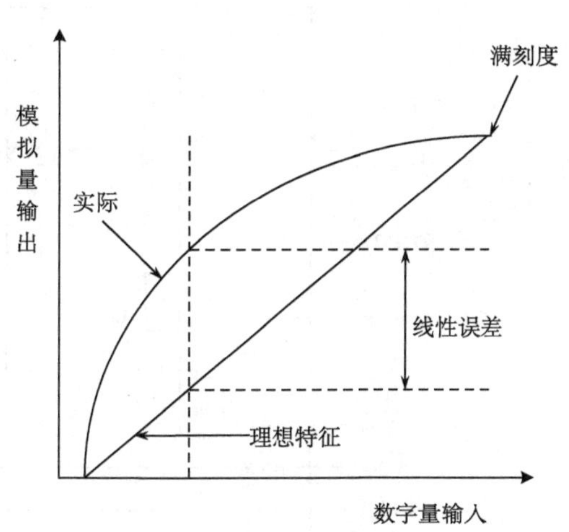

图 3-4 线性误差示意图

3.1.3 常用的 D/A 转换器芯片及其与 CPU 的连接

D/A 转换器与 CPU 的数据交换有两种形式:并行数据传输形式和串行数据传输形式。并行数据传输形式 D/A 转换器芯片与 CPU 之间采用并行数据线 D_0-D_7 进行数据交换,而串行数据传输形式 D/A 转换器芯片与 CPU 之间采用串行总线进行数据交换。它们的功能管脚主要有:数字量的输入端和模拟量的输出端,芯片的模拟信号输出端又有单极性输出和双极性输出两种。D/A 转换器所需参考电压由芯片以外的电源提供,许多芯片内设置了输入数据寄存器,芯片都具有片选信号和写信号管脚。

1. 8 位 D/A 转换器 DAC0832

1) DAC0832 的结构

DAC0832 采用 20 引脚、双列直插式集成电路芯片。分辨率为 8 位;电流稳定时间为 1ms;与 TTL 电平兼容;功耗 20mW。

如图 3-5 所示，主要包括四个组成部分：D/A 转换电路、DAC 寄存器、输入寄存器和控制逻辑。通过对模拟开关的控制，使标准电源在 T 型电阻网络中产生与数字量相对应的电流。输入的数字量通过两级缓冲器（输入寄存器和 DAC 寄存器）送到 D/A 转换电路，通过对这两级缓冲器进行控制，可以实现直通、单缓冲、双缓冲三种工作方式。如果控制信号使得两级缓冲器一直处于选通状态，则 DAC0832 工作在直通方式；当输入寄存器、DAC 寄存器中有一个直接选通，另一个受控制，则它工作在单缓冲方式；当输入寄存器、DAC 寄存器都受控制时，它工作在双缓冲方式。DAC0832 属于电流型输出的 D/A 转换器。这些电流经外部运算放大器实现 I-V 转换输出模拟电压。模拟电压根据不同的外接电路又可分为单极性和双极性两种形式。

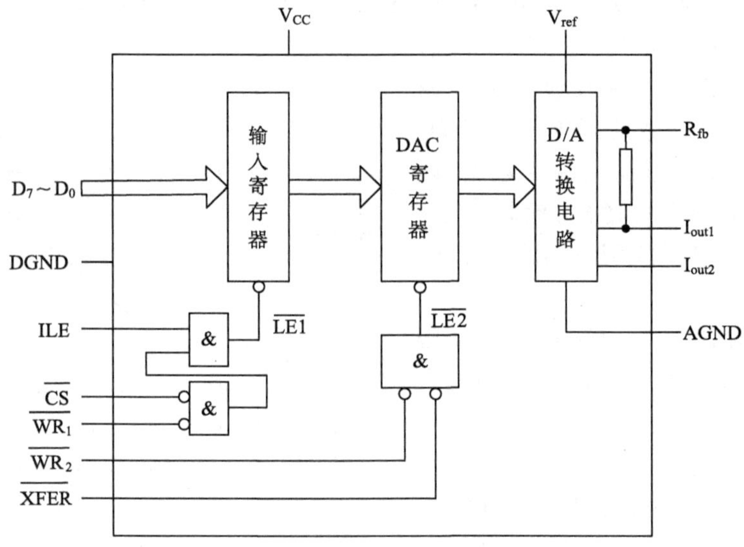

图 3-5　DAC0832 结构框图

2）DAC0832 的引脚功能

引脚图如图 3-6 所示，各引脚功能如下。

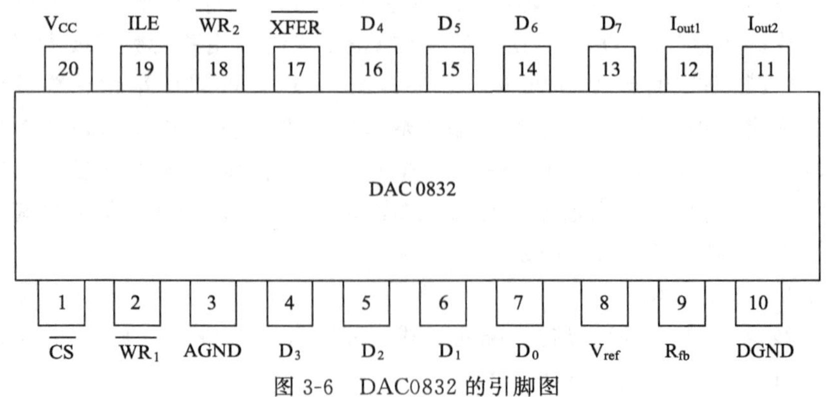

图 3-6　DAC0832 的引脚图

ILE：允许输入锁存。

$\overline{CS}$：片选信号。它与 ILE 结合起来用以控制 WR_1 是否作用。

$\overline{WR_1}$：写信号 1。在 CS 和 ILE 有效下，用它将数字量，输入并锁存于输入寄存器中。

$\overline{WR_2}$：写信号 2。在 XFER 有效下，用它将输入寄存器中的数字传送到 8 位 DAC 寄存器中。

$\overline{XFER}$：传送控制信号，用它来控制 WR_2 是否起作用。在控制多个 DAC0832 同步输出时特别有用。

D_0～D_7：8 位数字量输入，D_0 为最低位。

I_{out1}：DAC 电流输出 1。它是逻辑电平为 1 的各位输出电流之和。

I_{out2}：DAC 电流输出 2。它是逻辑电平为 0 的各位输出电流之和。

R_{fb}：反馈电阻。该电阻被内置在芯片内，用作运算放大器的反馈电阻。

V_{ref}：基准电压输入。一般为±5V、±10V。

V_{CC}：电源端。+5V～+15V，最佳用+15V。

AGND：模拟地。芯片模拟信号接地点。

DGND：数字地。芯片数字信号接地点。

$\overline{LE1}$是输入寄存器锁存命令，当$\overline{LE1}$=1 时，输入寄存器的输出端随输入端的变化而变化；当$\overline{LE1}$=0 时，数据锁存在输入寄存器中，而不再随数据总线上的数据变化而变化。若 ILE=1、$\overline{CS}$=0 与$\overline{WR_1}$=0 时，使输入寄存器的$\overline{LE1}$=1，当$\overline{WR_1}$变为 1 时，输入寄存器便将数据锁存。同样。若$\overline{XFER}$=0 且$\overline{WR_2}$=0 时，使得 DAC 寄存器的$\overline{LE2}$=1，DAC 输出寄存器的输出随输入变化而变化，当$\overline{WR_2}$上升沿时，将输入寄存器中的信息锁存在 DAC 寄存器中。欲将输入数字量转换为模拟量，只要使$\overline{WR_2}$=0、$\overline{XFER}$=0，DAC 寄存器为不锁存状态；当 ILE=1，$\overline{CS}$和$\overline{WR_1}$端接负脉冲信号，即可完成一次转换。或者使$\overline{WR_1}$=0，$\overline{CS}$=0，ILE=1，即输入寄存器为不锁存状态，当$\overline{WR_2}$和$\overline{XFER}$端接负脉冲信号，也可达到同样目的。

3）DAC0832 的数据输入方式

双缓冲方式：即数据经过双重缓冲后再送入 D/A 转换电路，执行两次写操作才能完成一次 D/A 转换。这种方式可在 D/A 转换的同时，进行下一个数据的输入，可提高转换速率。更为重要的是，这种方式特别适用于要求同步输出多个模拟量的场合。此时，要用多片 DAC0832 组成模拟输出电路，每片对应一个模拟量。

如图 3-7 所示，在这种方式下需执行两条输出指令才能启动 D/A 转换。设 DAC0832 输入寄存器口地址为 PORT，DAC 寄存器口地址为 PORT+1，则下面几条指令可完成数字量到模拟量的转换。

```
MOV   DX,PORT
OUT   DX,AL      ；打开输入寄存器，数据装入并锁存
INC   DX
OUT   DX,AL      ；打开 DAC 寄存器，数据通过，送去 D/A 转换
```

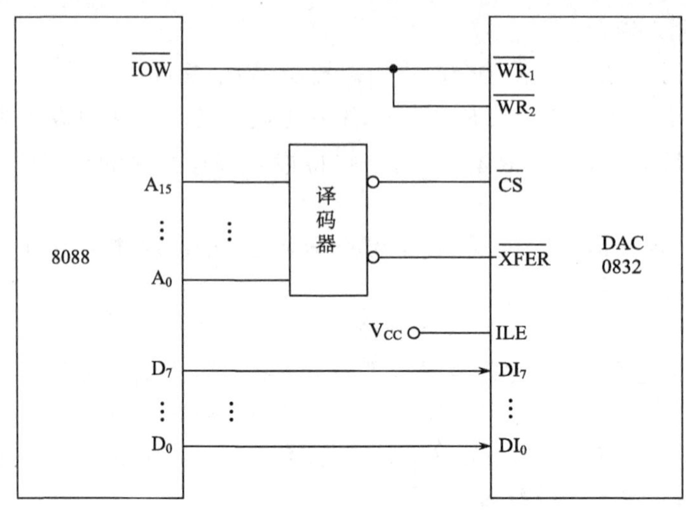

图 3-7　8088CPU 与 DAC0832 双缓冲方式连接图

第一条输出指令打开 DAC0832 的输入寄存器，把 AL 中的数据送入输入寄存器并锁存起来。第二条输出指令打开 DAC0832 的 DAC 寄存器，使输入寄存器的数据通过 DAC 寄存器送到 D/A 转换器中进行转换。此时 AL 中数值与转换结果无关，这条指令执行时实际上并无 CPU 的数据输出给 DAC 寄存器，仅利用执行指令时出现的写信号，打开 DAC 输出寄存器。

双缓冲方式特别适合有多个模拟量同时输出的场合，此时需要采用多片 D/A 转换器芯片，每片控制一个模拟量的输出。图 3-8 为两片 DAC0832 与 8088 的连接图。

在图 3-8 中，两个 DAC0832 芯片的输入寄存器分别占用一个口地址，便于分别写入各自的数据。两片芯片的 DAC 寄存器共用一个地址，以确保同时启动转换，使两个模拟量同步输出。

设两片 DAC0832 的输入寄存器口地址分别为 280H 和 281H，两片 DAC0832 的 DAC 寄存器的口地址均为 282H，下面程序段可将内存 DATA 和 DATA+1 两个单元的数据同时转换成模拟量。

```
MOV   BX,DATA    ；数据单元地址送 BX
MOV   DX,280H    ；第一片 DAC0832 输入寄存器地址送 DX
MOV   AL,[BX]    ；第一个数据取入 AL
OUT   DX,AL      ；数据输出到第一片 DAC0832 输入寄存器
INC   BX         ；BX 指向下一个地址单元
INC   DX         ；DX 指向第二片 DAC0832 输入寄存器
MOV   AL,[BX]    ；取第二个数据到 AL
OUT   DX,AL      ；将第二个数据输出到第二片 DAC0832 输入寄存器
INC   DX         ；DX 为两片 DAC0832 的 DAC 寄存器地址
OUT   DX,AL      ；同时打开两片 DAC0832 的 DAC 寄存器，数据同时开始转换
```

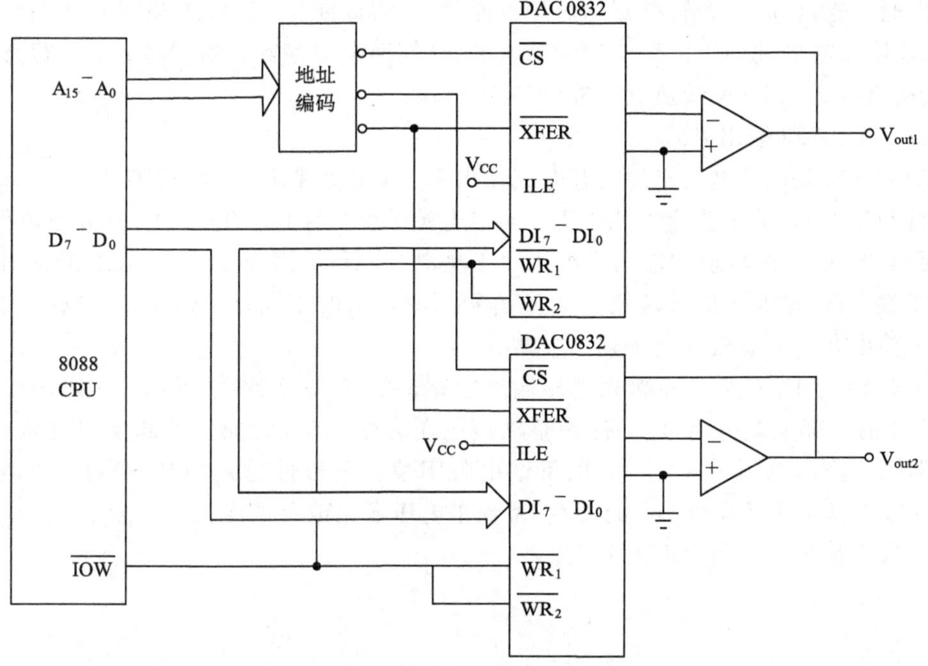

图 3-8　8088 与 DAC0832 接线图

单缓冲方式:不需要多个模拟量同时输出时,可采用此种方式。此时两个寄存器之一处于直通状态,输入数据只经过一级缓冲送入 D/A 转换电路。这种方式只需执行一次写操作,即可完成 D/A 转换的过程。

如图 3-9 所示,在这种方式下,设 DAC0832 端口地址为 PORT,执行下面一条输出指令就可启动 D/A 转换,在其输出端得到模拟电压输出。

```
OUT    PORT,AL
```

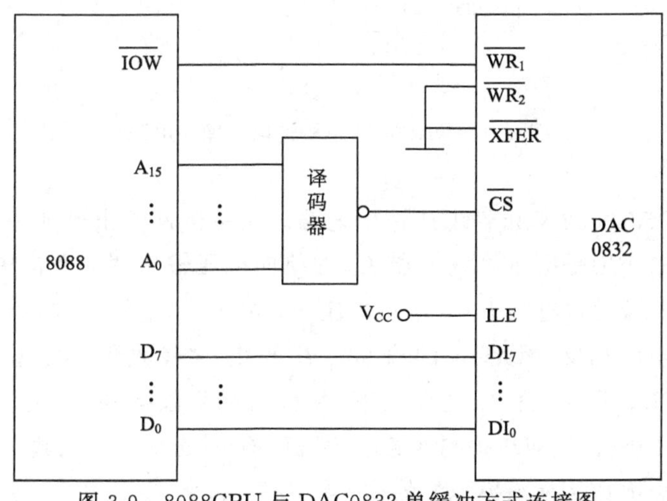

图 3-9　8088CPU 与 DAC0832 单缓冲方式连接图

直通方式：此时两个寄存器均处于直通状态，因此要将$\overline{CS}$、$\overline{WR_1}$和$\overline{WR_2}$端都接数字地，ILE 接高电平，使 LE1、LE2 均为高电平，致使两个锁存寄存器同时处于放行直通状态，数据直接送入 D/A 转换电路进行 D/A 转换。

4）DAC0832 输出方式

DAC0832 是电流型输出的。有电流输出 I_{out1} 和电流输出 I_{out2} 的管脚，$I_{out1}+I_{out2}=$常数。当 DAC 寄存器中为全“1”时，I_{out1} 输出电流最大，则 I_{out2} 的输出电流最小，反之亦然。通常要求 D/A 转换的输出是电压而不是电流，所以，需要在 DAC0832 的输出端接一运算放大器，将电流信号转换为电压信号。按要求的不同，DAC0832 可以接成单极性电压输出方式和双极性电压输出方式。

图 3-10 为 DAC0832 单极性电压输出电路。DAC0832 的 I_{out1} 和 R_{fb} 端之间已有一个 15kΩ 的内部反馈电阻，但为使调整输出电压方便，有时要加上外部反馈电阻 R_0 和电位器 R_p，输出电压等于 I_{out1} 乘以反馈电阻阻值。其极性总是和基准电压 V_{ref} 相反。改变 V_{ref} 的极性即可改变 U_{out} 的极性，得到正电压输出或负电压输出。表 3-1 为单极性输出时数字量与模拟量之间的关系。

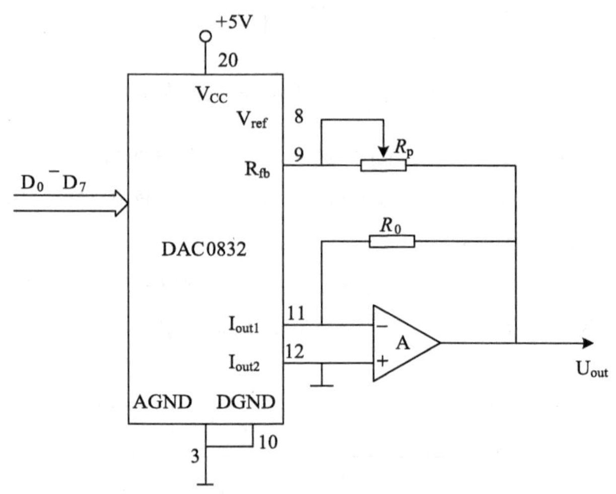

图 3-10 DAC0832 单极性电压输出电路

图 3-11 为 DAC0832 双极性电压输出电路。比单极性输出增加一个运算放大器。运算放大器 A_2 的作用是把运算放大器 A_1 的单向电压输出变成双向电压输出。其原理是将 A_2 的输入端通过电阻 R_1 与基准电压 V_{ref} 相连。V_{ref} 经 R_1 向 A_2 提供一个偏流 I_1，其电流方向与 I_2 相反，因此 A_2 的输入为 I_1 与 I_2 之代数和。当选定 $R_2=R$ 时，则选择 $R_1=R_3=2R$。那么，在 I_1 的作用下，在输出端可以得到正、负极性的电压输出 U_0，改变基准电压极性，则可以得到四象限的乘积输出，$\pm V_{ref}\times$(±数字码)$=\pm U_0$。表 3-2 为双极性接法下数字量与模拟量的输入输出关系。

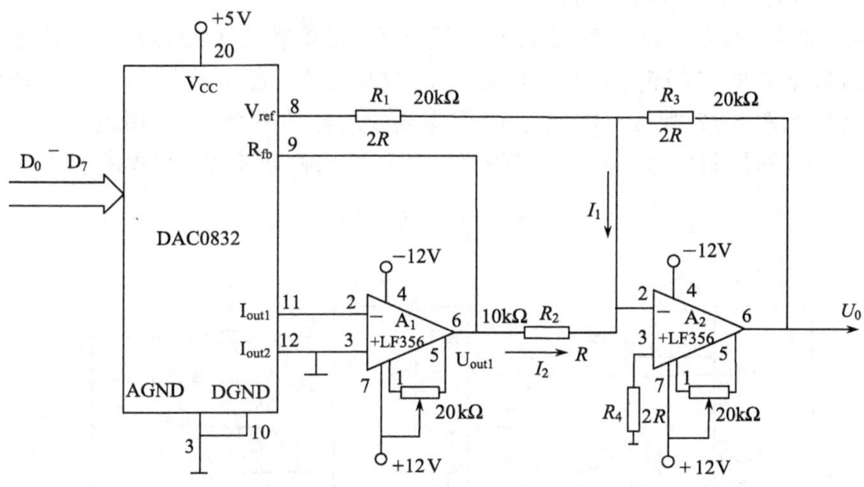

图 3-11　DAC0832 双极性电压输出电路

表 3-1　单极性输出时数字量与模拟量之间的关系

数字量 MSB　LSB	模拟量	数字量 MSB　LSB	模拟量
1 1 1 1 1 1 1 1	$\pm V_{ref}\left(\frac{255}{256}\right)$	0 1 1 1 1 1 1 1	$\pm V_{ref}\left(\frac{127}{256}\right)$
1 0 0 0 0 0 0 1	$\pm V_{ref}\left(\frac{129}{256}\right)$	0 0 0 0 0 0 0 0	0
1 0 0 0 0 0 0 0	$\pm V_{ref}\left(\frac{128}{256}\right)$		

注：$1LSB=\frac{1}{128}V_{ref}$。

表 3-2　双极性接法下输入/输出关系

数字量	理想输出	
MSB　LSB	$+V_{ref}$	$-V_{ref}$
1 1 1 1 1 1 1 1	$V_{ref}-1LSB$	$-\lvert V_{ref}\rvert+1LSB$
1 1 0 0 0 0 0 1	$V_{ref}/2$	$-\lvert V_{ref}\rvert/2$
1 0 0 0 0 0 0 0	0	0
0 1 1 1 1 1 1 1	$-1LSB$	$+1LSB$
0 0 1 1 1 1 1 1	$-\lvert V_{ref}\rvert/2-1LSB$	$\lvert V_{ref}\rvert/2+1LSB$
0 0 0 0 0 0 0 0	$-\lvert V_{ref}\rvert$	$+\lvert V_{ref}\rvert$

5）DAC0832 与 CPU 的连接

微处理器与 DAC0832 之间可以不加锁存器，而是利用 DAC0832 内部锁存器，将 CPU 通过数据总线直接向 DAC0832 输出的数据保存，直至转换结束。DAC0832 同 CPU 的连接如图 3-12 所示。DAC0832 作为微处理器的一个端口，用地址 92H 的选通作为$\overline{CS}$和$\overline{WR_1}$的控制信号，微处理器的写信号直接来控制$\overline{XFER}$和$\overline{WR_2}$。

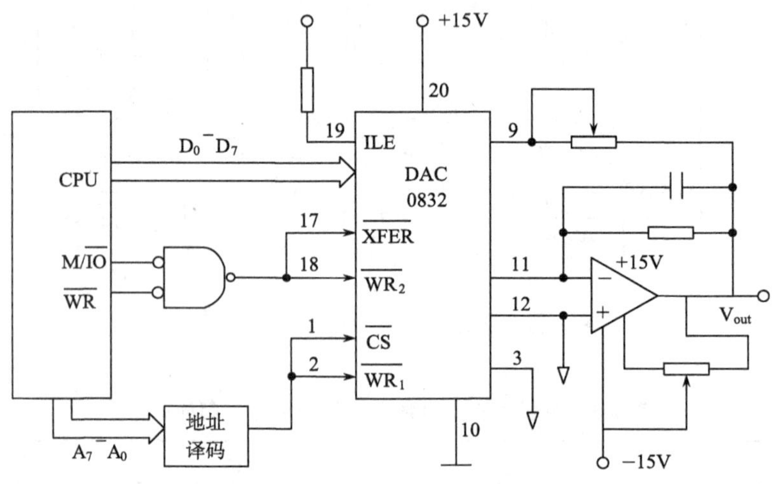

图 3-12　DAC0832 与 CPU 的连接

2. 8 位串行 D/A 转换器 TLC5620

1）TLC5620 芯片简介

TLC5620 是带有缓冲基准输入端（高阻抗）的四路 8 位电压输出数字-模拟转换器（DAC）。DAC 产生的电压是基准电压的一倍或两倍。器件使用简单，采用＋5V 电源工作。器件包含上电复位功能以确保可重复启动。

通过简单的 3 线串行总线 CPU 可与 TLC5620 方便地进行连接。TLC5620 包含 8 位数据、2 位 DAC 选择位以及 1 个输出电压范围选择位。输出电压允许在一倍或二倍输出范围之间作出选择。DAC 寄存器是双缓冲的，允许完整的新数值组写入器件，然后 DAC 输出通过 LDAC 端的控制同时更新。主要特点包括如下几个方面。

（1）8 位分辨率；

（2）四路模拟量输出通道 DAC；

（3）＋5V 单电源供电；

（4）串行接口；

（5）高阻抗基准输入；

（6）可编程 1 至 2 倍输出范围；

（7）可实现双缓冲工作方式；

（8）内部具有上电复位；

(9) 低功耗。

2) TLC5620 引脚排列与功能说明

N 或 D 封装的 TLC5620C、TLC5620I 的引脚排列与引脚功能说明分别如图 3-13 及表 3-3 所示。

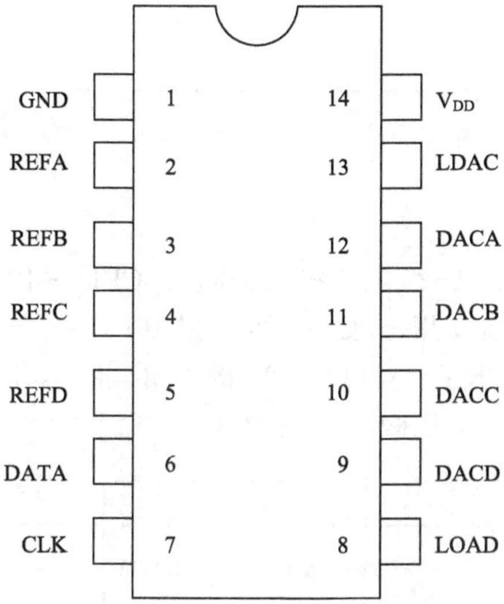

GND	1	14	V_{DD}
REFA	2	13	LDAC
REFB	3	12	DACA
REFC	4	11	DACB
REFD	5	10	DACC
DATA	6	9	DACD
CLK	7	8	LOAD

图 3-13　TLC5620 引脚图

表 3-3　TLC5620 引脚功能表

引脚名称	I/O	说　明
CLK	I	串行接口时钟,数据在下降沿送入
DACA	O	DAC A 模拟输出
DACB	O	DAC B 模拟输出
DACC	O	DAC C 模拟输出
DACD	O	DAC D 模拟输出
DATA	I	串行接口数字数据输入
GND	I	地返回端与基准端
LDAC	I	DAC 更新锁存控制
LOAD	I	串行接口装载控制
REFA	I	DACA 基准电压输入
REFB	I	DACB 基准电压输入
REFC	I	DACC 基准电压输入
REFD	I	DACD 基准电压输入
V_{DD}	I	正电源电压

3) TLC5620 工作原理

每一个 DAC 的输出由可配置增益输出放大器缓冲,它可以配置为 1 倍或 2 倍增益。上电时,DAC 被复位至代码 0。

每一输出电压由下式给出:

$$V_0 = \mathrm{REF} \times (\mathrm{CODE}/256) \times (1+\mathrm{RNG})$$

其中,CODE 的范围为 0 至 255。输出电压范围选择位(RNG)是串行控制字内的 0 或 1。

如图 3-14 所示,当 LOAD 为高电平时,数据在 CLK 每一个下降沿由时钟同步送入 DATA 端,一旦所有的数据位送入,LOAD 变为脉冲低电平以便把数据从串行输入寄存器传送到所选择的 DAC。如果 LDAC 为低电平,所选择的 DAC 输出电压更新且 LOAD 变为低电平。在串行编程期间内 LDAC 为高电平,新数值被 LOAD 的脉冲低电平打入第一级锁存器后,再由 LDAC 脉冲低电平传送到 DAC 输出。数据输入时最高有效位(MSB)在前。

表 3-4 列出 A_1 和 A_0 位以及被更新 DAC 的选择。RNG 位控制 DAC 输出范围。当 RNG 为低电平时,输出范围在所加的基准电压与 GND 之间,当 RNG 为高电平时,输出范围在所加基准电压的两倍与 GND 之间。

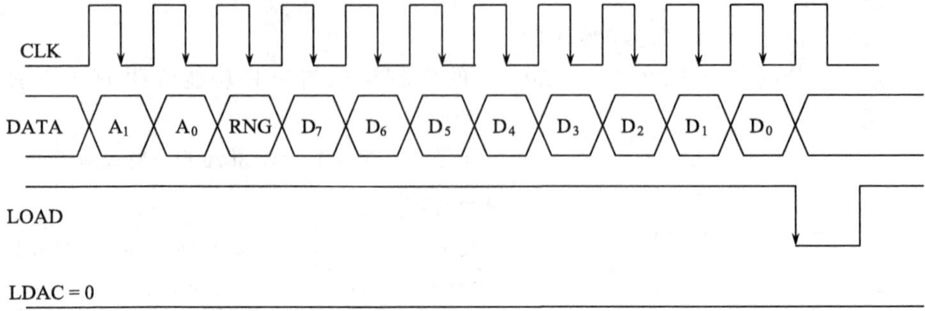

图 3-14　TLC5620 工作时序图

4）TLC5620 与 CPU 的连接

如图 3-15 所示，只需 4 个 I/O 口，就完成了 TLC5620 与 CPU 的连接。CPU 采用的 PIC18F4620，RA_0 与 TLC5620 的 LDAC 相连，用来更新锁存控制；RA_1 与 TLC5620 的 LOAD 相连，作为串行装载控制接口；RA_2 与 TLC5620 的 CLK 相连，作为串行时钟输出端；RA_3 与 TLC5620 的 DATA 相连，用来输出串行数据。

表 3-4　串行输入译码

A_1	A_0	所更新的 DAC
0	0	DACA
0	1	DACB
1	0	DACC
1	1	DACD

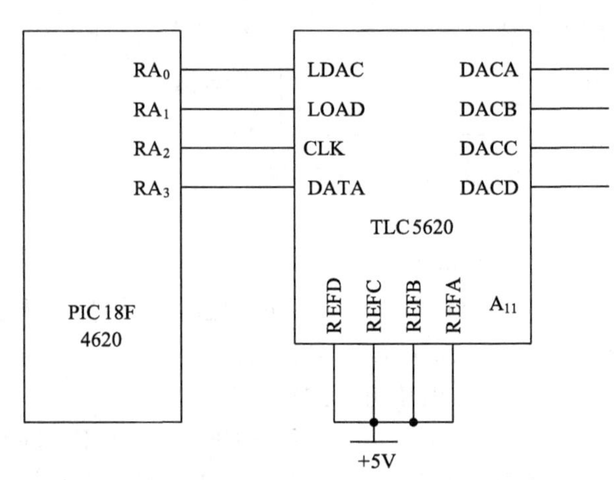

图 3-15　TLC5620 与 CPU 的连接图

程序如下：

```
#define  LDAC        PORTEbits.RA0     // 更新锁存控制端
#define  TRIS_LDAC   DDREbits.RA0      // 为 0,输出端
#define  LOAD        PORTEbits.RA1     // 串行接口装载控制端
#define  TRIS_LOAD   DDREbits.RA1      // 为 0,输出端
#define  CLK         PORTEbits.RA2     // 串行时钟输出端
#define  TRIS_CLK    DDREbits.RA2      // 为 0,输出端
```

```
#define   DATA            PORTEbits.RA3                  //  串行数据输出端
#define   TRIS_DATA       DDREbits.RA3                   //  为0,输出端

unsigned char DaInit(void)                               //  D/A初始化
{

    TRIS_ LDAC = 0;                                      //  初始化为输出端
    TRIS_ LOAD = 0;                                      //  初始化为输入端
    TRIS_ CLK = 0;
    TRIS_ DATA = 0;

    LDAC = 0;                                            //  输出初始化为0
    LOAD = 0;                                            //  输出初始化为0
    CLK = 0;                                             //  输出初始化为0
    DATA = 0;                                            //  输出初始化为0

}

void SentDa (unsigned char DaSent,unsigned char port)    //  送出D/A数  字量,port为通道
                                                             号,DaSent要送出的模拟量

{
   unsigned char i;
   LDAC = 0;
   LODA = 1;
   CLK = 1;                                              //  时钟拉高
   DATA = (port>>1)&0x01;                                //  送出地址为A1
   CLK = 0;
   CLK = 1;
   DATA = port&0x01;                                     //  送出地址为A0
   CLK = 0;
   CLK = 1;
   DATA = 0;                                             //  选择RNG为0
   CLK = 0;
   CLK = 1;
   for(i=0;i<8;i++)
   {

     if((DaSent &0x80)==0)
```

```
    {
        DATA = 0;
    }
    else
    {
        DATA = 1;
    }
    CLK = 0;
    daDATA1 = daDATA1<<1;                          // 依次送出 D7～D0
    CLK = 1;

  }
  LODA = 0;
}
```

3.2 A/D转换器

A/D转换器是模拟量输入通道的重要组成部分,它将时间上连续的模拟信号转换成为数字信号送入计算机进行运算处理。由于超大规模集成电路技术的飞速发展和电子计算机技术在工程领域的广泛应用,A/D转换器的新设计思想和制造技术层出不穷。为满足各种不同的检测及控制任务的需要,大量结构不同、性能各异的A/D转换电路应运而生。如积分式A/D转换器、电荷平衡式A/D转换器、斜坡式A/D转换器、跟踪式A/D转换器、逐次逼近式A/D转换器、闪烁式A/D转换器以及流水线式A/D转换器等。逐次逼近式A/D转换器速度较快,但抗干扰能力差;双积分式A/D转换器抗干扰能力强,尤其是对工频干扰有较强的抑制能力,并且具有较高的转换准确度,但转换速度较低;斜坡式A/D转换器也有较好的抗干扰性能和良好的线性度以及高分辨率,但其转换速度也较低;闪烁式A/D转换器速度最快,但其分辨率较低;新型流水线式A/D转换器具有转换速度较高、抗干扰能力强、量化噪声小、分辨率高和线性度好等优点,但其制作工艺复杂。目前应用比较广泛的是逐次逼近式A/D转换器、积分式A/D转换器、闪烁式A/D转换器和流水线式A/D转换器。它们以不同的分辨率分布在不同的速度范围,基本上能满足各种不同的需要。

3.2.1 A/D转换器的原理

下面对逐次逼近式A/D转换器、双积分式A/D转换器、计数器式A/D转换器、闪烁式A/D转换器和流水线式A/D转换器进行详细的介绍。

1. 逐次逼近式A/D转换器

逐次逼近式A/D转换器原理框图如图3-16所示。逐次逼近式A/D转换器电路主要由 N 位逐次逼近寄存器 SAR、D/A 转换器、比较器、置数选择逻辑电路等部分所组成。

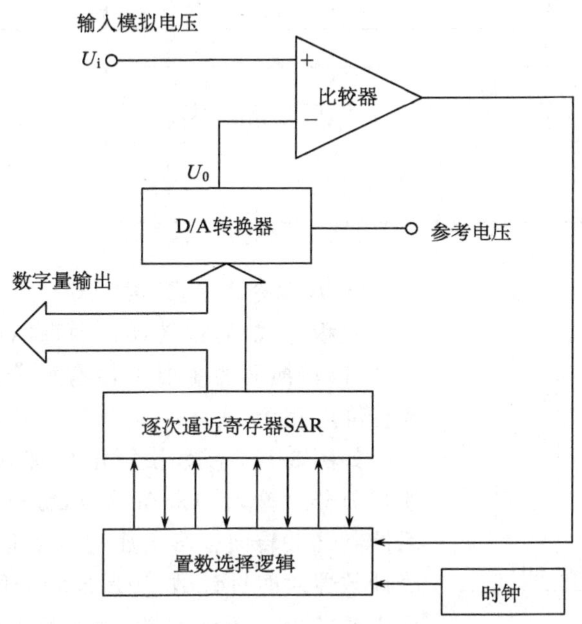

图 3-16 逐次逼近式 A/D 转换原理框图

逐次逼近式 A/D 转换器转换过程如下：首先，通过置数选择逻辑电路将逐次逼近寄存器 SAR 的最高位置“1”，其余位清“0”。经 D/A 转换器转换成为模拟电压 U_0 与输入模拟电压 U_i 进行比较，若 $U_i>U_0$，则保留最高位为“1”。若 $U_i<U_0$，则把最高位清“0”。其次，置次高位为“1”，低位全为“0”。按上述步骤进行转换、比较和判断，决定次高位应取“1”还是“0”。重复上述过程，直到确定了逐次逼近寄存器 SAR 的最低位应取“1”还是“0”为止。此时逐次逼近寄存器 SAR 的内容就是对应的输入模拟电压转换后的数字量。

例 3-1 有一四位 A/D 转换器，满刻度值 5V，现若输入 3.5V 模拟电压，试分析其逐次逼近的转换过程。

解 量化单位 $q=\frac{5}{2^4}=\frac{5}{16}=0.3125(\text{V})$

那么，当置最高位为“1”时，对应转换模拟电压值为 $0.3125\times2^3=2.5\text{V}$，依此类推，可得其余各位为“1”时转换的模拟电压值为 1.25V、0.625V、0.3125V。给定输入 3.5V 电压时的逐次逼近过程列于表 3-5。也可用图示法来表示此转换过程，如图 3-17 所示。

表 3-5　四位逐次逼近式 A/D 转换器转换过程表

步骤	SAR 内容				转换后电压 U_0/V	U_i 与 U_0 比较	该位去留
	8	4	2	1			
1	1	0	0	0	2.5	$U_i>U_0$	保留
2	1	1	0	0	3.75	$U_i<U_0$	去掉
3	1	0	1	0	3.125	$U_i>U_0$	保留
4	1	0	1	1	3.4375	$U_i>U_0$	保留
结果	1	0	1	1	误差 3.5V－3.4375V＝0.0625V		

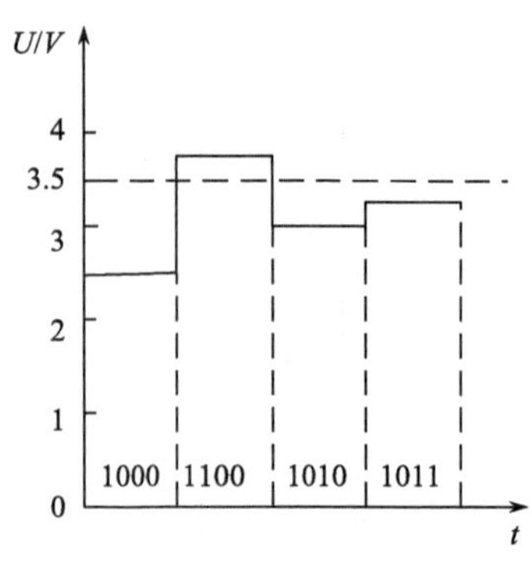

图 3-17　逐次逼近转换过程图示

2. 双积分式 A/D 转换器

双积分式 A/D 转换器原理图如 3-18 所示。双积分 A/D 转换器的主要部件有积分器、比较器、计数器和标准电压源。

如图 3-18 所示，模拟电压加入后，内部控制开关使积分器对输入的未知模拟量进行固定时间积分，然后控制开关转向标准电压进行反向积分。同时控制逻辑计数器对时钟计数，当反向积分回到 0 值，用比较器输出的信号关闭计数器，由于反向积分的时间正比于正向积分的值，而计数值又正比于反向积分的时间，故计数器中的值可反映输入未知模拟量的大小。双积分式 A/D 转换器转换精度可以很高，干扰也小，但速度慢。

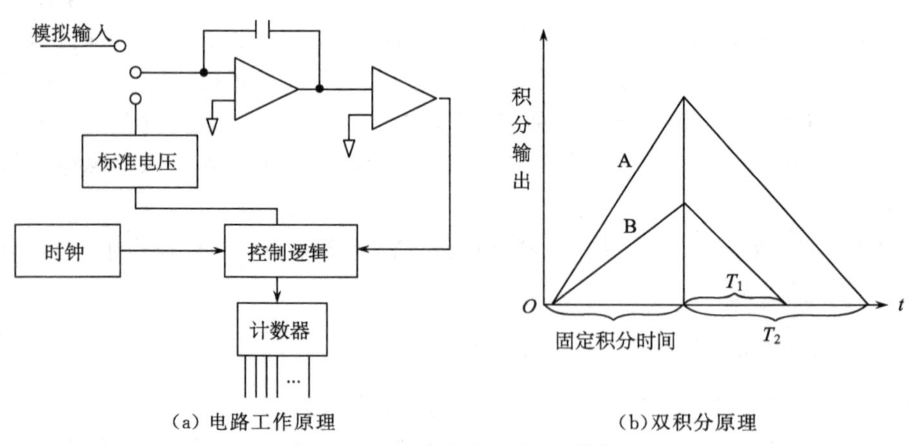

(a) 电路工作原理　　(b)双积分原理

图 3-18　双积分式 A/D 转换器

3. 计数器式 A/D 转换器

图 3-19 为计数器式 A/D 转换器的原理图。当模拟电压 V_i 加到比较器的正端时，

由开始端加入一个负脉冲使 8 位计数器清零，D/A 转换器输出为 0，比较器输出高电平，计数器对 CLK 进行计数。8 位 D/A 转换器随计数值增大，输出电压 $V_o>V_i$ 时，比较器输出为负电平，该电平一方面使计数器停止计数，另一方面送出一个转换结束信号，通知 CPU 从计数器端口读出数字量。这种转换器的缺点是速度较慢，对于 8 位的转换需要 256 个计数脉冲周期。而且当对不同的模拟电压进行 A/D 转换时，每一次转换时间都不相同。

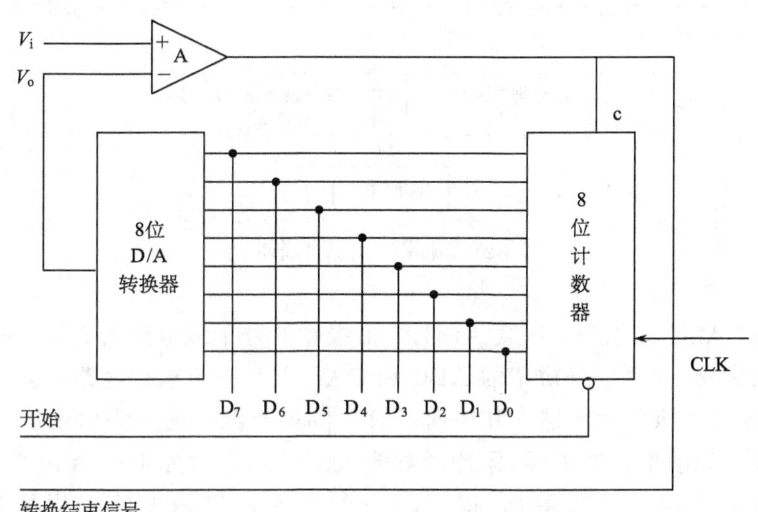

图 3-19　计数器式 A/D 转换器原理图

4. 闪烁式 A/D 转换器

闪烁式 A/D 转换器如图 3-20 所示，是现今速度最快的 A/D 转换器，采样速率在 1Gs/s 以上，又称为并行比较型 A/D 转换器，它主要由电阻分压网络、比较器、编码器等组成。这种结构的 A/D 转换器由于不用逐次比较，所有位的转换同时完成，所以速度大为提高。

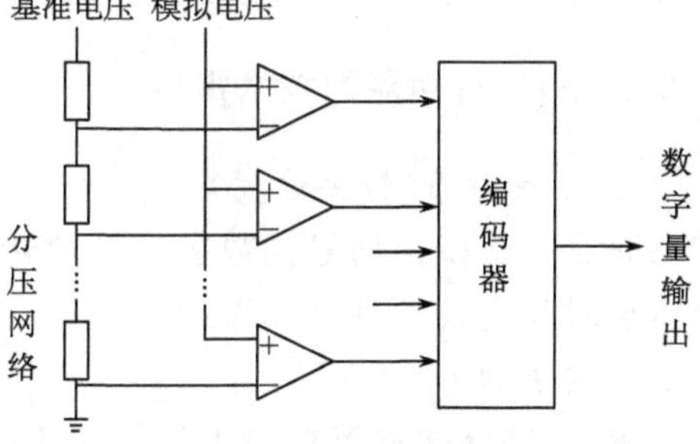

图 3-20　并行比较型 A/D 转换器

这种 A/D 转换器速度是最快的，但是由于本身的结构特点，导致分辨率不高、功耗大、成本高。这是因为要提高一位分辨率（使输出数字量增加一位），便意味着编码器的输入要增加一倍，这时精密电阻数量就要增加一倍，比较器也近似增加一倍。还有就是结构重复的并行比较器之间任何失配都会造成静态误差，所以只适用于速度要求特别高的领域，如视频 A/D 转换器等。

5. 流水线式 A/D 转换器

为兼顾高速率和高精度的要求，流水线结构的 A/D 转换器应运而生。这种 A/D 转换器如图 3-21 所示，采用基于流水线结构(Pipeline)的多级转换技术，各级模拟信号之间并行处理，转换速度为 100Ms/s；利用数字校正电路对各级误差进行校正，保证有较高的精度；所用器件数目与转换位数成正比，可有效地控制功耗和成本。

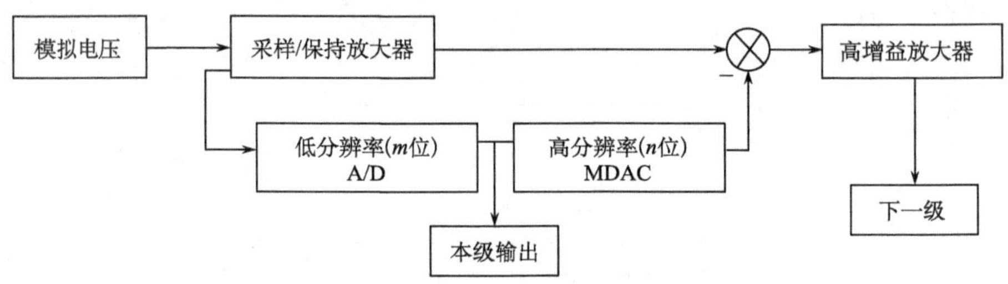

图 3-21 流水线式 A/D 转换器

流水线式 ADC 又称为子区式 ADC，它由级联的若干级电路组成，每一级包括一个采样/保持放大器、一个低分辨率的 ADC 和 DAC 以及一个求和电路，其中求和电路还包括可提供增益的级间放大器。其快速精确 n 位转换器是由分为两段以上的子区(流水线)来完成。每级电路的采样/保持器对输入信号取样后先由一个 m 位分辨率的粗 A/D 转换器来对输入进行量化，接着用一个至少 n 位精度的乘积型数模转换器(MDAC)来产生一个对应于量化结果的模拟电平并送至求和电路，然后由求和电路从输入信号中减掉此模拟电平，并将差值精确放大到某一固定增益后送交下一级电路进行处理。经过这样各级的处理后，再由一个较高精度的 K 位细 A/D 转换器对残余信号进行转换。最后将上述各级粗、细 A/D 的输出组合起来以构成高精度的 n 位输出。

3.2.2 A/D 转换器的技术指标

1. 转换时间(转换速度)

完成一次模拟信号到数字信号的转换过程所需要的时间。目前常用 A/D 转换器的转换时间为几纳秒至几百纳秒。

2. 分辨率(位数)

表示 A/D 转换器对输入信号变化的敏感程度，用转换后数字量的二进制的位数表示。如 8 位(ADC0809)、12 位(AD574)等。分辨率为 n 位，表示可以对满量程输入的 $1/2^n$ 的增量作出反应，即数字量的最低有效位(LSB)对应于满量程输入的 $1/2^n$。如 $n=8$，$V_i=5.12\text{V}$，则 LSB 对应于 $5.12/2^8=20\text{mV}$。

3. 精度

精度也称线性误差，表示 ADC 的数字输出量所对应的模拟输入量的理论值和实际值之间的差值，常用最低有效位(LSB)的分数表示，如 ±0.5LSB。A/D 转换器的精度是重要的指标之一,它通常由以下多方面的因素决定。

(1) 量化误差。决定于A/D变换器的位数,以1/2LSB计量。

(2) 非线性误差。指在整个变换量程范围内,数字量所对应的模拟输入信号的实际值与理论值之差的最大值,常用多少LSB表示。

(3) 电源波动误差。由于D/A变换中包括运算放大器,有的还利用外接电源产生参考电压,因此,供电电源的变化就会直接影响A/D变换器的精度。

(4) 温度漂移误差。

(5) 零点漂移误差。

(6) 参考电源误差。

3.2.3 常用A/D转换器芯片及其与CPU的连接

与D/A转换器一样,A/D转换器与CPU之间交换数据也有两种方式:并行数据传输形式和串行数据传输形式。常用的并行数据传输A/D转换器:8位A/D转换器有ADC0808/0809,10位的有AD75702,12位的有AD574。常用的串行数据传输A/D转换器:10位的有TLC1543,12位的有TLC2543。ADC0809芯片是采用逐次逼近方法完成的多路8位A/D转换。

1. 8位A/D转换器ADC0809

1) ADC0809的内部逻辑(如图3-22所示)

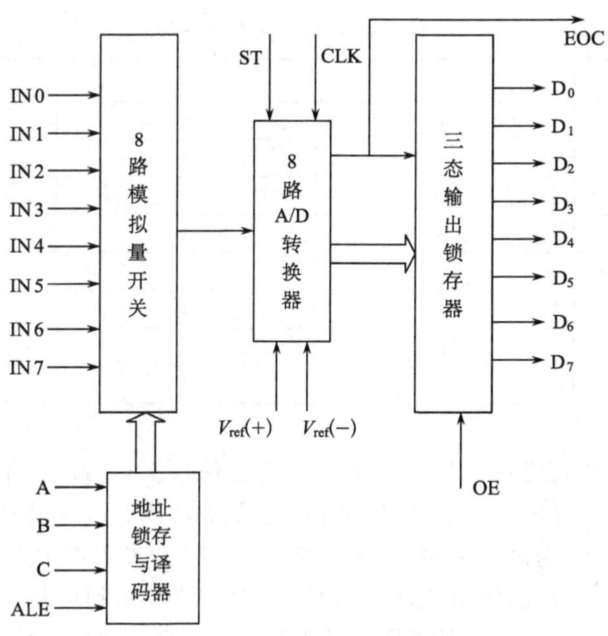

图3-22 ADC0809内部逻辑图

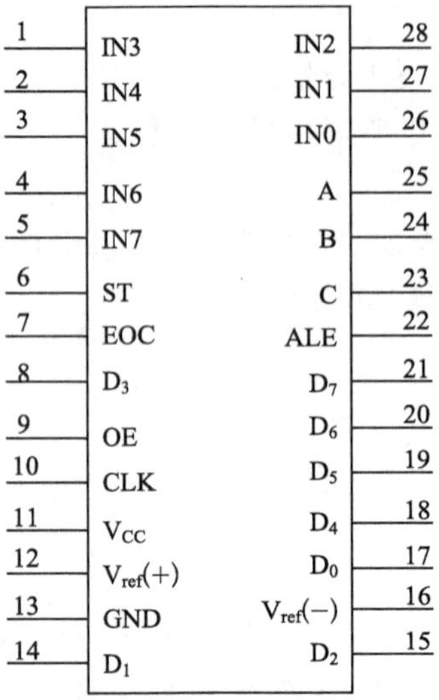

引脚	左侧	右侧	引脚
1	IN3	IN2	28
2	IN4	IN1	27
3	IN5	IN0	26
4	IN6	A	25
5	IN7	B	24
6	ST	C	23
7	EOC	ALE	22
8	D_3	D_7	21
9	OE	D_6	20
10	CLK	D_5	19
11	V_{CC}	D_4	18
12	$V_{ref}(+)$	D_0	17
13	GND	$V_{ref}(-)$	16
14	D_1	D_2	15

图 3-23　ADC0809 的引脚结构图

ADC0809 由单一＋5V 电源供电，ADC0809 由一个 8 路模拟开关、一个地址锁存与译码器、一个 A/D 转换器和一个三态输出锁存器组成。多路开关可选通 8 个模拟通道，允许 8 路模拟量分时输入，共用 A/D 转换器进行转换。三态输出锁存器用于锁存 A/D 转换完的数字量，当 OE 端为高电平时，才可以从三态输出锁存器取走转换完的数据。

2）ADC0809 的引脚结构（如图 3-23 所示）

IN0～IN7：8 条模拟量输入通道。ADC0809 对输入模拟量要求：信号单极性，电压范围是 0～5V，若信号太小，必须进行放大；输入的模拟量在转换过程中应该保持不变，如若模拟量变化太快，则需在输入前增加采样保持电路。

地址输入和控制线：4 条。ALE 为地址锁存允许输入线，高电平有效。当 ALE 线为高电平时，地址锁存与译码器将 A、B、C 三条地址线的地址信号进行锁存，经译码后被选中的通道的模拟量进转换器进行转换。A、B 和 C 为地址输入线，用于选通 IN0～IN7 上的某一路模拟量输入。通道选择如表 3-6 所示。

表 3-6　模拟量输入通道选择

C	B	A	选择的通道
0	0	0	IN0
0	0	1	IN1
0	1	0	IN2
0	1	1	IN3
1	0	0	IN4
1	0	1	IN5
1	1	0	IN6
1	1	1	IN7

数字量输出及控制线：11 条。ST 为转换启动信号。当 ST 上升沿时，所有内部寄存器清零；下降沿时，开始进行 A/D 转换；在转换期间，ST 应保持低电平。EOC 为转换结束信号。当 EOC 为高电平时，表明转换结束；否则，表明正在进行 A/D 转换。OE 为输出允许信号，用于控制输出锁存器向 CPU 输出转换得到的数据。OE＝1，输出转换得到的数据；OE＝0，输出数据线呈高阻状态。D_7～D_0 为数字量输出线。

CLK 为时钟输入信号线。因 ADC0809 的内部没有时钟电路，所需时钟信号必须由外界提供，通常使用频率为 500kHz，V_{ref}（＋），V_{ref}（－）为参考电压输入。

3) ADC0809 与 CPU 的连接

ADC0809 与 8088CPU 的硬件连接如图 3-24所示,采用查询法读取转换结果。

数据线的连接:ADC0809 的分辨率为 8 位,内部具有三态缓冲器,因此可直接与 CPU 系统数据总线相连。

控制信号的产生:ADC0809 无片选信号,因此可用地址译码器输出选通 ST 和 OE 的信号,以控制 A/D 转换的启动和转换结果的读出。ADC0809 可处理 8 路模拟量输入,由 3 个输入端 A、B、C 确定选通哪一路,这三端可接 CPU 地址总线的低 3 位,对 ADC0809 的地址锁存信号 ALE,最方便的做法是将它与 ST 连在一起,在将选通的模拟量输入地址锁定的同时启动 A/D 转换,维持模拟开关的接断状态,保证 A/D 转换的正确进行。

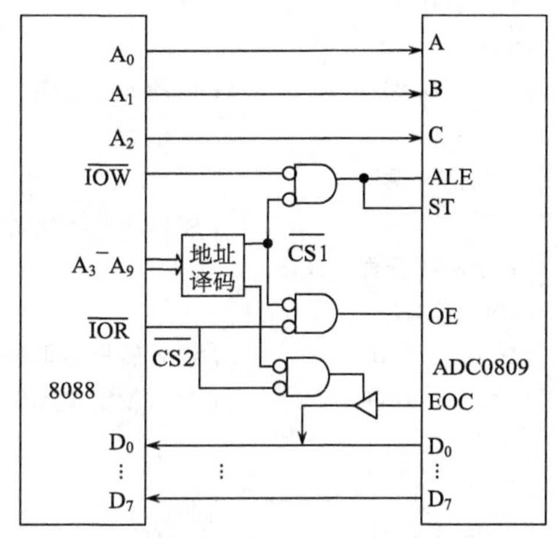

图 3-24 ADC0809 与 8088CPU 的硬件连接

状态信号的连接:转换结束后,ADC0809 将会产生一个有效的 EOC 信号。若采用查询等待法,需要给此信号分配一个端口,用于查询 A/D 转换状态。若采用中断法,利用此信号在转换结束后申请中断。若采用固定等待法,此信号不用。设本例中,$\overline{CS1}$口地址为 80H～87H,对应于 8 个模拟量输入通道,用于启动 A/D 转换和读取转换结果;$\overline{CS2}$口用于 ADC0809 的 EOC 状态读取,根据 EOC 的状态,判断转换是否完成,以决定是否该读取转换结果。

配合硬件连接,下面分别给出采用程序查询法和中断法的汇编源程序。

(1) 用程序查询法将通道 1 的模拟量转换成数字量,结果放于 DATA 单元。

程序如下:

```
MOV          DX,81H         ;模拟通道 1 数据口地址
OUT          DX,AL          ;启动 A/D 转换
TEST0: MOV   DX,89H         ;模拟通道 1 状态口地址。
IN           AX,DX          ;读入 EOC 状态
AND          AL,80H         ;测试 EOC 状态
JZ           TEST0          ;EOC 为 0,转换未完成,继续测试
MOV          DX,81H         ;EOC 为 1,转换完毕
IN           AL ,DX         ;读取结果
MOV          DATA,AL        ;存入指定单元
```

(2) 采用中断法,将通道 1 的模拟量转换成数字量,结果放于 DATA 单元。当使用中断法时,应将 ADC0809 的 EOC 连接到系统中断申请输入端 INTR 上,当转换结束时,EOC 变为高电平,向 CPU 提出中断请求。在中断服务程序中,CPU 读取转换结果,并送往结果单元进行保存。

```
;主程序段
MOV   DX,81H
OUT   DX,AL              ;启动 A/D 转换
WA:STI                   ;开中断
;其他处理程序
JMP   WA                 ;等待 A/D 转换结束
;中断服务程序段
MOV   DX,81H
IN     AL,DX             ;读入转换结果数据
MOV   DATA,AL            ;存入指定单元
……
```

2. 10 位串行 A/D 转换器 TLC1543

1) TLC1543 芯片功能简介

TLC1543 是 TI 公司的 10 位串行 A/D 转换器,采用逐次逼近技术来完成 A/D 转换过程。该芯片采用串行数据传输方式,能够大量节省 I/O 资源。由于性价比比较好,因而被广泛应用在计算机控制系统中。

TLC1543 主要的特点包括以下几个方面。

(1) 10 位分辨率的 A/D 转换器;
(2) 11 路模拟量输入通道;
(3) 3 路内置自测试通道;
(4) 内置的采样/保持功能;
(5) 线性误差≤±1LSB;
(6) 片内系统时钟;
(7) 转换结束标志输出;
(8) 可编程的 MSB 或 LSB 前导;
(9) 采用 CMOS 技术。

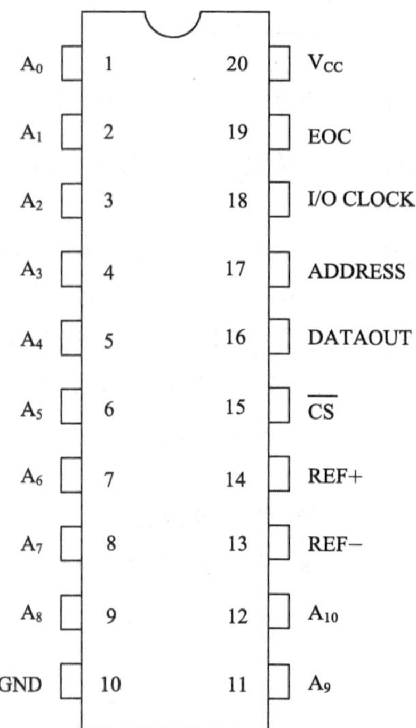

图 3-25 TLC1543 引脚分布

2) TLC1543 芯片引脚说明

TLC1543 的封装形式有:DB、DW、J 或 N 封装以及 FN 封装,DB、DW、J 或 N 封装的芯片引脚分布相同,如图 3-25 所示,引脚说明如表 3-7 所示。

表 3-7 TLC1543 引脚说明

引脚	引脚名称	I/O	功能说明
1~9,11,12	A0~A10	I	模拟输入端。这 11 个模拟信号输入由内部多路开关选择。驱动源的阻抗必须小于或等于 1kΩ

续表

引脚	引脚名称	I/O	功能说明
15	$\overline{CS}$	I	片选端，低电平有效。$\overline{CS}$为“1”，禁止 A/D 转换；$\overline{CS}$为“0”，使能 A/D 转换
17	ADDRESS	I	串行数据输入端。4 位串行数据用于选择下一个即将被转换的模拟输入通道
16	DATA OUT	O	串行数据输出端。将所选择模拟输入通道的 A/D 转换结果输出到 CPU
19	EOC	O	转换结束端
10	GND		地端
18	I/O CLOCK	I	输入/输出时钟端。I/O CLOCK 用于接收 CPU 输入的串行时钟信号
14	REF＋	I	正基准电压端。基准电压的正端(通常为 V_{CC})被加到 REF＋。最大的输入电压范围取决于加于本端与加于 REF－端的电压差
13	REF－	I	负基准电压端。基准电压的低端(通常为地)被加到 REF－
20	V_{CC}		电源端

3）TLC1543 的通道选择

在 I/O CLOCK 的前 4 个上升沿将需要选择的 A/D 通道的 4 位通道地址选择位通过 ADDRESS 端输入到地址寄存器中。用于选择 14 路模拟输入通道(11 路模拟输入通道和 3 路内部测试通道)中的某一路。

11 路模拟输入通道和 3 路内部测试通道由一个 14 通道多路选择开关按照输入地址选择相应的通道进行 A/D 转换，如表 3-8 所示。模拟输入的采样开始于第 4 个 I/O CLOCK 的下降沿，一直保持到第 10 个 I/O CLOCK 的下降沿。

表 3-8　模拟通道地址选择

模拟输入端选择	送入地址寄存器的值		模拟输入端选择	送入地址寄存器的值	
	二进制	十六进制		二进制	十六进制
A_0	0000	0	A_6	0110	6
A_1	0001	1	A_7	0111	7
A_2	0010	2	A_8	1000	8
A_3	0011	3	A_9	1001	9
A_4	0100	4	A_{10}	1010	A
A_5	0101	5			

4) TLC1543 芯片接口时序

时序是软件编程的关键，下面详细介绍一下 TLC1543 使用$\overline{CS}$、10 个时钟周期的传送时序。

从图 3-26 中可以看出，A/D 转换器的工作包括两个连续的独立周期：I/O 周期和 A/D 转换周期。

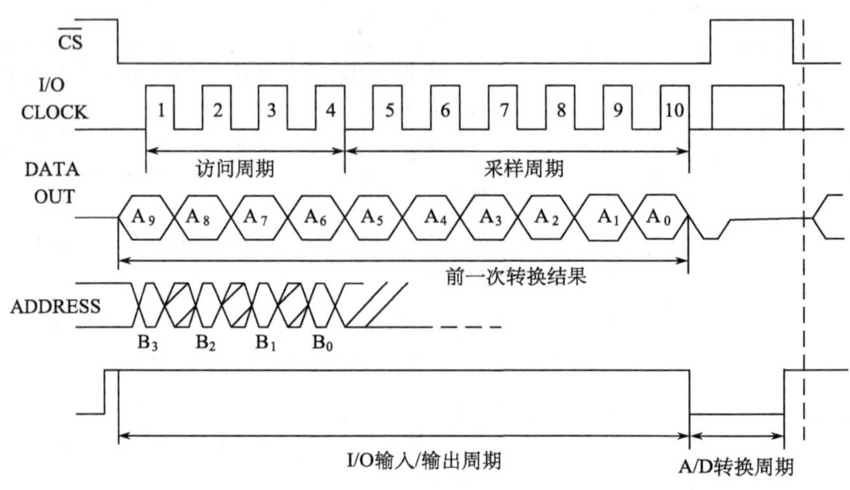

图 3-26 TLC1543 传送时序图

I/O 周期：由外部提供的 I/O CLOCK 决定。在 I/O 周期中，控制字的输入（DATA INPUT）和转换结果输出（DATA OUTPUT）同时进行。4 位通道地址选择控制字在前 4 个 I/O CLOCK 的上升沿被移入 TLC1543 之后，通道地址选择控制字的输入信号被禁止。10 位数据在 DATA OUT 线上输出。当 CS 为低时，第一个输出数据出现在 EOC 的上升沿，这时输出数据是上一次 A/D 转换周期的结果，数据依次在 I/O CLOCK 时钟下降沿输出。

A/D 转换周期：是在 I/O 周期结束后才开始，在 A/D 转换周期中，TLC1543 采用逐次逼近的方法计算出模拟电压。当 EOC 为低电平，转换数据在输出数据寄存器中锁存，待下一个 I/O 周期输出。在转换过程中，$\overline{CS}$为高电平，输出信号 DATA INPUT 和 I/O CLOCK 无效，且输出信号 DATA OUTPUT 为高阻状态，这样在数据转换时，可以防止外部干扰。

5) TLC1543 与 CPU 的连接

如图 3-27 所示，只需 5 个 I/O 口，就完成了 TLC1543 与 CPU 的连接。CPU 采用的 PIC18F4620，RA0 与 TLC1543 的 I/O CLOCK 相连，作为串行时钟输出端；RA1 与 TLC1543 的 DATA OUT 相连，用来接收串行 A/D 转换结果；RA2 与 TLC1543 的 ADRESS 相连，用来选择模拟量输入通道；RA3 与 TLC1543 的 EOC 相连，用来监测 A/D 转换是否结束；RA4 与 TLC1543 的$\overline{CS}$相连，作为 TLC1543 的片选控制端。

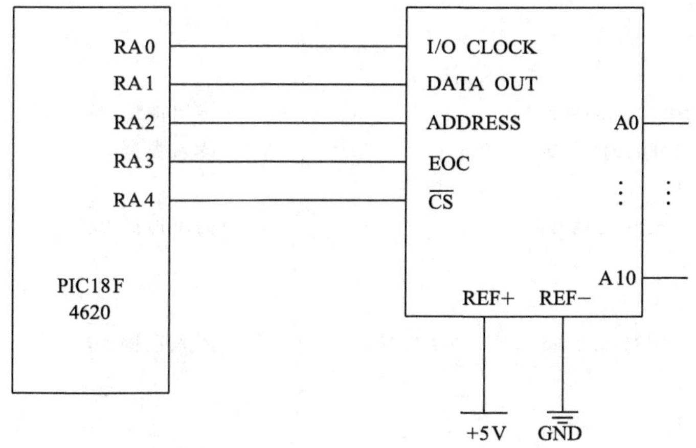

图 3-27　TLC1543 与 CPU 的连接图

程序如下：

```
#define  IO-CLOCK          PORTEbits.RA0        // 串行时钟输出端
#define  TRIS_ IO-CLOCK    DDREbits.RA0         // 为 0,输出端
#define  DATA-OUT          PORTEbits.RA1        // 串行数据输入端
#define  TRIS_DATA-OUT     DDREbits.RA1         // 为 1,输入端
#define  ADRESS            PORTEbits.RA2        // 串行地址输出端
#define  TRIS_ADRESS       DDREbits.RA2         // 为 0,输出端
#define  EOC               PORTEbits.RA3        // 转换结束标志
#define  TRIS_EOC          DDREbits.RA3         // 为 1,输入端
#define  nCS               PORTEbits.RA4        // 片选信号
#define  TRIS_nCS          DDREbits.RA4         // 为 0,输出端
unsigned char ReadAdResult(void)                // A/D 初始化
{
  TRIS_ IO-CLOCK =  0;                          // 初始化为输出端
  TRIS_DATA-OUT =  1;                           // 初始化为输入端
  TRIS_ADRESS =  0;
  TRIS_EOC =  1;
  TRIS_nCS =  0;
  IO-CLOCK =  0;                                // 输出初始化为 0
  ADRESS =  0;                                  // 输出初始化为 0
  nCS =  0;                                     // 输出初始化为 0
}
unsigned int ReadAdResult(unsigned char port)   // 读取 A/D 转换结果
{                                               // port 为通道号
  unsigned int AdResult;
```

```
  nCS = 1;
  nCS = 0;
  delay(1us);
  ADRESS = (port>>3)&0x01;                        // 输出地址 B3
  AdResult = AdResult | DATA-OUT;                 // 读入数据 A9
  IO-CLOCK = 1;
  ADRESS = (port>>2)&0x01;                        // 输出地址 B2
  delay(1us);
  IO-CLOCK = 0;
  AdResult = (AdResult<<1) | DATA-OUT;            // 读入数据 A8
  delay(1us);
  IO-CLOCK = 1;
  ADRESS = (port>>1)&0x01;                        // 输出地址 B1
  delay(1us);
  IO-CLOCK = 0;
  AdResult = (AdResult<<1) | DATA-OUT;            // 读入数据 A7
  delay(1us);
  IO-CLOCK = 1;
  ADRESS = port&0x01;                             // 输出地址 B0
  delay(1us);
  IO-CLOCK = 0;
  AdResult = (AdResult<<1) | DATA-OUT;            // 读入数据 A6
  delay(1us);
  for ( i = 0; i< = 5; i+ + )
  {
      IO-CLOCK = 1;
      delay(1us);
      IO-CLOCK = 0;
      AdResult = (AdResult<<1) | DATA-OUT;        // 依次读入数据
      delay(1us);                                 //  A5,A4,A3,A2,A1
  }
nCS = 1;
return  AdResult;
}
```

3.3 模拟量输入/输出通道

3.3.1 模拟量输入通道

模拟量输入通道是数据采集系统输入通道中的一种，它的任务是把传感器检测到的电信号经过适当的处理，然后转换成数字量输入计算机。

模拟量输入通道主要由信号处理装置、采样单元、采样保持器、数据放大器、A/D转换器和控制电路等部分组成，如图 3-28 所示。

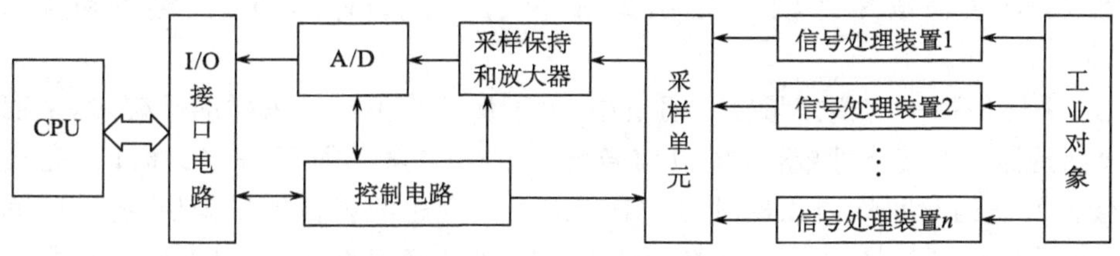

图 3-28　模拟量输入通道框图

(1) 信号处理装置。信号处理装置一般包括标度变换器、滤波电路、线性化处理及电参量间的转换电路等。标度变换器是把经由各种传感器所得到的不同种类和不同电平的被测模拟信号变换成统一的标准信号。通常传感器是压敏元件、热敏元件、光敏元件、气敏元件等等。检测元件一般输出直流电流或电压，也有通过改变电阻、电容值等，再经由变送器进行变换的，如压力变送器、温度变送器、流量变送器，由它们输出统一规格的直流电流（0～10mA 或 4～20mA）或电压（0～5V 或 0～10V）等信号，标度变换器包含在变送器中，电路并不复杂，通常为电阻网络或电桥。例如，利用热电阻检测温度时，如图 3-29 所示，热电阻 Pt100 的阻值随着温度的变化而变化，两端并上一个 1mA 的恒流源，则 Pt100 的电阻信号转换为电压信号 V_O（0～0.5V），经过放大器放大 10 倍之后，V_O 转换为标准电压信号 V_S（0～5V）。

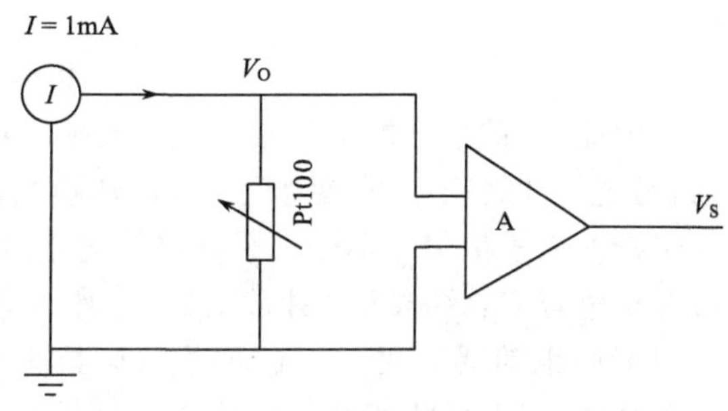

图 3-29　热电阻检测温度原理

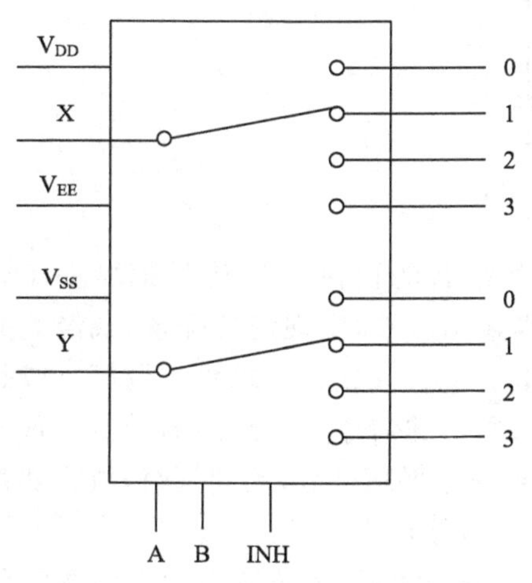

图 3-30　模拟开关 CD4052 引脚图

(2) 采样单元。采样单元也称为多路转换器或多路切换开关，它的作用是把已变换成标准电压信号的测量信号，按顺序的接到采样保持器或直接接到数据放大器上。即在模拟输入通道中，多路模拟输入量只用一个 A/D 转换器，借助采样单元把各路模拟量分时接到 A/D 转换器进行转换，实现了 CPU 对各路模拟量分时采样的目的。采样单元一般由开关矩阵及其逻辑控制电路组成。逻辑电路是在软件或通道控制电路的控制下，保证以一定的速度和所要求的次序一个一个地选择被测模拟信号的输入。开关矩阵是由称为模拟开关的开关构成的。模拟开关是指以某种方式接通或断开模拟信号的元件或电路。如图 3-30 所示，为常用的双刀四掷模拟开关 CD4052 引脚图，由 A、B 端口译码（0～3）使得相应的端口导通。

（3）采样保持。在模拟量输入通道中，为了保证模拟信号采样的准确度，从而加入了采样保持器。A/D 转换器将模拟信号转换成数字量总需要一定的时间，完成一次 A/D 转换所需的时间称为孔径时间。对于随时间变化的模拟信号来说，孔径时间决定了每一个采样时刻的最大转换误差。对于一定的转换时间 $t_{A/D}$，误差的百分数 σ 和信号频率 f 成正比。为了确保 A/D 转换的精度，使它不低于 0.1%，不得不限制信号的频率范围，如式（3-2）所示。

$$f = \frac{\sigma}{2\pi \cdot t_{A/D} \times 100} \tag{3-2}$$

因此，如被采样模拟信号的变化频率相对于 A/D 转换器的转换速度来说是较高的话，为了保证转换精度，就要在 A/D 转换之前加上采样保持电路，使得在 A/D 转换期间保持输入模拟信号不变。采样保持电路由输入缓冲放大器 A_1、模拟开关 A_S、模拟信号存储电容 C_H 和输出缓冲放大器 A_2 组成，如图 3-31 所示。A_1、A_2 是运算放大器，都接成射极跟随器形式，使 A_2 的输入阻抗很大，A_1 输出阻抗很低。采样保持电路有两个工作状态，采样状态和保持状态。当模拟开关 A_S 闭合时，进入采样状态；当模拟开关 A_S 断开时，进入保持状态。

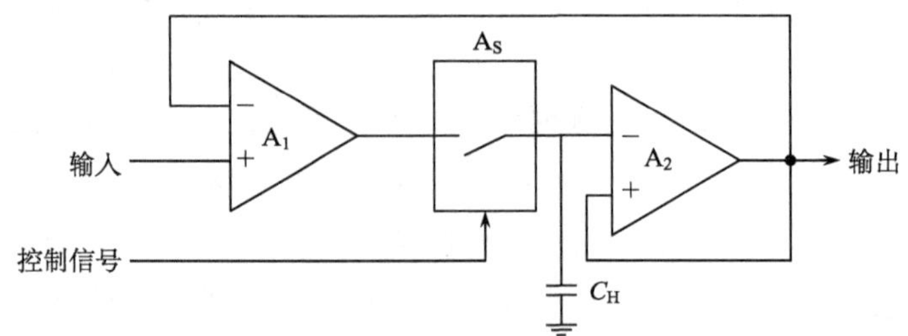

图 3-31　采样保持电路

（4）数据放大器。采样单元或经采样保持电路后的被测电压信号通常是 0～40mV 的弱信号，需经过运算放大器放大，从而提高输出电平，实现阻抗配置，或经差分放大提高共模抑制比，然后才能送 A/D 转换器，因为 A/D 转换器要求输入电压一般是 0～+5V、0～+10V、±5V、±10V 等电压等级。采样后的信号是一系列的近似平顶的脉冲波，既含有直流成分，又含有交流成分。最重要的是平顶部分，因此，数据放大器都采用直流放大器。图 3-32 为正向数据放大器和反向数据放大器。

（5）A/D 转换器。A/D 转换器的作用是将输入的模拟信号转换为相应的数字信号，它是模拟量输入通道的核心部分。采样和量化主要就是通过 A/D 转换器来实现

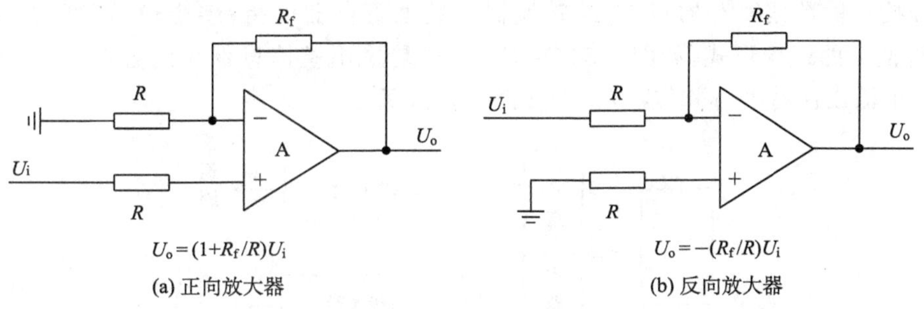

图 3-32 数据放大器

的。实现 A/D 转换的方法比较多,常用的有计数法、双积分法和逐次逼近法。因此,常用的 A/D 转换器有计数式、双积分式和逐次逼近式三种类型。

3.3.2 模拟量输出通道

在计算机控制系统中,把输入各种通道的信号传送给计算机,通过 CPU 运算和处理后,将结果输出给执行机构,以控制被控对象产生相应的动作。但由于计算机输出的是数字量,而执行机构往往要求模拟量输入,这就要求有相应的环节把数字量转换成适合于执行机构的模拟量,实现这一功能的环节就是模拟量输出通道。

模拟量输出通道通常由 D/A 转换器、输出保持器、多路切换开关、低通滤波电路和功放电路所组成,如图 3-33 所示。

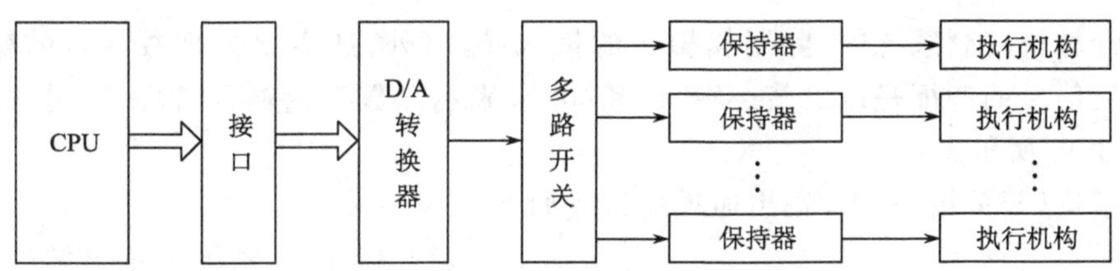

图 3-33 模拟量输出通道结构图

模拟量输出通道中要有输出保持器,这是因为计算机控制是分时的,每个输出回路只能周期的在一个时间片上得到输出信号,即这时执行部件得到的是时间上离散的模拟信号,而执行部件却要求连续的模拟信号,因此,为了使执行部件在两个输出信号间隔的时间内仍然能得到输出信号,就必须有输出保持器,通过它将前一采样控制时刻的输出信号保持下来,直到下一个采样控制时刻到来,重新得到新的输出信号,这样执行部件就得到了连续的输出控制信号了。

输出保持一般有两种方案,一种是数字量保持方案,另一种是模拟量保持方案。从而决定模拟量输出通道也有两种基本结构形式:一个输出通路设置一个 D/A 转换器的结构形式,如图 3-34(a)所示,这是采用数字量保持的方案,每个通路的输出数据由独立的 I/O 接口的数据寄存器或 D/A 转换器的数据寄存器保持；多个输出通路共用一个 D/A 转换器的结构形式，如图 3-34(b)所示，这是采用模拟量保持的方案，一个通路应设置一个输出保持器，同时应有一个多路切换开关。

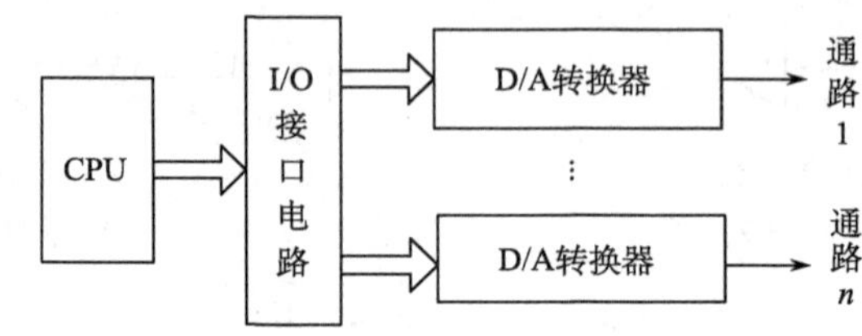

(a) 一个输出通路一个D/A转换器形式

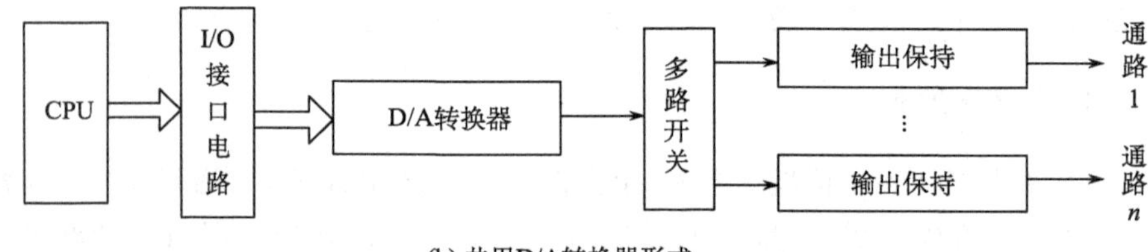

(b) 共用D/A转换器形式

图 3-34　输出保持框图

3.4　数字量输入/输出通道

在计算机控制系统中，除了模拟量的输入/输出外，还需要处理数字量的输入/输出。这类信号的特征是以二值逻辑“1”和“0”来表示。数字量输入/输出通道的基本结构如图 3-35 所示。

数字量(开关量)输入/输出通道的组成如下。

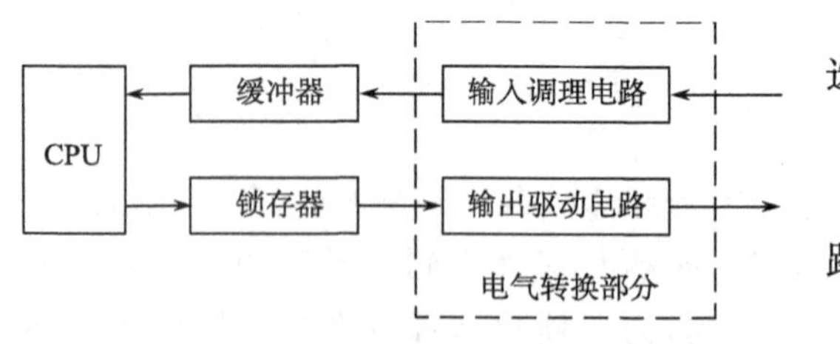

图 3-35　数字量输入/输出通道的基本结构图

(1) 缓冲器：对输入信号缓冲、放大、选通。

(2) 锁存器：将输出信号锁存。

缓冲/锁存功能可以由可编程接口电路(8255A 等)实现。

(3)电气转换部分：滤波、电平转换、隔离和功率驱动等环节组成。

3.4.1　数字量输入通道

数字量输入通道的任务就是把检测到的数字信号传送给计算机。数字量输入通道的一般结构形式如图 3-36 所示。

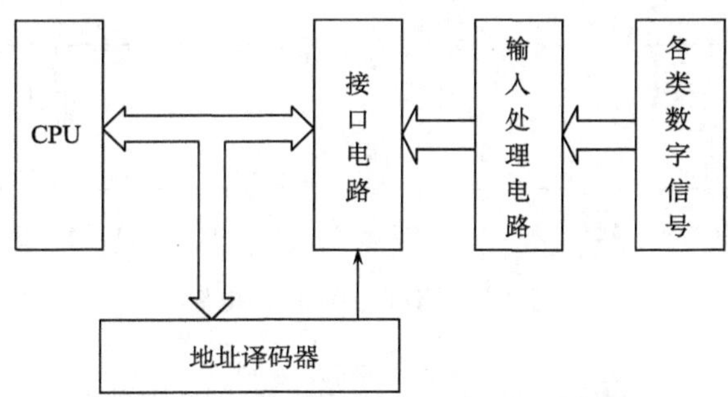

图 3-36　数字量输入通道的一般结构形式

输入处理电路的作用是：对信号进行转换、放大、滤波、隔离等处理，使之成为计算机能接收的逻辑信号。具体包括以下内容：

1. 信号转换电路

(1) 电压或电流转换电路如图 3-37(a)所示。可根据电压和电流的大小选择 R_1 和 R_2。

(2) 开关触点型信号输入电路如图 3-37(b)所示。这种电路使得开关的通、断变成输出电平的高、低。

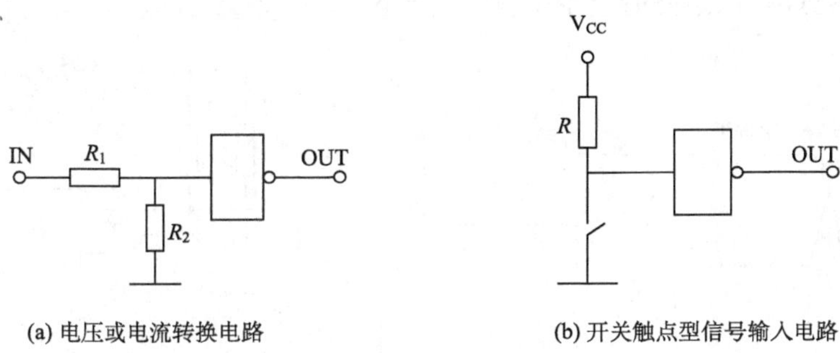

(a) 电压或电流转换电路　　(b) 开关触点型信号输入电路

图 3-37　信号转换电路

2. 滤波电路

RC 低通滤波电路如图 3-38 所示。

用有源或无源滤波器抑制干扰。如 RC 低通滤波器。

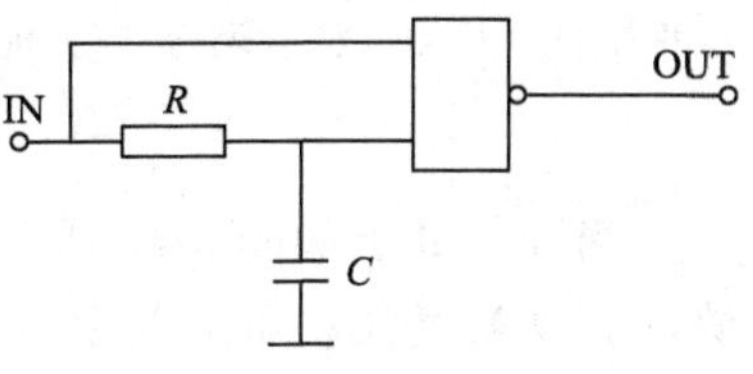

图 3-38　RC 低通滤波电路

3. 保护电路

用稳压管或压敏电阻把瞬间冲击电压钳位在安全电平上，如图 3-39 所示。

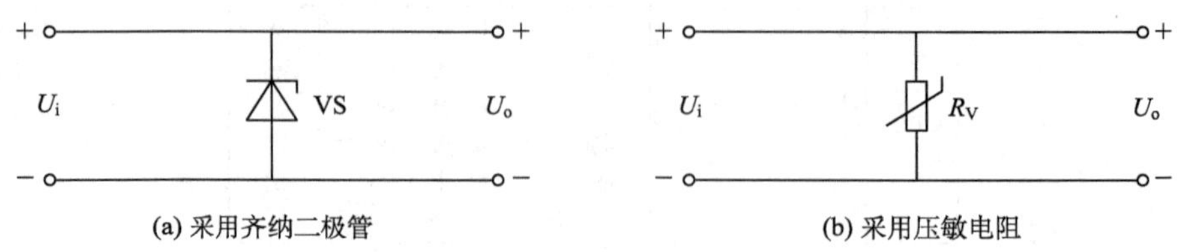

图 3-39　瞬态尖峰保护电路

用二极管防止电压反向输入，用限流电阻和稳压电路作过电压保护，如图 3-40 所示。

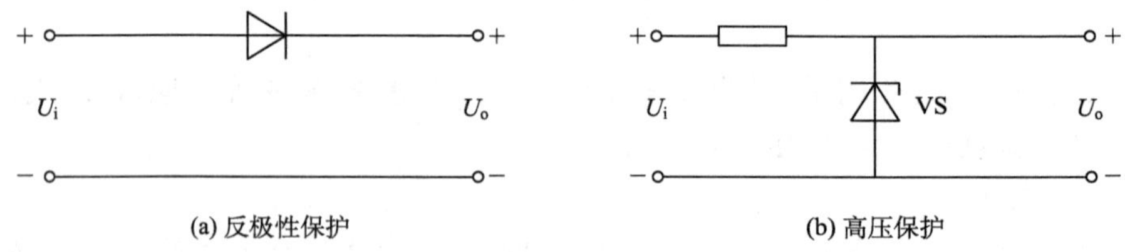

图 3-40　反极性和高压保护电路

4. 消除触点抖动

开关或触点闭合、断开时会发生抖动的情况，如图 3-41 所示。

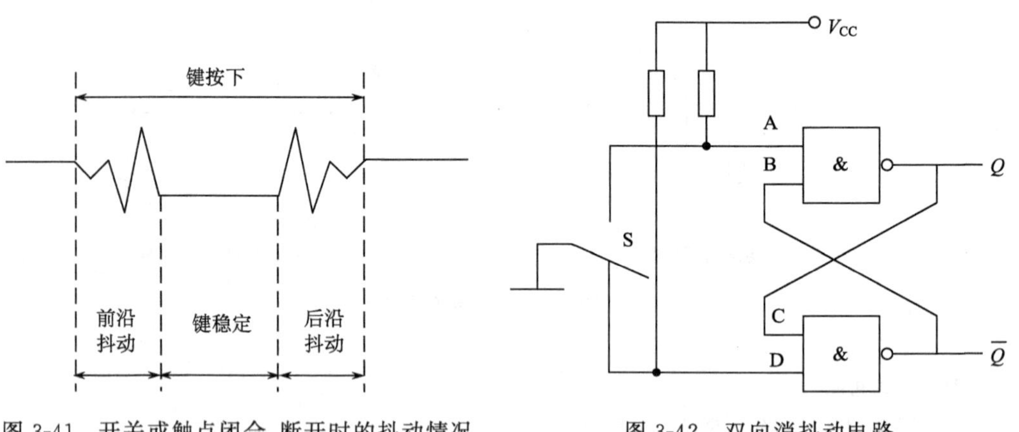

图 3-41　开关或触点闭合、断开时的抖动情况

图 3-42　双向消抖动电路

当开关处于如图 3-42 所示的位置时，$Q=0$，此时动触点抖动不会改变触发器状态，除非抖动幅度使动触点与上方静触点接触了。

当开关拔向上方时，第一次与上方静触点接触则使 $Q=1$。此时开关动触点抖动不会改变触发器状态，除非抖动幅度使动触点与下方静触点接触了。

5. 隔离电路

为了防止高电压串入计算机控制系统，常采用隔离电路实现电气隔离。常用的隔离电路可以分为两种：磁性隔离电路和光电隔离电路，如图 3-43 所示。

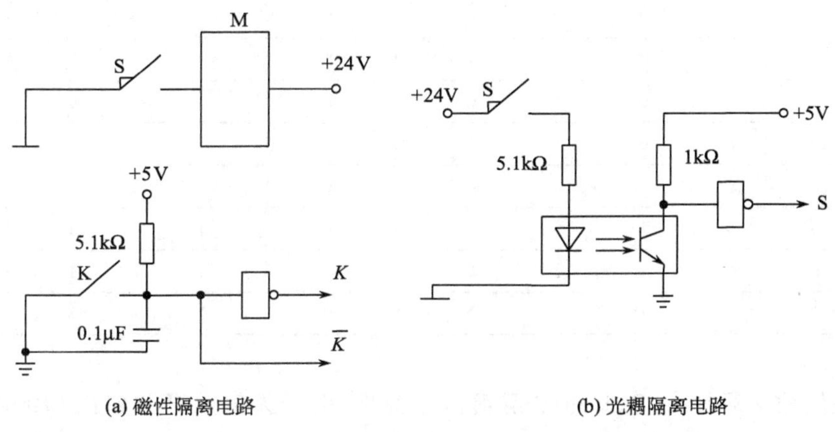

(a) 磁性隔离电路　　(b) 光耦隔离电路

图 3-43　隔离电路

3.4.2　数字量输出通道

数字量输出通道的主要任务是把计算机输出的数字信号传送给被控设备。数字量输出通道的一般结构形式如图 3-44 所示。数字量输出通道输出的数字信号有三类：编码数字、“1”或“0”的开关信号和脉冲信号。

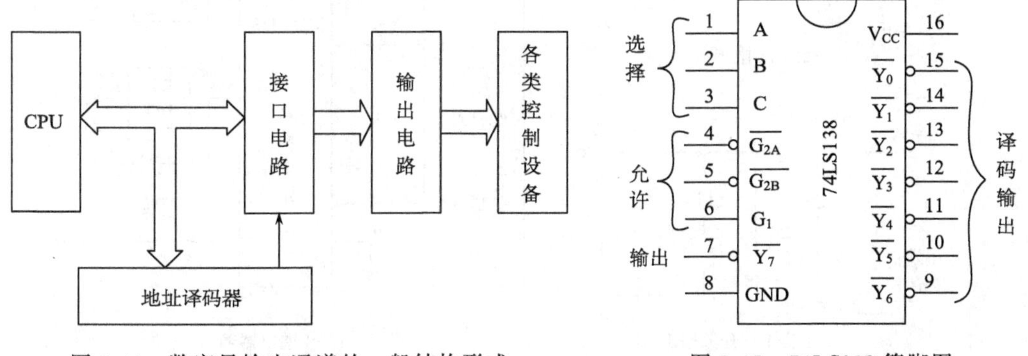

图 3-44　数字量输出通道的一般结构形式　　图 3-45　74LS138 管脚图

简单数字量输出通道主要由输出锁存器、地址译码器以及相应的输出驱动电路等组成，地址译码器采用 74LS138，如图 3-45 所示。

74LS138 的真值表如表 3-9 所示。

表 3-9　74LS138 译码器输入/输出真值表

输入						输出							
G_1	$\overline{G_{2A}}$	$\overline{G_{2B}}$	C	B	A	$\overline{Y_7}$	$\overline{Y_6}$	$\overline{Y_5}$	$\overline{Y_4}$	$\overline{Y_3}$	$\overline{Y_2}$	$\overline{Y_1}$	$\overline{Y_0}$
1	0	0	0	0	0	1	1	1	1	1	1	1	0
1	0	0	0	0	1	1	1	1	1	1	1	0	1
1	0	0	0	1	0	1	1	1	1	1	0	1	1
1	0	0	0	1	1	1	1	1	1	0	1	1	1
1	0	0	1	0	0	1	1	1	0	1	1	1	1
1	0	0	1	0	1	1	1	0	1	1	1	1	1
1	0	0	1	1	0	1	0	1	1	1	1	1	1
1	0	0	1	1	1	0	1	1	1	1	1	1	1

开关量输出通常有 TTL 电平逻辑信号输出、电子无触点开关输出和继电器输出几种形式。为保证计算机安全、可靠的工作，输出部分要加光电隔离电路，同时为驱动继电器或其他执行部件，输出通道一般要加功率放大电路。如图 3-46 所示，是几种开关量输出的具体电路图。

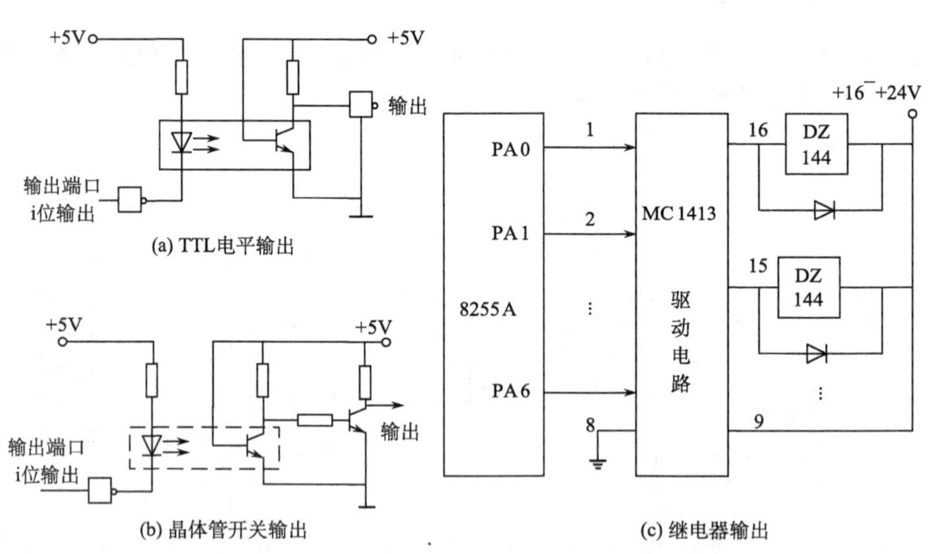

图 3-46　开关量输出电路

数字量输出驱动电路有小功率驱动电路、中功率驱动电路（如 MC1413 达林顿阵列驱动器）。在工程实际中，还有大量的其他驱动电路，如晶闸管驱动、大功率 MOS-FET 驱动电路等。

七路达林顿晶体管列阵 MC1413 采用 NPN 达林顿复合晶体管的结构，因此有很高的电流增益和很高的输入阻抗，可直接接受 MOS 或 CMOS 集成电路的输出信号，并把电压信号转换成足够大的电流信号驱动各种负载。该电路内含有 7 个集电极开路反相器(也称 OC 门)。MC1413 电路结构和引脚排列如图 3-47 所示，它采用 16 引脚的双列直插式封装。每一驱动器输出端均接有一个释放电感负载能量的抑制二极管。

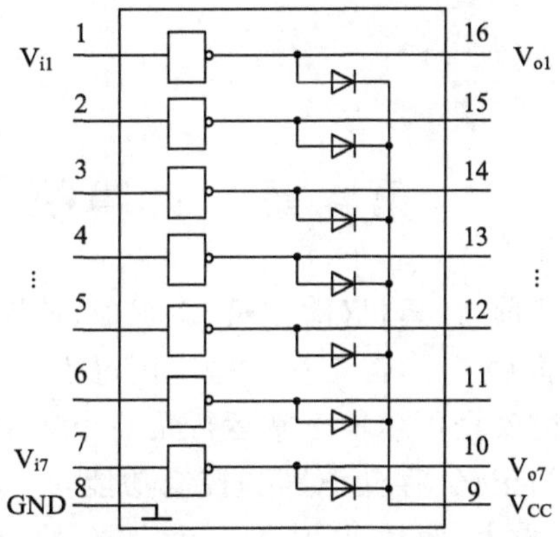

图 3-47 MC1413 的引脚及内部结构图

思 考 题

3.1 什么是过程通道？它由哪几部分组成？分为哪几类？

3.2 信号采集中为什么要进行采样保持？对模拟量的采样频率是依据什么来确定的？

3.3 A/D 转换器有哪些主要参数？

3.4 试述 ADC0809 的结构和主要功能。

3.5 有一个 4 位满量程 5V 的逐次逼近型 A/D 转换器，设输入模拟电压 3.5V，试用列表和图示的方法表示其逐次逼近的转换过程。

3.6 试述数字量输入输出通道的组成。

3.7 试述 TLC5620 的工作原理。

3.8 试述 TLC1543 的工作原理。

第4章 计算机控制系统的抗干扰技术

目前，计算机(微型机、编程器、控制器和单片机等)在农业、工业、国防等各个领域应用非常广泛，但是在这些应用过程中如何防止外界对控制设备的干扰，确保计算机控制系统安全可靠地正常运行是一个非常重要的问题。因为计算机控制系统不仅要求有完善的记忆、存储识别和控制功能，还要对各种传感器的 A/D 和 D/A 信号进行处理、滤波、放大、驱动，以成为一个完整、协调、有特殊功能的工作系统。在各个环节的设计和配置具有完备的功能前提下，一方面使系统紧凑，布局合理；另一方面就是稳定性，否则，再完善的系统设计和功能设计也将前功尽弃。

以往的计算机控制系统的抗干扰措施往往是从方案、使用、设计布局等方面考虑，比如信号传输采用脉冲或交流调制，安装时连接和接地要牢固可靠避免接触不良造成干扰，环境的选择和布局也要避免强干扰。计算机控制系统的抗干扰措施不仅要从系统自身方面考虑，还应当从针对不同的干扰源，采取相应的抗干扰措施这方面来考虑，设法使系统在错综复杂的环境里能保证程序稳定运行，准确可靠的实现主机和外部设备之间的数据交换。

本章首先介绍干扰的来源及分类，然后针对计算机控制系统的各种干扰介绍常用的抗干扰措施。

4.1 干扰来源及分类

干扰是指有用信号以外的噪声或造成恶劣影响的变化信号的总称。产生干扰信号的原因称为干扰源。干扰系统由干扰源、传播途径及被干扰对象构成。为了消除干扰，首先要认识干扰。

计算机控制系统中干扰种类很多，可以从不同侧面进行分类。

4.1.1 按干扰信号进入计算机控制系统的途径分类

干扰信号主要通过三种途径进入计算机控制系统：电磁感应、传输通道和电源线。按干扰信号进入计算机控制系统的途径来分类有以下的一些干扰源：电源干扰、印刷电路板(PCB)上的干扰、信号线上的干扰。

1. 电源的干扰问题

计算机控制系统往往与工业系统共用一个电源，工业系统电源中的某些大型设备的起、停，电源负载的急剧变化等，都会产生很大的干扰信号；电源引线过长，在输电过程中也会产生感应电势干扰。据统计分析，计算机的干扰 70%来自电源系统。因此，解决电源的干扰问题就显得非常重要。

2. 印刷电路板(PCB)上的干扰

PCB是计算机控制系统中必不可少的重要元素。正确设计PCB、合理布线是提高控制系统稳定性的最主要措施。在PCB设计中,敏感元件和非敏感元件的处理,地线的布线、粗短、分支等不合理都可能会导致反射、产生谐波、产生电磁耦合,这对计算机控制系统的稳定性有较大的影响。

3. 信号线上的干扰

计算机控制系统多数为弱信号数据处理系统,信号源和测量系统还通常用几米、几十米、甚至几百米的电缆相连接,很容易接收周围强电设备的干扰。不适当的接地、电缆连接以及外界干扰等问题都会产生极大的测量误差,甚至会使信号本身完全失真。

4.1.2 按干扰的作用方式分类

按干扰作用方式的不同,可分为串模干扰、共模干扰和长线干扰。

1. 串模干扰

串模干扰信号是指串联在有用信号源回路之中的干扰,它串联在信号源回路中,与被测信号相叠加输入系统,如图4-1所示,图中 U_s 为被测信号电压,U_m 为干扰信号电压。串模干扰信号与被测信号在回路中处于同等的地位,也称为常态干扰。当串模干扰的幅值与有用信号相接近时,系统就无法正常工作,即这时提供给计算机系统的数据会严重失真,甚至是错误的。

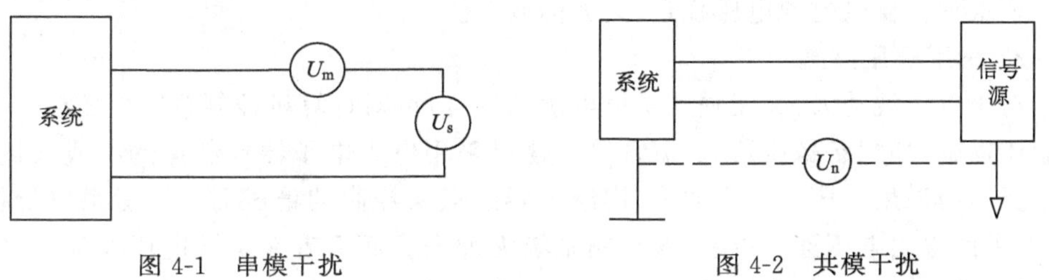

图 4-1　串模干扰　　　　图 4-2　共模干扰

产生串模干扰的原因主要是:当两个电路之间存在分布电容或磁环链现象时,一个回路中的信号就能在另外一个回路中产生感应电动势,形成串模干扰信号。另外,信号回路中元件参数的变化也是一种串模干扰信号。

2. 共模干扰

共模干扰是指系统的两个信号输入端上所共有的干扰电压,也称为共态干扰。由于计算机控制系统是对分散的现场设备进行测量控制,计算机、数据采集板与被控对象之间相距一定的距离,从而使得计算机的地、信号源放大器的地与现场信号源的地不在同一个节点上。当两个接地点之间有电流流过时,虽然接地点之间的电阻极小,也会在两地之间产生一个电位差 U_n,如图4-2所示。U_n 是系统信号输入端上共有的干扰电压,会对系统产生共模干扰。

共模干扰与串模干扰相比,容易被忽略而难以处理。在某些情况下,共模信号可能达到几伏甚至更高,完全将有用信号湮没。

共模干扰的影响通常都是通过串模干扰的方式表现出来的。共模干扰产生的原因很多,主要有:对地分布电容和漏电导的耦合;同一系统的多点接地形成的电位差。

4.2 硬件抗干扰技术

干扰是客观存在的,为了减少干扰对计算机控制系统的影响,必须采取各种抗干扰措施,以保证系统能正常工作。抗干扰是一个综合性问题,涉及面较广。干扰的抑制方法有硬件抗干扰和软件抗干扰两种形式。本节针对前一节提出的几种干扰类型,介绍一些常用的硬件抗干扰技术。

4.2.1 电源的抗干扰措施

解决电源干扰的途径通常有提高供电系统的质量和采取措施抗干扰两种方法。

1. 提高供电系统质量

目前在国内,供电质量除了功率因数和谐波问题外,一个最主要的问题是电压波动太大,造成设备不能正常工作。解决这个问题有两个办法。

1)采用独立的供电电源

为使关键的计算机控制设备免受电压波动的影响,可对该设备配备独立的供电电源。要求独立供电电源电压稳定,无大的波动。

2)采用稳压措施

对于电压波动大,又无独立供电电源的场合,可对计算机控制系统中的核心设备采取稳压措施,如配备稳压器和 UPS 等。建议采用电力电子器件制造的在线式调压器,而不要使用采用变压器抽头方式、用继电器触点来控制的稳压器。前者虽然价格高一些,但可使输出电压连续调节,对控制系统无冲击。而后者在电网电压波动时,继电器触点来回跳动,使输出电压的调节不连续,严重时还可能导致瞬间断电现象,产生严重的后果。

2. 电源的抗干扰措施

由于外界因素对电源产生的各种传导干扰,可以采取以下措施来防护。

1)磁环

在数字设备和开关电源中,无论是使用非屏蔽的电源电缆、信号电缆,还是使用含屏蔽层的电源电缆,信号电缆,都很容易在电缆上产生 1MHz 以上的高频干扰电流,从而产生很强的传导和辐射干扰。而磁环抑制干扰的典型频率在 1MHz 以上,因此,采用磁环来解决电源线上所出现的这种传导和辐射干扰电流问题是一种简便有效的措施。磁环是控制电磁干扰的元件,其抑制干扰的原理是:当电源线穿过磁环时,磁环可等效为一个串接在电回路中的可变电阻,其阻抗是一个频率的函数,随着频率增高其阻抗值增大。

2）电子交流稳压器

电子交流稳压器可以抑制电网电压波动，防止电源系统的过电压与欠电压，能把输出电压波形畸变控制在0.5%以内，还可以对负载短路起限流保护作用，因而可以保证供电稳定性。

3）隔离变压器

高频噪声是通过变压器一次侧和二次侧绕组线圈之间的寄生电容耦合造成的。因此，可以采用低通滤波技术滤除谐波，让50Hz基波通过，以改善电源波形。在低电压下，当滤波电路载有大电流时，宜采用小电感和大电容构成的滤波网络；当滤波电路处于高电压下工作时，则应采用小电容和允许的最大电感构成的滤波网络。

4）双T滤波器

在整流环节之后，可采用双T滤波器来消除50Hz工频干扰。双T滤波器的特点是对某一固定频率的干扰具有很高的抑制比，偏离该频率后抑制比迅速减小，滤波效果好，主要用于滤除工频干扰。

4.2.2 PCB板辐射干扰的抑制

1. 利用TVP抑制浪涌电压

TVP是一种瞬变电压抑制器件，其电路符号和普通稳压管相同，它的外形与普通二极管相同，但能够吸收高达数千伏安的浪涌功率，它具有体积小、功率大、响应快、无噪声、价格低等优点，使它能被广泛应用于家用电器、仪器仪表、计算机系统等各个领域。TVP的主要特点是：在反向应用条件下，当承受一个高能量的瞬时大脉冲时，其阻抗立即降至很低，允许大电流通过，同时把电压钳制到预定电压值。利用这一特性可以保护电器设备中精密元器件免受浪涌的冲击，同时由于浪涌电压被吸收使得系统降低了浪涌电压的干扰。

2. 退耦电容

电容器是抑制干扰电压的最简单的元件之一，通常在每一个集成电路芯片的电源和地之间连接一个无感电容，以便抑制各集成电路芯片之间的相互干扰。

3. 使用片状滤波器

片状滤波器是由陶瓷电容器和磁珠组成的T型滤波器，它的滤波特性优于单个的磁珠和电容器，而且频率范围宽，是一种比较好的滤波元件，适用于很多场合，在一些比较重要的集成电路的电源和地之间连接一个片状滤波器，会取得较好的抑制辐射干扰的效果。

4.2.3 信号线上的抗干扰措施

为了能准确地测量信息和输出信息，必须排除信号线上干扰。可采取如下措施。

1. 使用磁珠

磁珠是抑制传输线上干扰电流的最简便的元件之一。它主要适用于传输线的源阻抗和负载阻抗都比较小的情况。它的特性类似于磁环，主要用于抑制 1MHz 以上的干扰。选择磁珠也应注意信号的频率，也就是所选的磁珠不能影响信号的传输，磁珠的大小应与电流相适应，以避免磁珠饱和。

2. 使用双绞线

为经济起见，信号线也可以使用双绞线，绞线要均匀，使电磁感应电压大体相等，互相抵消，最好把信号线穿入铁管。模拟量的输入、输出信号线使用屏蔽电缆，开关量输入、输出线使用双绞线。

使用双绞线的时候，应注意以下两个方面。

(1) 尽可能采用平衡式传输线路，因为平衡式传输线路具有较好的抗共模干扰的能力，外部干扰在双绞线的两条线中产生对称的感应电动势，在平衡式传输线路中又相互抵消。同时，来自地线的干扰信号也受到抑制。

(2) 若将双绞线的一根接地，就变成非平衡的传输线路。在非平衡式传输线路中，双绞线间电压的一半为同相序分量，另一半为反相序分量。非平衡式传输线路对反相序分量具有较好的抑制作用，但对同相序分量则没有抑制作用，因此对于干扰信号的抑制能力比单根导线强，比平衡式的差。

3. 采用隔离技术

隔离技术的实质是切断共地耦合通道，抑制因地环路引入的干扰。隔离是将电气信号转变为电、磁、光及其他的物理量作为中间量，使两侧的电流回路相对隔离又能实现信号的传递。图 4-3 采用隔离变压器进行隔离，用于无直流分量信号的隔离较方便。

图 4-4 采用继电器隔离，常用于数字系统。继电器把引入的信号线隔断，而传输的信号通过触点传递给后面的回路。

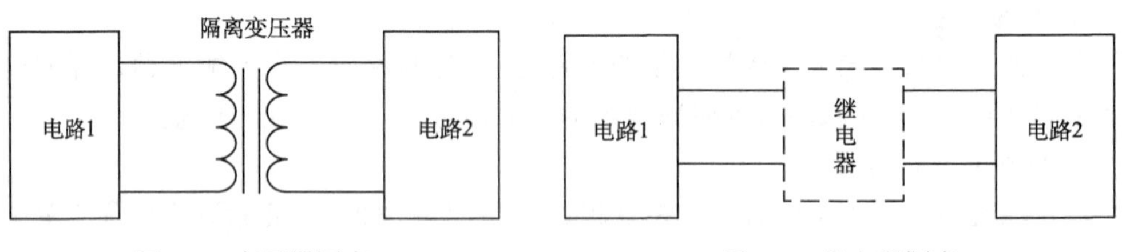

图 4-3 变压器隔离　　图 4-4 继电器隔离

图 4-5 采用光电耦合器隔离。其中间环节借助于半导体二极管的光发射和光敏半导体三极管的光接收来进行工作，因而在电气上，输入和输出是完全隔离的，且信号单向传输，输出信号与输入信号无相互影响，共模抑制比大，无触点，响应速度快（纳秒级），寿命长、体积小、耐冲击，是一种理想的开关元件。

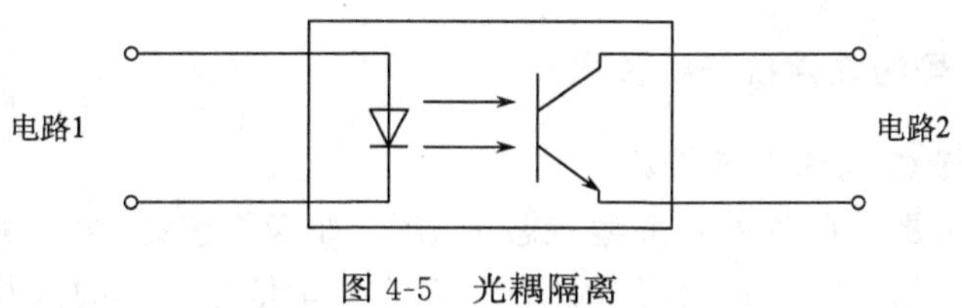

图 4-5　光耦隔离

4.2.4　串模干扰的抑制

抑制串模干扰的技术措施有以下几种。

(1) 合理选用信号线。应采用金属屏蔽线、双绞线或屏蔽双绞线，以抑制由分布电感和分布电容引起的串模干扰。

(2) 在信号电路中加装滤波器。信号滤波器是一个选频电路，其功能是使指定频段信号分离出来。例如，利用高通滤波器可从高频脉冲中滤除工频干扰，利用低通滤波器可以滤除高频噪声。

(3) 选择合适的 A/D 转换器。由于叠加在被测信号上的串模干扰一般为对称性的交变干扰电压，故可采用积分式或双积分式的 A/D 转换器。这种转换方式的 A/D 转换器是将采样时间内输入信号电压的平均值转换成数字量，可使叠加在被测信号上的对称交变干扰电压在积分过程中相互抵消。

(4) 采用调制解调技术。当有用信号与干扰信号的频谱相互交错时，通常的滤波电路很难将其分开，这时可采用调制解调技术实现信号的传递。首先利用调制解调技术对信号进行调制，然后再进行传输，传输途中混入的各种干扰很容易被滤波环节滤除，被调制的有用信号经软硬件解调后，恢复到原来的有用信号。

4.2.5　共模干扰的抑制

抑制共模干扰包括抑制共模干扰本身、抑制共模干扰向串模干扰的转变以及抑制已经转换成串模干扰的干扰三个方面。可选择隔离技术，使共模干扰不能构成回路。对于由共模干扰转换过来的，并且已经叠加在有用信号上的串模干扰，可用前面介绍的抗串模干扰的方法来滤除。

4.3　软件抗干扰技术

在提高硬件系统可靠性设计的基础上，在系统中还应采用软件系统的可靠性设计，以增强系统自身的抗干扰能力。因为系统在运行过程中，难免会遇到各种不可预知的干扰，因外界对系统的干扰是随机的变量，有些干扰是用硬件措施难以解决的，只能采取软件的方法加以抑制，消除其对系统的影响。软件系统可靠性设计主要包括以下内容。

4.3.1　开关量信号的软件抗干扰技术

1. 开关量信号输入抗干扰措施

开关量信号主要来自各种开关型状态传感器，如操作按钮、电气触点、限位开关等。这种干扰信号多呈毛刺状，而且作用时间短，而开关量信号作用时间相对要长得多。利用这一特点，在采集某一数字开关量信号时，可多次重复采样，直到连续两次以上采集结果完全一致方为有效。若多次采集后，信号总是变化不定，则说明干扰严重，可以停止采集，给出报警信号。对开关量信号的采集不能采用多次平均方法，而是比较两次或两次以上采集结果是否相同。

2. 开关量信号输出抗干扰措施

由于干扰，可能使计算机输出的正确开关量信号，在输出设备中得到错误的接收。输出设备有电位控制型和同步锁相型两种，前者有良好的抗"毛刺"干扰能力，后者不耐干扰，当锁存线上出现干扰时，会盲目锁存当前的数据。输出设备的惯性与干扰的耐受力有很大关系，惯性大的输出设备(如各类电磁机构)，对"毛刺"干扰有一定的耐受能力。惯性小的设备(如通信口)，耐受力小，需要采取输出抗干扰措施。为了防止受开关量输出信号控制的输出设备受干扰产生误动作，最有效的方法是不断重复输出开关量输出信号，并且在可能的条件下，输出的重复周期越短越好。外设接受一个错误的信息后，还来不及做出有效的反应，下一个正确信号又到来了，就可以及时防止错误动作的发生，从而克服干扰的影响。

4.3.2　CPU 的抗干扰技术

CPU 是计算机控制系统的核心，是整个计算机控制的指挥中心。当 CPU 受到干扰不能按正常状态执行程序时，就会引发整个计算机控制系统的混乱。为此，应采取措施使 CPU 在受到干扰的情况下，尽可能的正常工作。

1. 自诊断

自诊断一般分为开机自诊断、周期性自诊断和键控自诊断。开机自诊断内容有系统 RAM 区数据、系统定时器功能、相互通道的读写、接口通信等。检查 RAM 是否读写正确或运行过程 RAM 区数据是否安全，诊断系统定时器、系统相互通道、系统接口等的完整性和可靠性，若不正常，给出信息提示或报警提示。

周期性自诊断内容包括系统零漂自检、系统自动校正、系统自动补偿等。控制系统在运行过程中有关器件性能参数将受到各种干扰的影响，造成系统零点的偏移或漂移，将会影响系统工作的准确性和可靠性，因此系统在自检的过程中进行自动补偿，以提高系统运行的准确性和可靠性。

键控自诊断是通过人机对话设定特殊的系统自诊断功能。

2. 复位

对于失控的 CPU，最简单的方法是使其复位，程序自动从头开始执行。复位的方式有上电复位、人工复位和自动复位三种。上电复位是指计算机在开机上电时自动复位，此时所有硬件都从其初始状态开始，程序从第一条指令开始执行；人工复位是指操作人员按下复位按钮时的复位；自动复位是指系统在需要复位的状态时，有特定的电路自动将 CPU 复位的一种方式。为完成复位功能，在硬件电路上应设置复位电路。

人工复位虽然可以强迫 CPU 回到正常程序，而且电路简单，但最大的缺点是不及时，往往系统已经瘫痪，人们在无可奈何的情况下才按下复位按钮。如果软件没有特别的措施，人工复位和上电复位具有同等作用，系统一切从头开始，已经完成了工作量全部作废，这在控制系统中是不允许的。因此，人工复位主要用于非控制系统，如各类智能测试仪器。如果 CPU 在受到干扰后能自动采取补救措施，再自动复位，这才能为各类控制系统所接受。

3. 掉电保护

电网瞬间断电或电压突然下降，将使计算机系统陷入混乱状态；当电网电压恢复正常后，计算机系统难以恢复正常工作，解决这一类事故的有效办法就是采取掉电保护。

掉电保护的具体做法是，在软件中设置掉电保护中断服务程序，该中断为最高优先级的不可屏蔽中断，使系统能对掉电做出及时的反应。在掉电中断服务程序中，首先进行现场保护，把当时的重要状态参数、中间结果，甚至某些片内寄存器的内容一一存入有后备电池的 RAM 中。其次是对有关设备做出妥善处理，如关闭各输入输出口，使外设处于某一个非工作状态等。最后必须在片内 RAM 的某一个或两个单元作上特定标记，例如存入 0AAH 或 55H 之类的代码，作为掉电标记。这些应急措施全部实施完毕后，即可进入掉电保护工作状态。为了保证掉电子程序能顺利执行，掉电检测电路必须在电压下降到 CPU 最低工作电压之前就提出中断申请。

当电源恢复正常时，CPU 重新复位，复位后应首先检查是否有掉电标记，如果有，则说明本次复位为掉电保护之后的复位，应该按掉电中断服务程序相反的方式恢复现场，以一种合理的安全方式使系统继续未完成的工作。

4. 软件拦截技术

所谓拦截，是指将跑飞的程序引向指定位置，再进行出错处理。CPU 复位后，首先取指令的操作码，之后顺序取出操作数，当一条完整指令执行完成后，紧接着取下一条指令的操作码、操作数。这些操作时序完全由程序寄存器 PC 控制。一旦 PC 因干扰而出现错误，程序便脱离正常运行轨道，出现“跑飞”，当飞出到某一个双字节指令时，若取指令时落在操作数上，误将操作数当作操作码，程序将出错。若飞出到了三字节指令时，出错的概率更大。为了使“跑飞”程序迅速纳入正轨，要多采用指令冗余技术，同时要合理设计陷阱，并将陷阱安排在适当的位置。

1）指令冗余

指令冗余是指程序设计时应多用单字节指令，并在对程序流向起决定作用的关键地方人为地插入一些单字节指令 NOP，或者将有效单字节指令重写，来保证“跑飞”的程序迅速纳入正轨。

NOP的使用在双字节指令和3字节指令之后插入2个单字节NOP指令，可保证其后的指令不会因前面的指令“跑飞”而继续。因为“跑飞”的程序即使落到操作数上，由于2个空操作指令NOP的存在，避免了后面的指令被当作操作数执行，从而使程序再次回到正轨。对程序流向起决定作用的指令和某些对系统工作状态起重要作用的指令前插入2条NOP指令，可保证程序迅速纳入轨道，确保这些指令正确执行。重要指令冗余对于那些对程序流向起决定作用的指令和某些对系统工作状态有重要作用的指令的后面，可以重复写上这些指令，以确保这些指令的正确执行。

2）软件陷阱

当“跑飞”程序进入非程序区或表格区时，不能采用冗余技术，此时可设定软件陷阱，来截断乱飞程序。所谓软件陷阱就是引导指令，强行将捕获的程序引向一个指定地址，在那里有一段专门处理程序出错的程序（用来诊断系统被干扰前的工作状态，并使程序运行恢复正常）。通常在EPROM中的非程序区填入以下指令作为软件陷阱。

```
DSP:……                  ;显示子程序
RET
RET
NOP                     ;软件陷阱
NOP
NOP                     ;软件陷阱
NOP
LJM PFLY
LIM PFLY
……
FLY:……                  ;“跑飞”处理子程序
RET
```

考虑到程序存储器的容量，一般1K空间有2～3个软件陷阱就可以进行有效拦截。软件陷阱安排在以下几种场合。

（1）未使用的中断向量区；

（2）未使用的大片EPROM空间；

（3）控制字表，时间常数表的最后的未使用空间；

（4）程序区中的一些断裂点。

正常执行的程序到此不会继续往下执行了，在这种地方安排陷阱，就能有效地捕捉程序，而又不影响正常的程序执行流程。

3）看门狗技术

什么是看门狗？看门狗的用途是监控程序的运行，使控制器进入错误状态后的一定时间内自动复位。当程序在某一定设定时间内没有执行某一固定程序（如喂狗程序）时，看门狗会认为此时系统工作不正常，触发一个系统复位。

实现看门狗功能有两种方式：纯软件看门狗和硬软结合看门狗。接下来分别介绍这两种实现方式。

(1) 软件看门狗。

软件,无须更多外围元器件。在单片机系统中,仅通过对计算机控制系统中的定时/计数器进行简单的编程就可以实现看门狗功能。

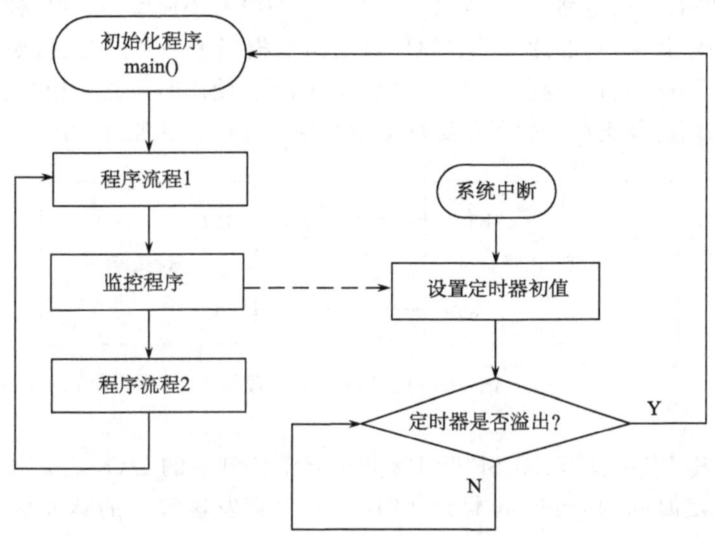

图 4-6 软件看门狗流程

假设系统程序完成一个运行周期要 10ms 左右时间,此时可设置定时器固定装载值为 10ms,定时器递减计数。在程序中插入监控程序,每次运行到监控程序时,定时器不会溢出,否则进入中段异常程序,使系统重新初始化,相当于系统复位。

图 4-6 显示了软件看门狗的工作原理,主程序在程序 1 和程序 2 之间循环运行,正常运行会不断重载定时器计数初值,使定时器不会溢出,如果程序 1 或程序 2 出现错误状态,在设置的时间内没有重载定时器初值,定时器将产生溢出,程序跳转到初始化函数处,从而实现系统复位。

具体实现步骤如下:

① 在程序的启动过程中,也就是在系统的初始化阶段给定时器赋初值,定时器递减计数,并打开中断;

② 根据定时时间在主程序的适当位置插入监控程序,重载计数器初值;

③ 在定时器的中断异常程序中设置一条无条件长转移指令,将程序转移到系统初始化程序的入口处。

软件看门狗不需要任何外围硬件支持,实现简单,但也存在以下问题。

① 占用定时器资源,这对于资源有限的 CPU 来说,不利于系统的功能扩展。

② 稳定性不好,如果在监控程序段出现“死循环”则定时器不会溢出,系统也不会

被初始化。

所以在实际应用中为了使系统更加稳定，更多的是采用硬件软件相结合的看门狗。

(2) 硬件看门狗。

硬件看门狗是利用单片机复位引脚上的复位系统来实现看门狗功能。有些微控制器片内集成了硬件看门狗电路，有些则没有。对于片内没有集成看门狗电路的微控制器，就需要增加外部专门看门狗芯片。其实硬件看门狗也相当于一个定时器，如果用户程序没有在规定时间(不同的看门狗芯片，这一参数有所不同，使用时可参见相关芯片资料)内喂狗，看门狗电路超时溢出后产生复位脉冲使微控制器复位。其原理如图 4-7 所示。

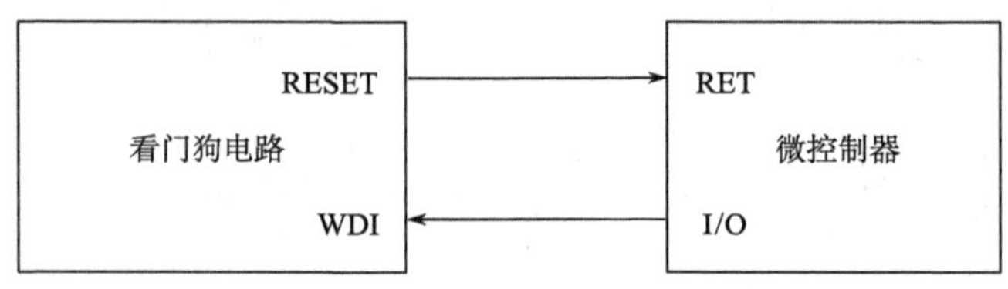

图 4-7　硬件看门狗原理图

看门狗芯片 WDI 引脚、RESET 引脚分别与微控制器的 I/O、复位引脚 RET 相连。微控制器在规定时间内，通过基本 I/O 向 WDI 引脚发送喂狗的脉冲信号。在规定时间内收到喂狗脉冲的看门狗芯片不会产生复位信号，否则，RESET 引脚将发出一个持续两个机器周期的高电平信号，复位微控制器。

可见，硬件看门狗和软件看门狗原理很相似，可以理解为把芯片内部的定时器放到了芯片外面。一方面节约芯片内部有限的资源，另一方面也提高了系统的可靠性和抗干扰性。

具有看门狗功能的芯片很多，如 MAXIM 公司的 MAX813L，下面详细介绍 MAX813L 的性能参数及使用过程。

MAX813L 是一款微处理器监控电路芯片，它具有电源监控、人工复位和看门狗功能。表 4-1 所示是 MAX813L 的几个重要的性能参数。这几个参数在硬件电路设计以及软件设计中都要充分考虑。

表 4-1　MAX813L 主要性能参数

名称	参考值	说 明
复位信号产生电压门限	1V	上电过程中，V_{CC}升高到 1V 时，复位信号有效
复位信号解除电压门限	4.65V	V_{CC}升高到高于 4.65V，复位信号解除
复位信号最窄脉宽	200ms	复位信号的高电平/低电平最少持续 200ms
看门狗定时器超时值	1.6s	1.6s 内不向定时器喂狗，看门狗即触发一个复位信号
复位信号有效电平	高电平	看门狗芯片发出的复位信号为高电平

下面着重介绍看门狗电路，图 4-8 是基于 MAX813L 的硬件电路图，由于没有涉及电压检测功能，所以 PFI 和$\overline{\text{PFO}}$两个引脚悬空；选用的单片机 W78E516B 的复位脉冲为高电平（与复位芯片的复位电平匹配），所以直接把 MAX813L 的复位输出端（RESET）接至 W78E516B 的复位输出引脚；选择一个单片机的基本 I/O 引脚接至看门狗芯片的 WDI 上，通过单片机的 I/O 模拟脉冲信号，来清零看门狗功能计数器；MAX813L 的定时器超时后，$\overline{\text{WDO}}$输出$\overline{\text{MR}}$的输入，即可实现复位功能。可以这样理解，当定时器溢出时，$\overline{\text{WDO}}$输出的低电平信号模拟了$\overline{\text{MR}}$引脚的手动复位动作，触发了 RESET 上的高电平复位信号，从而实现了单片机的复位。

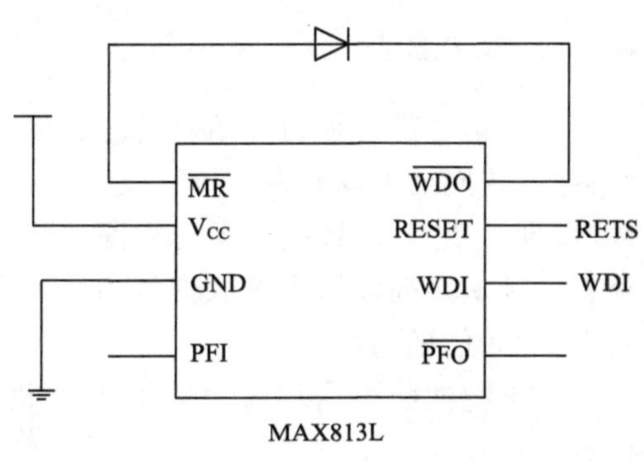

图 4-8　看门狗电路

其中，二极管的作用是防止$\overline{\text{WDO}}$为高电平时输入到$\overline{\text{MR}}$端，以保护 MAX813L 芯片。

设计了看门狗电路，软件中就可以很简单地通过“喂狗”动作，实现看门狗功能。下面程序每隔 1s 左右向 MAX813L 芯片清狗一次。代码如下。

```
#includes<reg52.h>
sbit WATCHDOG = P1.7
#define WATCHDOG_CLR   WATCHDOG = 1; WATCHDOG = 0
Void delay ( int n)
{
    int i;
while(n)
{
    for(i = 2500;i>0;i--);
    n--;
}
}
Void main (void)
{
    while(1)
    {
        WATCHDOG_CLR;
        delay(100);
        WATCHDOG_CLR;
        delay(100);
    }
}
```

4.3.3 数字滤波

模拟信号都必须经过 A/D 转换后才能为 CPU 所接收。若干扰作用于模拟信号，使 A/D 转换结果偏离真实值。仅采样一次，是无法确定该结果是否可信，必须多次采样，得到一个 A/D 转换的系列数据，通过某种处理后，才能得到一个可信度比较高的结果。这种从系列数据中求取真值的软件算法，通常称为数字滤波算法。它的不足之处是占用 CPU 的时间。

数字滤波的应用场合主要是对非周期干扰的滤除，它与模拟滤波器相比有以下优点。

(1) 数字滤波是用程序来实现的，不需要增加额外的硬件设备，也不存在阻抗匹配问题，可以多个通道共用，不但可以节约成本，还可以提高可靠性、稳定性。

(2) 可以对频率很低的信号实现滤波，而模拟滤波电路由于受电容容量的影响，频率不能太低。

(3) 灵活性好。可以用不同的滤波程序实施不同的滤波算法。

常用的数字滤波算法有算术平均值滤波、中值滤波、多数表决滤波、限幅滤波(程序判断滤波)和递推平均滤波(滑动平均滤波)等。

1. 算术平均值滤波

算术平均值滤波是一种取几个采样数据的平均值作为输入信号值的一种滤波方法，对于流量、压力、液位等参数测量及抑制随机干扰时，都可采用此种方法。采样次数越多，平滑效果越好，但系统灵敏度会下降。

2. 中值滤波

连续采样 N 次(N 取奇数)，把 N 次采样值按大小排列，取中间值为本次有效值。本方法能有效克服因偶然因素引起的波动干扰，对温度、液位等变化缓慢的被测参数有良好的滤波效果，对流量、速度等变化快速的被测参数不宜使用。

3. 多数表决滤波

在连续多次的采样后，对多个采样数据进行比较，若多数一致则取一致值作为滤波输出；若相互都不一样，则提示重新采样，以此来剔除偏差数据。

该滤波法适用于变化速度很慢的信号，对于速度变化快的信号不适用。

4. 限幅滤波(又称程序判断滤波)

最大偏差值 ΔX 需要根据经验来进行确定，若单片机对输入信号相邻两次采样的差值不大于 ΔX，则本次采样值有效，并加以保存，如若两次采样值大于 ΔX，则本次采样值被视为无效，并选用上次采样值作为本次采样的替代值。

在此种滤波法应用过程中，偏差值 ΔX 的选取至关重要。在对温度、湿度和液位一类变化缓慢的物理参数进行采样时，本滤波方法可以很好地满足抗干扰要求。

5. 递推平均滤波(滑动平均滤波)

把 N 个测量数据排成一个队列，队列长度为 N，每进行一次新的测量，就把被测量结果放入队尾，先前的数据一次移位，从而把原来队首的一个数据扔掉，这样在队列中始终有 N 个最新的数据。计算滤波数值时，只要把队列中的 N 个数据进行平均，就可以得到新的滤波值。

该方法只需测量一次，就能得到当前的算术平均值。其既适用于测量速度较慢，又适用于要求数据计算速度较快的实时控制系统，对周期性干扰有良好的抑制作用，平滑度高，灵敏度低；但对偶然出现的脉冲性干扰的抑制作用差，不易消除由于脉冲干扰引起的采样值的偏差，因此其不适用于脉冲干扰严重的场合。

在数字滤波法中还有其他方法。如中值平均滤波（又称防脉冲干扰平均滤波），相当于“中值滤波”加“算术平均滤波”，即连续采样 N 个数据，去掉一个最大值和一个最小值，然后计算 $N-2$ 个数据的算术平均值。限幅平均滤波，相当于“限幅滤波法”加“递推平均滤波法”，每次采样到的新数据先进行限幅运算，再送入队列进行递推平均滤波处理。一阶滞后滤波，即指本次滤波结果等于$(1-a)$乘以本次采样值加 a 乘以上次滤波结果（a 是加权系数）等。

思考题

4.1　干扰进入计算机控制系统有哪几种途径？

4.2　如何抑制串模干扰和共模干扰？

4.3　抑制电源系统的干扰有哪几种途径？

4.4　如何抑制 PCB 板的辐射干扰？

4.5　简述看门狗技术的特点和作用。

4.6　数字滤波算法有哪几种？论述其优缺点。

第 5 章　数字控制器的模拟化设计

5.1　概　　述

近年来，脉冲技术、数字式元部件、数字计算机，特别是计算机的蓬勃发展，使得在控制系统中大量应用数字控制成为现实，计算机成为系统的核心。把计算机引入连续控制系统中作为控制器使用，便构成了计算机控制系统，图 5-1 为典型的计算机控制系统框图。

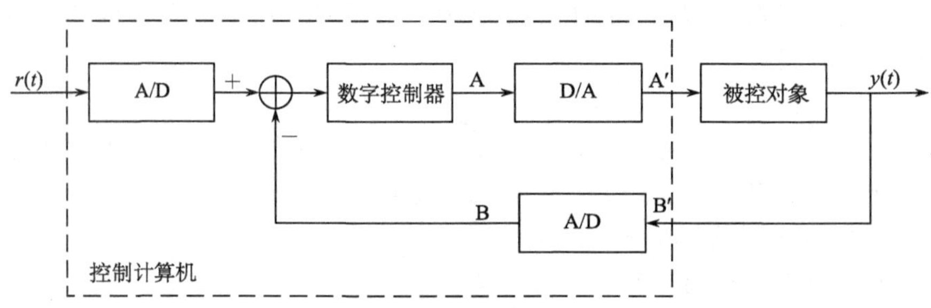

图 5-1　计算机控制系统框图

5.1.1　数字控制器的优点

数字控制器在许多场合取代了模拟控制器。数字控制器具有以下优点。

1. 一机多用

由于计算机运行速度快，而被控对象变化一般比较缓慢，因此，可以用一台计算机控制几个到十几个，甚至几十个回路，从而大大节省设备造价。

2. 控制算法灵活，便于在线修改控制方案

使用计算机控制不仅能实现经典的 PID 控制，而且还可以采用直接数字控制，如大林算法，以及最优控制等。即使采用常用的 PID 控制，也可以根据系统的需要进行算法的改进，增强控制的效果。

3. 可靠性高

由于计算机控制算法是用软件编写的一段程序，因此比用硬件组成的控制算法电路具有更高的可靠性，且系统维护简单。

4. 可改变调节品质，提高产品的产量和质量

由于计算机运行速度快，且计算机控制是严格按照某一特定规律进行的，不会由于人为的因素造成失调，因而使调节品质和产量都大为提高，从而提高了经济效益。

5. 便于实现控制与管理及通信相结合

使工业企业的自动化程度进一步提高，同时提高了生产安全，改善了工人的劳动条件。

5.1.2 数字控制器的设计方法

数字控制器是计算机控制系统的核心部分，是利用计算机软件编程完成特定的控制算法。控制算法通常以差分方程、脉冲传递函数、状态方程等形式表示。采用不同的控制算法，可以实现不同的控制作用，得到不同的控制性能。因此，只要改变控制算法，并改变相应的软件编程，就可以使计算机控制系统完成不同的控制目的。这一点是计算机控制系统优于传统模拟控制系统的一个重要方面。

数字控制器的设计方法通常有模拟化设计和离散化设计，数字控制器的模拟化设计技术是立足于模拟控制系统控制器的设计，然后在计算机上进行数字运算来实现的。数字控制器的模拟化设计是利用成熟的连续化设计方法事先设计其模拟控制器，然后再把它移植到计算机上予以实现，以达到满意的控制效果。模拟化设计方法就是基于模拟控制系统理论的数字控制器设计方法。

模拟化设计的基本思路：把整个控制系统看成是模拟系统，利用模拟系统的理论和方法进行分析和设计，使模拟控制系统满足性能指标要求，得到模拟控制器后，再通过某种近似，将模拟控制器离散化为数字控制器，并由计算机来实现。典型的计算机控制系统如图 5-1 所示。这种系统中既有连续信号，又有离散信号，可以称为混合系统。在这种系统中连续信号和离散信号通过 ADC 和 DAC 实现转换。

数字控制器的模拟化设计步骤如下。

(1)设计模拟控制器。

按给定对象和要求的性能指标，用连续系统的设计方法设计出模拟控制器 $D(s)$。

(2)选择合适的采样周期。

将 $D(s)$离散化后得到的 $D(z)$的控制性能会和 $D(s)$不一样，因为离散化过程必然会带来误差，且这种误差与采样周期有关。为了在离散化时不至于造成太大的误差，要求采样周期尽可能短，即采用模拟化设计方法时采样周期要小。

(3)将 $D(s)$离散化为 $D(z)$。

根据所选择的采样周期，用合适的离散化方法将 $D(s)$离散化为 $D(z)$。可以选择的离散化方法有双线性变换法、后向差分法和零极点配置法等。

(4)通过计算机仿真验证系统性能是否符合要求。

(5)选择合适的控制算法，编程实现控制功能。

5.1.3 数字 PID 控制器

根据被控对象的不同，其特性不同，为达到控制目的，需采用不同的控制规律。目前，在计算机控制系统中所采用的控制规律很多，如比例、积分、微分控制(PID 控制)、最少拍控制、史密斯预估控制、大林算法控制、前馈—反馈控制、解耦控制、最优控制、自适应控制、非线性控制、模糊控制和人工神经网络控制等。其中，PID 是控制系统中应用最广泛的一种控制规律。PID 控制器问世至今已有近 70 年历史，它以其结构简单、稳定性好、工作可靠、调整方便而成为工业控制的主要技术之一。当被控对象的结构和参数不能完全掌握，或得不到精确的数学模型时，控制理论的其他技术难以采用时，系统控制器的结构和参数必须依靠经验和现场调试来确定，这时应用 PID 控制技术最为方便。

在工业过程控制中，模拟 PID 控制器有电动、气动、液动等多种类型。这类模拟调节仪表是用硬件来实现 PID 控制规律的。那么将计算机引入控制领域，我们可以利用计算机软件来实现 PID 控制算法，它不仅可以实现模拟调节仪表的功能，而且可以延伸出更多的灵活的控制算法，我们统称为数字 PID 控制。

数字 PID 控制器，即用计算机实现 PID 控制，把模拟 PID 控制规律数字化，图 5-2 为一典型的模拟 PID 调节器。

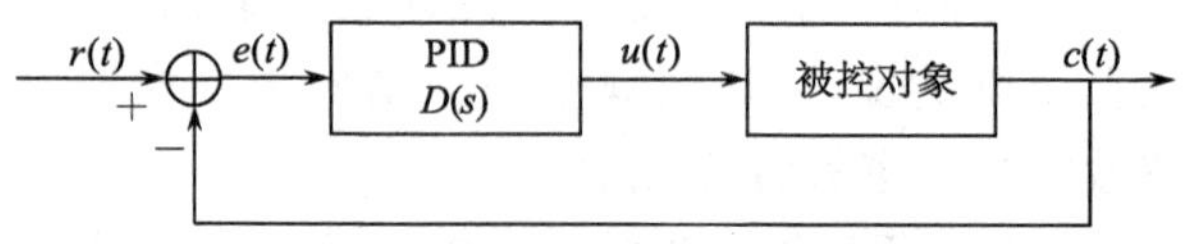

图 5-2　模拟调节器框图

在连续生产过程控制系统中，通常采用如图 5-3 所示的模拟 PID 控制结构。PID 控制是根据系统的误差 $e(t)$，利用比例、积分、微分计算出综合控制量 $u(t)$，对控制对象输出 $c(t)$ 实施控制的过程。PID 控制或调节器就是实现 PID 控制的校正环节和装置。

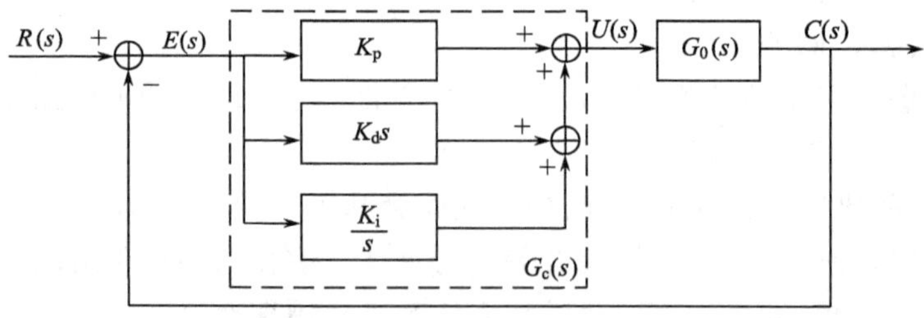

图 5-3　模拟 PID 控制结构框图

5.2　传递函数设计方法

5.2.1　传递函数定义

控制系统的微分方程是在时间域描述系统动态性能的数学模型，在给定外作用及初始条件下，求解微分方程可以得到系统的输出响应。这种方法比较直观，特别是借助于电子计算机可以迅速而准确地求得结果。但是如果系统的结构改变或某个参数变化时，就要重新列写并求解微分方程，不便于对系统进行分析和设计。

用拉氏变换法求解线性系统的微分方程时，可以得到控制系统的复数域中的数学模型——传递函数。传递函数不仅可以表征系统的动态性能，而且可以用来研究控制结构或参数变化对系统性能的影响。经典控制理论中广泛应用的频率法和根轨迹法就是以传递函数为基础建立起来的，传递函数是经典控制理论中最基本和最重要的概念。

传递函数的性质如下：

(1)系统的传递函数是一种数学模型，它是对线性微分方程在零初始条件下进行拉普拉斯变换得到的。系统的传递函数与输入输出间的关系由图 5-4 表示。

图 5-4　系统的输入输出与传递函数的关系

(2)传递函数与微分方程的相通性。传递函数分子多项式系数及分母多项式系数，分别与相应微分方程的右端及左端微分方程算符多项式系数相对应。故将微分方程的算符 $\mathrm{d}/\mathrm{d}t$ 用复数 s 置换便得到传递函数；反之，将传递函数多项式中的变量 s 用算符 $\mathrm{d}/\mathrm{d}t$ 置换便得到微分方程。例如，由传递函数

$$G(s)=\frac{C(s)}{R(s)}=\frac{b_1 s+b_2}{a_0 s^2+a_1 s+a_2} \tag{5-1}$$

可得 s 的代数方程

$$(a_0 s^2+a_1 s+a_2)C(s)=(b_1 s+b_2)R(s) \tag{5-2}$$

用微分算符 $\mathrm{d}/\mathrm{d}t$ 置换 s，便得到相应的微分方程

$$a_0\frac{\mathrm{d}^2}{\mathrm{d}t^2}c(t)+a_1\frac{\mathrm{d}}{\mathrm{d}t}c(t)+a_2 c(t)=b_1\frac{\mathrm{d}}{\mathrm{d}t}r(t)+b_2 r(t) \tag{5-3}$$

5.2.2　PID 控制器的传递函数设计

控制器的输出和控制器的输入(误差)之间的关系，在时域中可用如下公式表示：

$$u(t)=K_{\mathrm{p}}\left[e(t)+\frac{1}{T_{\mathrm{i}}}\int_0^t e(t)\mathrm{d}t+T_{\mathrm{d}}\frac{\mathrm{d}e(t)}{\mathrm{d}t}\right] \tag{5-4}$$

式中，K_{p} 是比例放大系数；T_{i} 是积分时间常数；T_{d} 为微分时间常数；$u(t)$是 t 时刻控制器的输出；$e(t)$是 t 时刻控制器的输入；$e(t)=r(t)-c(t)$，$r(t)$和 $c(t)$分别是 t 时刻系统的输入给定值和输出测量值。

对式(5-4)两端进行拉普拉斯变换，得到理想 PID 控制器的传递函数为

$$G_{\mathrm{c}}(s)=\frac{U(s)}{E(s)}=K_{\mathrm{p}}+\frac{K_{\mathrm{i}}}{s}+K_{\mathrm{d}}s \tag{5-5}$$

式中，$U(s)$和 $E(s)$分别为 $u(t)$和 $e(t)$的拉普拉斯变换；K_{p}、K_{i}、K_{d} 分别为控制器的比

例、积分、微分系数，与 PID 参数之间的关系如下：

$$T_d = \frac{K_d}{K_p}, \quad T_i = \frac{K_p}{K_i} \tag{5-6}$$

在式(5-5)中，第一项称为比例控制作用(Proportional Control)，第二项称为积分控制作用(Integral Control)，第三项称为微分控制作用(Derivative Control)，包含上述三项时称为比例积分微分控制作用。PID 控制器可认为是比例、积分、微分三种控制规律的组合，各自的特点如下：

1. 比例(P)控制

比例控制是一种最简单的控制方式。其控制器的输出与输入误差信号成比例关系，按比例反映系统的偏差，比例调节可以减少偏差。但由于调节方法单一，只能通过改变开环增益影响系统输出动态响应性能，即比例作用大，加快调节，降低稳态误差。但比例过大，系统稳定性下降，甚至会造成系统不稳定，故往往不能同时满足稳态和动态的要求。如图 5-5 所示，比例阶跃。

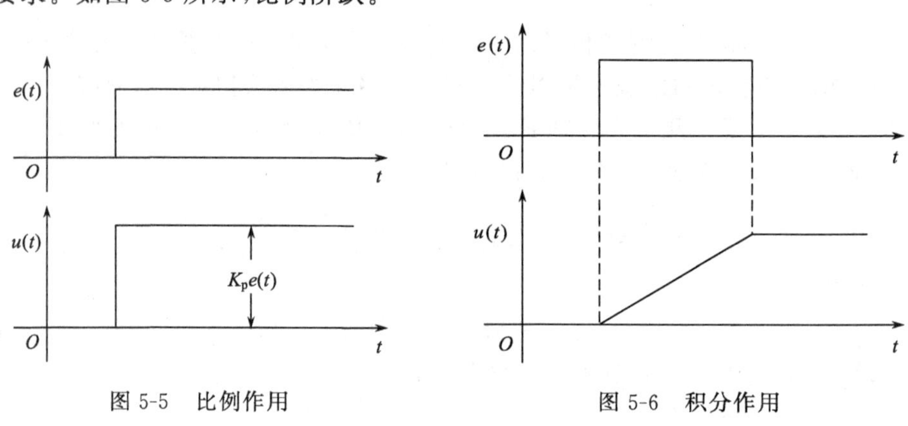

图 5-5　比例作用　　　图 5-6　积分作用

2. 积分(I)控制

在积分控制中，控制器的输出和输入误差信号的积分成正比关系，可使系统消除稳态误差，提高误差度。只要有误差存在，积分调节就不断进行，直至无差，积分调节停止，积分调节输出保持常值。积分作用的强弱取决于积分时间常数 T_i 值的大小，T_i 越小，积分作用越强。反之 T_i 越大则积分作用越弱，加入积分调节会使系统稳定性下降，动态响应变慢。所以，积分作用常与另两种控制规律结合，组成 PI 调节器或 PID 调节器以满足系统性能指标的综合要求。从频率特性角度看，积分或 PI 控制实质上相当于滞后校正作用，通常牺牲系统快速性而获得高的稳态性能。如图5-6所示，积分作用。

3. 微分(D)控制

在微分控制中，控制器的输出与输入误差信号的微分成正比关系。微分作用反映系统误差信号的变化率，具有预见性，能预见偏差变化的趋势，因此能产生超前的控制作用，在偏差还没有形成之前，已被微分调节作用消除。因此，可以显著改善系统的动态性能。微分时间常数 T_d 选择合适的情况下，能够有效降低超调，减小调节时间。应注意的是，微分作用对噪声干扰有放大作用，因此过强地加入微分调节，对系统抗干扰不利。此外，微分反映的是变化率，因而输入没有变化时，微分作用输出为零。微分作用不能单独使用，需要与另外两种调节规律相结合，组成PD或PID控制器。D和PD控制是通过提供具有超前相位的频率特性，以改善系统的稳定性和动态性能。如图5-7所示，微分作用。

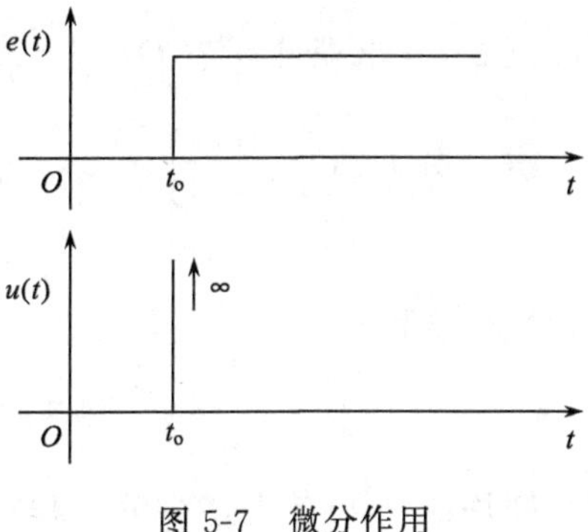

图 5-7 微分作用

5.3 离散化设计方法

将连续控制器 $D(s)$ 离散化为数字控制器 $D(z)$ 的方法有很多，后向差分法、前向差分法、冲激响应不变法、零极点匹配法、零阶保持法等。通过近似方法，把连续控制器离散化为数字控制器。

5.3.1 后向差分变换法

推导1：级数展开 $z=e^{sT}$，T 很小。

$$z=\frac{1}{e^{-sT}}\approx\frac{1}{1-sT} \tag{5-7}$$

得到

$$s=\frac{z-1}{Tz} \tag{5-8}$$

$$D(z)=D(s)\big|_{s=\frac{z-1}{Tz}} \tag{5-9}$$

推导2：用一阶后向差分近似代替微分。

微分控制器的控制规律为

$$u(t)=\frac{de(t)}{dt} \text{ 或 } D(s)=\frac{U(s)}{E(s)}=s$$

用后向差分近似表达式 $u(k)\approx\frac{e(k)-e(k-1)}{T}$ 代替微分控制规律，并对两边 Z 变换，得到

$$D(z)=\frac{U(z)}{E(z)}=\frac{z-1}{Tz}=D(s)\big|_{s=\frac{z-1}{Tz}} \tag{5-10}$$

从上式比较可以看出，令 $s=\frac{z-1}{Tz}$，可以将 $D(s)$ 变化为 $D(z)$。

例 5-1 求惯性环节 $D(s)=\frac{1}{T_1 s+1}$ 的差分方程。

解 由 $D(s)=\frac{U(s)}{E(s)}=\frac{1}{T_1 s+1}$,得

$$(T_1 s+1)U(s)=E(s)$$

化为微分方程

$$T_1 \frac{\mathrm{d}u(t)}{\mathrm{d}t}+u(t)=e(t)$$

以采样周期 T 离散上述微分方程得

$$T_1 \dot{u}(kT)+u(kT)=e(kT)$$

即

$$T_1 \dot{u}(k)+u(k)=e(k)$$

用一阶后向差分近似代替微分得

$$\dot{u}(k)=\frac{u(k)-u(k-1)}{T}$$

代入上式得

$$\frac{T_1}{T}[u(k)-u(k-1)]+u(k)=e(k)$$

整理得

$$u(k)=\frac{T_1}{T+T_1}u(k-1)+\frac{T}{T+T_1}e(k)$$

例 5-2 求环节 $D(s)=\frac{K}{s(T_1 s+1)}$ 的差分方程。

解 由 $D(s)=\frac{U(s)}{E(s)}$,有

$$s(T_1 s+1)U(s)=KE(s)$$

即

$$T_1 s^2 U(s)+sU(s)=KE(s)$$

化为微分方程

$$T_1 \ddot{u}(t)+\dot{u}(t)=Ke(t)$$

用一阶后向差分近似代替微分得

$$\dot{u}(t)=\frac{u(k)-u(k-1)}{T}$$

代入上式得

$$T_1 \frac{u(k)-2u(k-1)+u(k-2)}{T^2}+\frac{u(k)-u(k-1)}{T}=Ke(k)$$

最后得到

$$u(k)=\frac{T+2T_1}{T+T_1}u(k-1)-\frac{T_1}{T+T_1}u(k-2)+\frac{KT^2}{T+T_1}e(k)$$

5.3.2 双线性变换法

由 z 变换的定义可得 $z=\mathrm{e}^{sT}$，将该式用级数展开，得到双线性变换的表达式

$$z=\mathrm{e}^{sT}=\frac{\mathrm{e}^{\frac{sT}{2}}}{\mathrm{e}^{-\frac{sT}{2}}}=\frac{1+\frac{sT}{2}+\cdots}{1-\frac{sT}{2}+\cdots}\approx\frac{1+\frac{sT}{2}}{1-\frac{sT}{2}} \tag{5-11}$$

由上式得 $s=\frac{2}{T}\frac{z-1}{z+1}$，于是用双线性变换法将 $D(s)$ 变换为 $D(z)$ 的公式为

$$D(z)=D(s)\Big|_{s=\frac{2}{T}\frac{z-1}{z+1}} \tag{5-12}$$

也可以利用梯形法数值积分来实现双线性变换：

$$u(t)=\int_0^t e(t)\mathrm{d}t \tag{5-13}$$

积分控制器

$$D(s)=\frac{U(s)}{E(s)}=\frac{1}{s} \tag{5-14}$$

利用梯形法 $u(k)=u(k-1)+\frac{T}{2}[e(k)+e(k-1)]$，对两边求 Z 变换：

$$U(z)=z^{-1}U(z)+\frac{T}{2}[E(z)+z^{-1}E(z)] \tag{5-15}$$

$$D(z)=\frac{U(z)}{E(z)}=\frac{T}{2}\frac{1+z^{-1}}{1-z^{-1}}=\frac{1}{\frac{2}{T}\frac{z-1}{z+1}}=D(s)\Big|_{s=\frac{2}{T}\frac{z-1}{z+1}} \tag{5-16}$$

例 5-3 已知某连续传递函数 $D(s)=\frac{s+0.5}{(s+1)^2}$，试用双线性变换法求出相应的数字脉冲传递函数 $D(z)$，其中 $T=1\mathrm{s}$。

解 由式(5-12)或式(5-16)可得

$$D(z)=\frac{\frac{2}{T}\frac{1-z^{-1}}{1+z^{-1}}+0.5}{\left(\frac{2}{T}\frac{1-z^{-1}}{1+z^{-1}}+1\right)^2}$$

$$T=\frac{2(1-z^{-1})(1+z^{-1})+0.5(1+z^{-1})^2}{[2(1-z^{-1})+(1+z^{-1})]^2}$$

$$=\frac{2.5+z^{-1}-1.5z^{-2}}{9-6z^{-1}+z^{-2}}=\frac{0.278(1+0.4z^{-1}-0.6z^{-2})}{1-0.667z^{-1}+0.111z^{-2}}$$

5.3.3 零阶保持器法

零阶保持器法，又称阶跃响应不变法，其基本思想是：离散近似后的数字控制器的阶跃响应序列，必须与模拟调节器的阶跃响应的采样值相等，即

$$D(z)\frac{1}{1-z^{-1}}=Z\left[D(s)\frac{1}{s}\right] \tag{5-17}$$

$$D(z)=(1-z^{-1})Z\left[\frac{D(s)}{s}\right] \tag{5-18}$$

$$D(z)=Z\left[\frac{1-\mathrm{e}^{-Ts}}{s}D(s)\right]=Z[H(s)D(s)] \tag{5-19}$$

式中，$H(s)$即式$\frac{1-\mathrm{e}^{-Ts}}{s}$称为零阶保持器，$T$为采样周期。

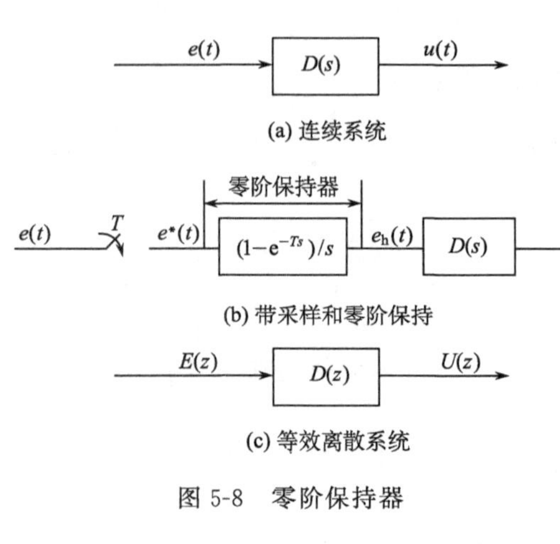

图 5-8 零阶保持器

零阶保持器的物理解释如图 5-8 所示。

上述$D(z)$是用计算机实现的算式。由于计算机只能处理离散数字信号，因此，输入信号必须经过 A/D 转换器对$e(t)$进行采样$e^*(t)$，然后需经过保持器$H(s)$将此离散信号变成近似$e(t)$的信号$e_{\mathrm{h}}(t)$，即$e_{\mathrm{h}}(t)$才等效于$e(t)$，才能加到$D(s)$上去。所以，用$D(z)$近似$D(s)$求Z变换的表达式时，不能简单地只将$D(s)$进行Z变换，而应包括$H(s)$在内，即$D(z)=Z[H(s)D(s)]$。

例 5-4 用零阶保持器求惯性环节$D(s)=\frac{1}{T_1s+1}$的差分方程。

解 由式(5-19)，有

$$\begin{aligned}D(z)&=Z\left[\frac{1-\mathrm{e}^{-Ts}}{s}\frac{1}{T_1s+1}\right]=(1-z^{-1})Z\left[\frac{1}{s(T_1s+1)}\right]\\&=(1-z^{-1})Z\left[\frac{1}{s}-\frac{1}{s+\frac{1}{T_1}}\right]=(1-z^{-1})\left[\frac{1}{1-z^{-1}}-\frac{1}{1-\mathrm{e}^{-\frac{T}{T_1}}z^{-1}}\right]\\&=\frac{(1-\mathrm{e}^{-\frac{T}{T_1}})z^{-1}}{1-\mathrm{e}^{-\frac{T}{T_1}}z^{-1}}\end{aligned}$$

所以

$$D(z)=\frac{U(z)}{E(z)}=\frac{(1-\mathrm{e}^{-\frac{T}{T_1}})z^{-1}}{1-\mathrm{e}^{-\frac{T}{T_1}}z^{-1}}$$

整理得

$$u(k) = \mathrm{e}^{-\frac{T}{T_1}} u(k-1) + (1 - \mathrm{e}^{-\frac{T}{T_1}}) e(k-1)$$

5.3.4 数字 PID 算法

实际控制过程中，并非 P、I、D 三种控制规律都同时采用，而往往要根据系统性能指标的具体要求采用不同组合校正方式，如 PI、PD、PID 等。

由于计算机是一种采样控制系统，它只能根据采样时刻的偏差值计算控制量。因此，为了使计算机能实现式(5-4)，必须将其离散化，用离散的差分方程来代替连续系统的微分方程。

连续的时间离散化，即

$$t = kT \quad (k = 0,1,2,\cdots,n)$$

积分用累加求和近似得

$$\int_0^t e(t)\mathrm{d}t = \sum_{i=0}^{k} e(i)T = T\sum_{i=0}^{k} e(i) \tag{5-20}$$

微分用一阶后向差分近似得

$$\frac{\mathrm{d}e(t)}{\mathrm{d}t} \approx \frac{e(k) - e(k-1)}{T} \tag{5-21}$$

式中，T 为采样周期；$e(k)$ 为系统第 k 次采样时刻偏差值；$e(k-1)$ 为系统第 $(k-1)$ 次采样时刻偏差值；k 为采样序列号，$k=0,1,2,\cdots$。

所以，模拟控制算法可采用下列转换公式，近似得到数字化的控制算法。

$$\begin{cases} \int_0^t e(t)\mathrm{d}t = T\sum_{i=0}^{k} e(i) \\ \frac{\mathrm{d}e(t)}{\mathrm{d}t} = \frac{e(k) - e(k-1)}{T} \end{cases} \tag{5-22}$$

将式(5-20)和式(5-21)代入式(5-4)，则可得到离散的 PID 表达式

$$u(k) = K_p\left\{e(k) + \frac{T}{T_i}\sum_{j=0}^{k} e(j) + \frac{T_d}{T}[e(k) - e(k-1)]\right\} \tag{5-23}$$

如果采样周期 T 取得足够小，该算式可以很好的逼近模拟 PID 算式，因而使被控过程与连续控制过程十分接近。数字 PID 控制器的结构图如图 5-9 所示。

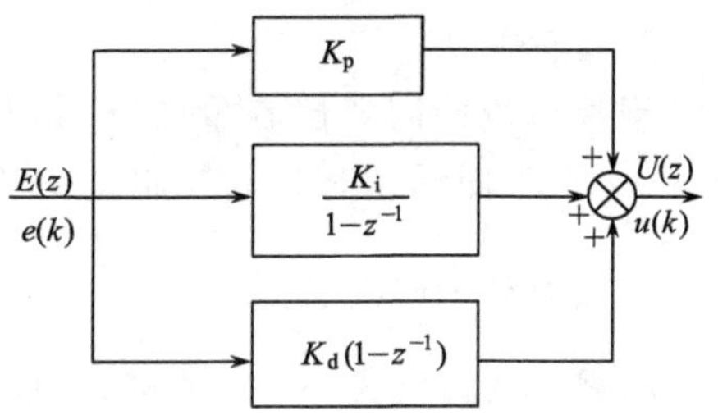

图 5-9 数字 PID 控制器的结构图

根据模拟 PID 控制算法，数字 PID 控制算法有以下三种。

1. 位置型算法

模拟调节器的调节动作是连续的，任何瞬

间的输出控制量都对应于执行机构(如调节阀)的位置。由式(5-23)可知,数字控制器的输出控制量也和阀门位置对应,故称此式为位置型算式(简称位置式)。图 5-10 给出了位置式 PID 系统示意图。

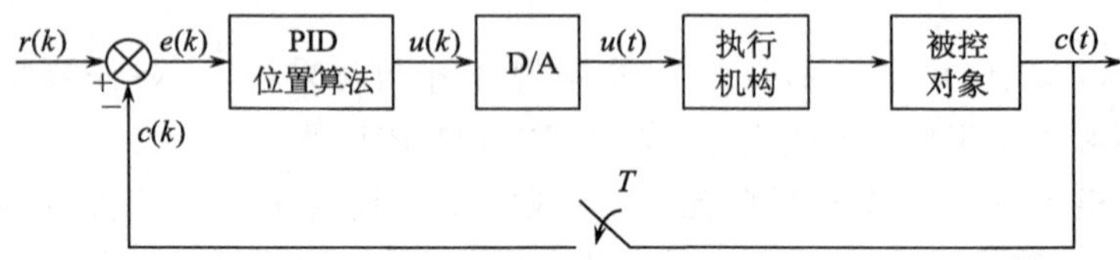

图 5-10 位置式 PID 系统示意图

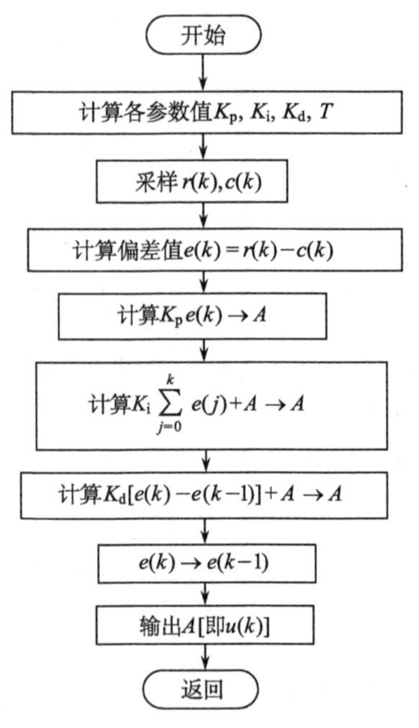

图 5-11 位置式 PID 控制算法程序流程图

这种算法的缺点是,由于全量输出,所以每次输出均与过去的状态有关,计算时要对 $e(k)$ 进行累加,计算机运算工作量大。而且,因为计算机输出的 $u(k)$ 对应的是执行机构的实际位置,如计算机故障,$u(k)$ 的大幅度变化,会引起执行机构位置的大幅度变化,这种情况往往是生产实践中不允许的,在某些场合,还可能造成重大的生产事故,因而产生增量式 PID 控制算法。所谓的增量式 PID 是指数字控制器的输出只是控制量的增量 $\Delta u(k)$。图 5-11 给出了位置式 PID 控制算法程序流程图。

位置型算法控制器的输出为

$$u(k)=K_p\left[e(k)+\frac{T}{T_i}\sum_{j=0}^{k}e(j)+T_d\frac{e(k)-e(k-1)}{T}\right]$$

$$=K_pe(k)+K_i\sum_{j=0}^{k}e(j)+K_d[e(k)-e(k-1)] \tag{5-24}$$

式中,$K_i=\dfrac{K_pT}{T_i}$,$K_d=\dfrac{K_pT_d}{T}$。

2. 增量算法

当执行机构需要控制量的增量(如驱动步进电机)时,根据式 5-23,我们不难得到第 $k-1$ 个采样周期时刻的控制量 $u(k-1)$,即

$$u(k-1)=K_p\left\{e(k-1)+\frac{T}{T_i}\sum_{j=0}^{k-1}e(j)+\frac{T_d}{T}[e(k-1)-e(k-2)]\right\} \tag{5-25}$$

将式(5-23)与式(5-25)相减,可以得到第 k 个采样时刻控制量的增量,其表达式为

$$\Delta u(k)=K_p[e(k)-e(k-1)]+K_ie(k)+K_d[e(k)-2e(k-1)+e(k-2)]$$

$$=K_p\Delta e(k)+K_ie(k)+K_d[e(k)-2e(k-1)+e(k-2)] \tag{5-26}$$

由于式(5-26)中，$\Delta u(k)$对应于第 k 个采样时刻阀门位置的增量，故称此式为增量式，因此，第 k 个采样时刻的实际控制量为

$$\Delta u(k) = u(k) - u(k-1)$$

为了编写程序方便，我们将式(5-26)改写为

$$\Delta u(k) = a_0 e(k) - a_1 e(k-1) + a_2 e(k-2) \tag{5-27}$$

式中

$$a_0 = K_p\left(1 + \frac{T}{T_i} + \frac{T_d}{T}\right)$$

$$a_1 = K_p\left(1 + 2\frac{T_d}{T}\right)$$

$$a_2 = K_p\frac{T_d}{T}$$

图 5-12 给出了增量式 PID 控制系统框图。

图 5-13 给出了增量式 PID 控制系统流程图。

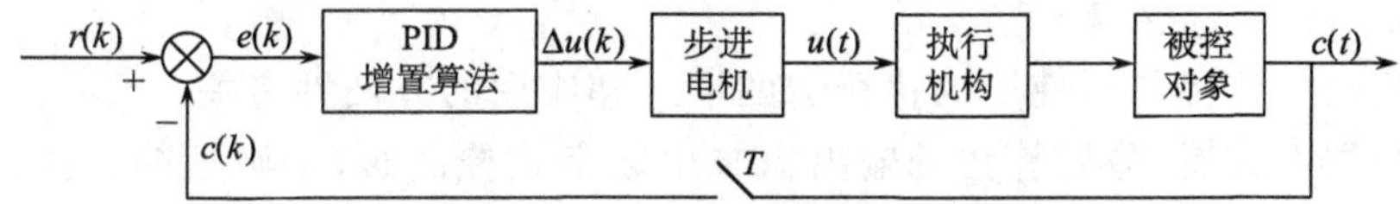

图 5-12　增量式 PID 控制系统框图

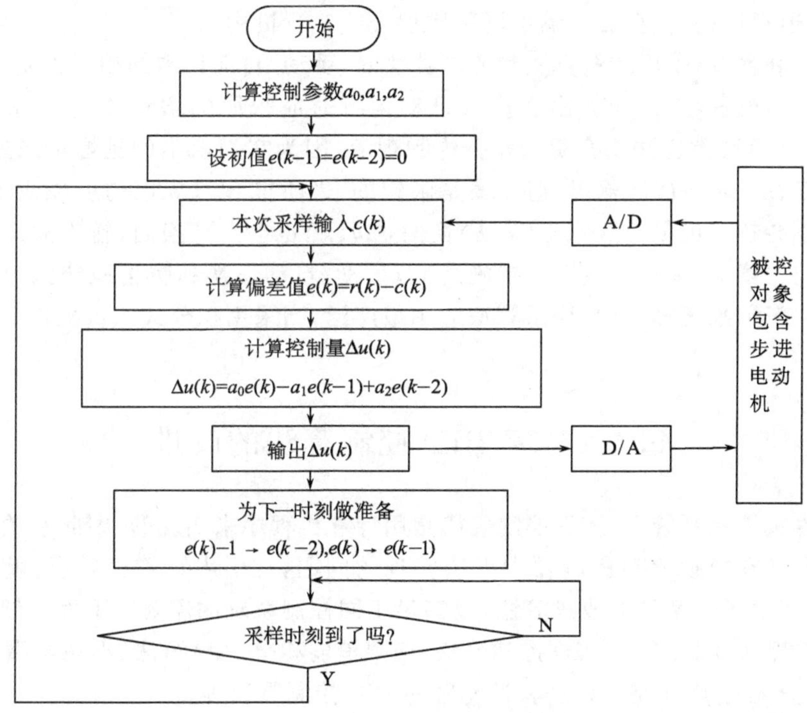

图 5-13　增量式 PID 控制算法流程图

增量型 PID 控制仅仅是算法设计上的改进,它并没有改变位置型算法的本质。即它仍然反映执行机构的位置开度。如果希望输出控制量的增量,则必须采用具有保持位置功能的执行机构。例如,采用步进电机作为执行机构,可以将输出变换成驱动脉冲,驱动步进电机从历史位置正转或反转若干的角度。这种控制方式在系统出现故障或系统切换时,引起的冲击较小,对系统执行机构的磨损也较小。

3. 速度算法

除了上述两种控制算法外,还有一种被称为速度式的控制算法,它采用位置式的导数形式。增量输出与采样周期之比的表达式为

$$v(k)=\frac{\Delta u(k)}{T}$$

根据式(5-26),求得速度式表达式为

$$v(k)=\frac{K_p}{T}\Delta e(k)+\frac{K_p}{T_i}e(k)+\frac{K_pT_d}{T^2}[e(k)-2e(k-1)+e(k-2)] \quad (5\text{-}28)$$

式中,$\Delta e(k)=e(k)-e(k-1)$。

三种算法的选择与所使用的执行器的形式和应用的方便性有关。

从执行器形式看,位置算法的输出除非用数字式控制阀,否则不能直接连接,一般需经过模数(D/A)转换,化为模拟量,并经保持电路,使输出信号保持到下一个采样周期输出信号到来时为止;增量算法的输出可通过步进电机等具有零阶保持特性的累积机构,化为模拟量;速度算法的输出需采用积分式执行机构。

从应用利弊看,采用增量算法和速度算法时,手动/自动切换都相当方便,可从手动时的 $u(k-1)$ 出发,直接计算出在投入自动运行时应采取的增量 $\Delta u(k)$ 或变化速度 $v(k)$。同时,这两类算法不会引起积分饱和现象,因为它们求出的是增量或速度,即使偏差长期存在,Δu 一次次输出,但 u 值是限幅的,即不能超过规定的上限或下限,所以执行器也不会超出极限位置;一旦 $e(k)$ 换向,$\Delta u(k)$ 也会立即换向,输出立即脱离上下限。对于位置算法,加入一些必要措施之后,手动/自动切换和防止积分饱和问题也会得到解决。三种数字算法中,增量算法应用最广泛,当采用积分式执行机构时才会采用速度算法。

5.4 数字 PID 控制算法的改进

在计算机控制系统中,PID 控制规律是用计算机程序来实现的,因此它的灵活性很大。一些原来在模拟 PID 控制器中无法实现的问题,在引入计算机以后,就可以得到解决,于是产生了一系列的改进算法,以满足不同控制系统的需要。下面介绍几种数字 PID 的改进算法:积分分离 PID 控制算法、遇限消弱积分 PID 算法、不完全微分 PID 控制算法、微分先行 PID 控制算法和带死区的 PID 控制算法等。

5.4.1 积分部分的优化

在自动控制系统中，当给定值突变、负载突变或系统启动和停机时，会使系统的偏差较大，在积分项的作用下，往往会产生较大的超调，并出现长时间的波动。这不是自动控制所希望看到的。积分作用是为了消除稳态误差，提高控制精度，但过大的积分作用会恶化系统动态性能。

让我们一起来分析一下产生超调的原因：当系统出现较大偏差时，通过位置型 PID 算法，计算机得到的控制量会急剧增大或减小，以致超过了 D/A 转换器所能表示的数的范围，从而使执行机构工作在极限状态(如调节阀的全开或全关)。

此时虽然 PID 计算得到的控制量在不断变化，但由于执行机构已经处于极限状态，所以不会出现相应动作，从而使控制作用减缓，这样就会使偏差在更长的时间内保持正值，因而积分项有较大的累积值。当输出量超过给定值后，偏差开始变为负值，但由于积分累积值很大，需要经过相当的一段时间才能使执行机构离开极限位置。这样使控制效果变得缓慢。这种现象通常称为积分饱和现象，对于这种现象，我们可以通过以下方法解决。

1. 积分分离 PID 算法

在前面的分析中可以知道，当系统有较大的扰动或给定值有大幅度改变时，积分作用会对系统的动态性能造成影响，特别是对具有大滞后的被控对象，如对温度、成分等的控制系统，这种现象更为严重。为此，我们介绍解决积分饱和问题的一种方法—积分分离措施，其主要思想是当偏差较大时，取消积分作用；当偏差较小时，使用积分作用。引进积分分离 PID 控制算法，该方法解决常规 PID 控制的较大超调和长时间振动问题。即在偏差较大时，取消积分项的作用；而偏差较小时，积分项投入。其具体实现过程如下。

(1) 根据实际情况，人们设定一阈值 $\varepsilon>0$。

(2) 当 $|e(k)|>\varepsilon$ 时，也即偏差值 $|e(k)|$ 比较大时，采用 PD 控制，可避免过大的超调，又使系统有较快的响应。

(3) 当 $|e(k)|\leqslant\varepsilon$ 时，也即偏差值 $|e(k)|$ 比较小时，采用 PID 控制，可保证系统的控制精度。

写成计算公式，可在积分项乘一个系数 K_1，K_1 按式(5-29)取值。

在此，我们引入开关函数：

$$K_1=\begin{cases}1, & e(k)\leqslant\varepsilon\\0, & e(k)>\varepsilon\end{cases}\tag{5-29}$$

以位置式PID算式(5-23)为例，写成积分分离形式即为

$$u(k)=K_p\left\{e(k)+K_1\frac{T}{T_i}\sum_{j=0}^{k}e(j)+\frac{T_d}{T}[e(k)-e(k-1)]\right\} \tag{5-30}$$

下面我们进一步推导积分分离PID的具体算法及程序框图。

当$|e(k)|>\varepsilon$时，即$K_1=0$，进行PD控制，PD控制算法为

$$\begin{aligned}u(k)&=K_p\left\{e(k)+\frac{T_d}{T}[e(k)-e(k-1)]\right\}\\&=K_p\left(1+\frac{T_d}{T}\right)e(k)-K_p\frac{T_d}{T}e(k-1)\\&=a'_0e(k)-a'_1e(k-1)=a'_0e(k)-f(k-1)\end{aligned} \tag{5-31}$$

式中

$$a'_0=K_p\left(1+\frac{T_d}{T}\right)$$

$$a'_1=K_p\frac{T_d}{T}$$

$$f(k-1)=a'_1e(k-1)\text{或}f(k)=a'_1e(k)$$

当$|e(k)|\leqslant\varepsilon$时，即$K_1=1$，进行PID控制，PID控制算法采用增量式PID控制算法，如式(5-27)，即

$$\Delta u(k)=u(k)-u(k-1)=a_0e(k)-a_1e(k-1)+a_2e(k-2)$$

$$\begin{aligned}u(k)&=a_0e(k)+u(k-1)-a_1e(k-1)+a_2e(k-2)\\&=a_0e(k)+g(k-1)\end{aligned} \tag{5-32}$$

式中

$$a_0=K_p\left(1+\frac{T}{T_i}+\frac{T_d}{T}\right)$$

$$a_1=K_p\left(1+2\frac{T_d}{T}\right)$$

$$a_2=K_p\frac{T_d}{T}$$

$$g(k-1)=u(k-1)-a_1e(k-1)+a_2e(k-2)$$

或

$$g(k)=u(k)-a_1e(k)+a_2e(k-1)$$

根据式(5-31)和式(5-32)编写计算机控制程序，其程序框图如图5-14所示。

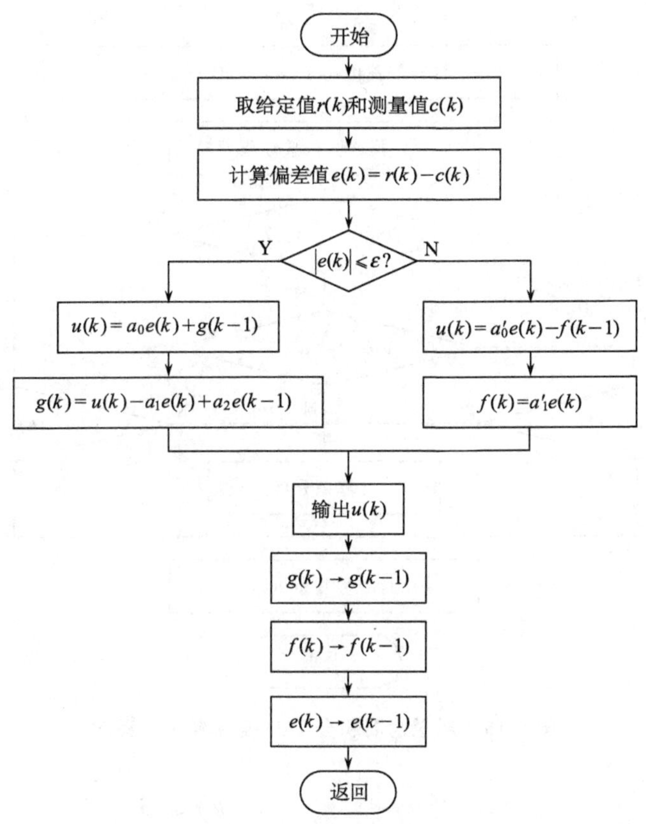

图 5-14　积分分离 PID 控制算法程序框图

2. 遇限消弱积分 PID 控制算法

积分分离 PID 控制算法在开始时不积分，而遇限消弱积分 PID 控制算法则正好与之相反，一开始就积分，进入限制范围后即停止积分。遇限消弱积分法 PID 控制的基本思想是：当控制进入饱和区以后，便不再进行积分项的累加，而只执行消弱积分的运算。因而，在计算 $u(k)$ 时先判断 $u(k-1)$ 是否已超出限制范围。若 $u(k-1)>u_{\max}$，则只累加负偏差；若 $u(k-1)<u_{\min}$，则只累加正偏差。遇限消弱积分 PID 控制算法的程序框图如图 5-15 所示。这种算法可以避免控制量长时间停留在饱和区。

3. 变速积分 PID 控制算法

根据偏差大小设置积分系数，在偏差小时增大积分系数，在偏差大时降低积分系数。变速积分 PID 控制积分项的表达式为

$$u_{\mathrm{i}}(k)=K_{\mathrm{i}}\left\{\sum_{j=0}^{k-1}e(j)+f[e(k)]e(k)\right\} \tag{5-33}$$

式中，$f[e(k)]$ 是可变的积分系数，可设为

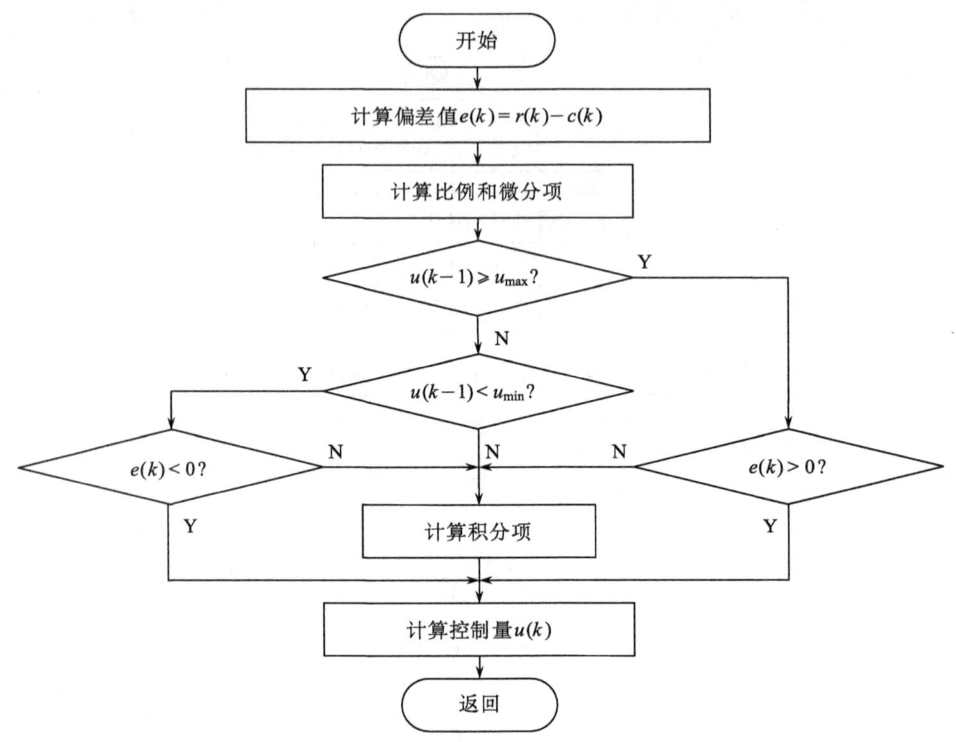

图 5-15　遇限消弱积分 PID 控制算法流程图

$$f[e(k)]=\begin{cases}1, & e(k)\leqslant B\\ \dfrac{A+B-|e(k)|}{A}, & B<|e(k)|\leqslant A+B\\ 0, & |e(k)|>A+B\end{cases}\tag{5-34}$$

4. 消除积分不灵敏区

在 PID 数字控制器增量式(5-26)中，积分作用的输出为

$$\Delta u_{\mathrm{i}}(k)=K_{\mathrm{p}}\frac{T}{T_{\mathrm{i}}}e(k)\tag{5-35}$$

由于计算机字长的限制，当运算结果小于字长所能表示的精度时，计算机就作为“零”将此数丢掉。从式(5-35)可知，当计算机的运算字长较短、控制系统采样周期 T 较小、积分时间常数较大时，就会出现小于字长所能表示的精度而使数据丢失，此时就没有积分作用，称为积分不灵敏区。

以一个计算机控制系统为例，假设温度量程为从室温 20℃到 1500℃，整个温差为 1500℃－20℃＝1480℃。A/D 转换精度为 12 位，并采用定点运算。在式(5-35)中，假设 $K_{\mathrm{p}}=1$，$T_{\mathrm{i}}=15\mathrm{s}$，$T=0.2\mathrm{s}$，可以计算出当 $\Delta u_{\mathrm{i}}(k)=1$ 时，对应的 $e(k)$值，即

$$e(k)=\frac{\Delta u_{\mathrm{i}}(k)T_{\mathrm{i}}}{TK_{\mathrm{p}}}\times\frac{1480}{4095}=27℃$$

这里，$4095=2^n-1$。这就意味着只有当偏差超过 27℃时，积分控制才会起作用。这样，本来靠积分控制消除残差的指望就无法实现。

解决问题的办法是：增加 A/D、D/A 转换位数，加长运算字长；当积分项 $\Delta u_i(k)$ 连续 n 次小于输出字长精度时，不要把它们作为“零”舍弃，而是把它们累加起来，即

$$S_i=\sum_{j=0}^{n}\Delta u(j) \tag{5-36}$$

当 S_i 大于字长精度后，才输出 S_i，同时把累加单元清零，这样可以确保消除残差。

5.4.2 微分部分的优化

PID 控制中，微分作用是扩大稳定域，改善系统动态性能，因此一般不要轻易去掉微分作用。采用计算机控制我们可以很方便地得到理想微分作用，但实践表明，理想微分的效果并不理想。尤其是对于具有高频扰动的生产过程，若微分作用过于灵敏，容易引起控制过程振荡。另外，计算机控制系统中，计算机对每个控制回路输出的时间都很短暂，而驱动执行机构动作需要一定的时间，如果输出较大，执行机构还没有达到预期的开度，输出将会失真。

1. 不完全微分 PID 控制算法

为了解决这个问题，又要使 PID 有微分调节的作用，在此引入不完全微分的 PID 算法。其基本的思想就是，在计算机控制系统中利用一个一阶惯性环节加微分作用代替理想微分项，如图 5-16 所示。

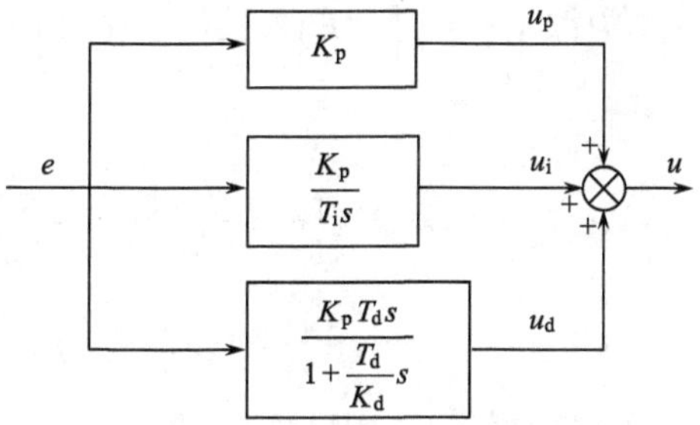

图 5-16 实际微分 PID 控制框图

不完全微分的 PID 传递函数为

$$\frac{U(s)}{E(s)}=K_p\left[1+\frac{1}{T_i s}+\frac{T_d s}{1+\frac{T_d}{K_d}s}\right] \tag{5-37}$$

将式(5-37)改写为

$$\begin{cases}P(s)=P_{pi}(s)+P_d(s)\\ P_{pi}(s)=K_p\left[1+\frac{1}{T_i s}\right]E(s)\\ P_d(s)=K_p\frac{T_d s}{1+\frac{T_d}{K_d}s}E(s)\\ P_{pi}(k)=K_p\left[e(k)+\frac{T}{T_i}\sum_{i=0}^{k}e(i)\right]\end{cases} \tag{5-38}$$

将微分部分化成微分方程

$$\frac{T_d}{K_d}\frac{dP_d(t)}{dt}+P_d(t)=K_pT_d\frac{de(t)}{dt} \tag{5-39}$$

将微分项化为差分项

$$\frac{T_d}{K_d}\frac{P_d(k)-P_d(k-1)}{T}+P_d(k)=K_pT_d\frac{e(k)-e(k-1)}{T} \tag{5-40}$$

$$P_d(k)=\frac{\frac{T_d}{K_d}}{\frac{T_d}{K_d}+T}P_d(k-1)+\frac{T_dK_p}{\frac{T_d}{K_d}+T}[e(k)-e(k-1)]$$

令

$$A=\frac{T_d}{K_d}+T,\quad B=\frac{\frac{T_d}{K_d}}{\frac{T_d}{K_d}+T}$$

$$P_d(k)=BP_d(k-1)+\frac{T_dK_p}{A}[e(k)-e(k-1)]$$

不完全微分的 PID 位置算式为

$$P(k)=K_p\left[e(k)+\frac{T}{T_i}\sum_{i=0}^{k}e(i)\right]+\frac{T_dK_p}{A}[e(k)-e(k-1)]+BP_d(k-1) \tag{5-41}$$

$$P(k-1)=K_p\left[e(k-1)+\frac{T}{T_i}\sum_{i=0}^{k-1}e(i)\right]+\frac{T_dK_p}{A}[e(k-1)-e(k-2)]+BP_d(k-2)$$

不完全微分的 PID 增量式为

$$\Delta P(k)=K_p[e(k)-e(k-1)]+K_p\frac{T}{T_i}e(k)+\frac{T_dK_p}{A}[e(k)-2e(k-1)+e(k-2)]+B[P_d(k-1)-P_d(k-2)] \tag{5-42}$$

实际微分的离散化，T_f 为一阶惯性环节的时间常数

$$G(z)=\frac{U(z)}{E(z)}\approx G(s)\big|_{s=\frac{1-z^{-1}}{T}} \tag{5-43}$$

$$=K_p\frac{1}{1+T_f\frac{1-z^{-1}}{T}}\left[1+\frac{T}{T_i(1-z^{-1})}+\frac{T_d(1-z^{-1})}{T}\right]$$

$$=\frac{1}{1-z^{-1}}\frac{K_pT}{(T+T_f)-T_fz^{-1}}\left[\left(1+\frac{T}{T_i}+\frac{T_d}{T}\right)-\left(1+2\frac{T_d}{T}\right)z^{-1}+\frac{T_d}{T}z^{-2}\right]$$

$$[(T+T_f)-T_fz^{-1}]\Delta U(z)=K_pT\left[\left(1+\frac{T}{T_i}+\frac{T_d}{T}\right)-\left(1+2\frac{T_d}{T}\right)z^{-1}+\frac{T_d}{T}z^{-2}\right]E(z)$$

差分形式

$$\begin{cases}\Delta u(k)=C_1\Delta u(k-1)+C_2e(k)-C_3e(k-1)+C_4e(k-2)\\ u(k)=u(k-1)+\Delta u(k)\end{cases}$$

式中

$$C_1=\frac{T_\mathrm{f}}{T+T_\mathrm{f}}$$

$$C_2=\frac{K_\mathrm{p}T}{T+T_\mathrm{f}}\left(1+\frac{T}{T_\mathrm{i}}+\frac{T_\mathrm{d}}{T}\right)$$

$$C_3=\frac{K_\mathrm{p}T}{T+T_\mathrm{f}}\left(1+2\frac{T_\mathrm{d}}{T}\right)$$

$$C_4=\frac{K_\mathrm{p}T_\mathrm{d}}{T+T_\mathrm{f}}$$

如图 5-17 所示，完全微分 PID 控制的微分部分仅在第一个周期内有较大的输出，对执行机构产生很大冲击，且易引入高频干扰。不完全微分 PID 控制的微分部分产生的输出能持续几个采样周期。

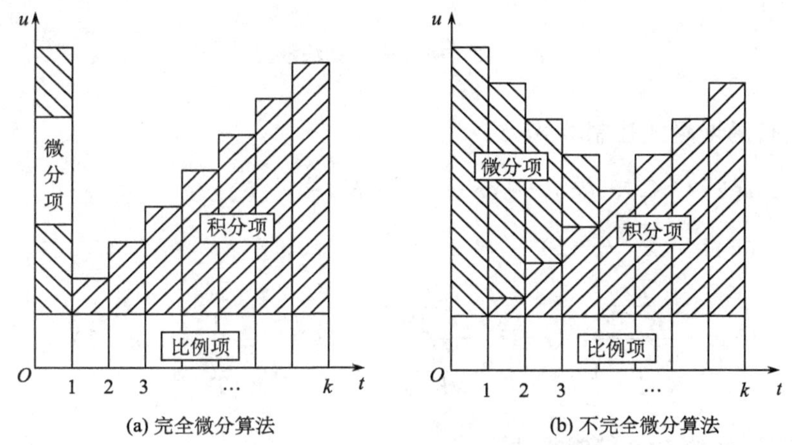

图 5-17　两种微分 PID 控制作用的阶跃响应

不完全微分 PID 和完全微分 PID 对比如下。

(1) 完全微分 PID 算法的微分作用仅局限于一个采样周期有一个大幅度的输出，在实际使用中这会产生两方面的问题。一是控制输出可能超过执行机构或 D/A 转换上下限，二是执行机构的响应速度可能跟不上，无法在短时间内跟踪这种较大的微分输出。这样，在大的干扰作用情况下，一方面会使算法中的微分不能充分发挥作用，另一方面也会对执行机构产生一个大的冲击作用。相反地，不完全微分 PID 算法由于惯性滤波的存在，使微分作用可持续多个采样周期，有效地避免了上述问题的产生，因而具有更好的控制性能。

(2) 由于微分对高频信号具有放大作用,采用理想微分容易在系统中引入高频干扰,引起执行机构的频繁动作,降低机构的使用寿命。而不完全微分 PID 算法中包含有一阶惯性环节,具有低通滤波的能力,抗干扰能力较强。

2. 微分先行 PID 控制算法

微分先行控制算法的结构如图 5-18 所示,其特点是只对输出量 $c(t)$ 进行微分,而对给定值 $r(t)$ 不作微分。这样,在改变给定值时,输出不会改变,而被控量的变化,通常总是比较缓和的。这种输出量先行微分控制适用于给定值 $r(t)$ 频繁升降的场合,可以避免给定值升降时引起的系统振荡,明显地改善了系统的动态性能。

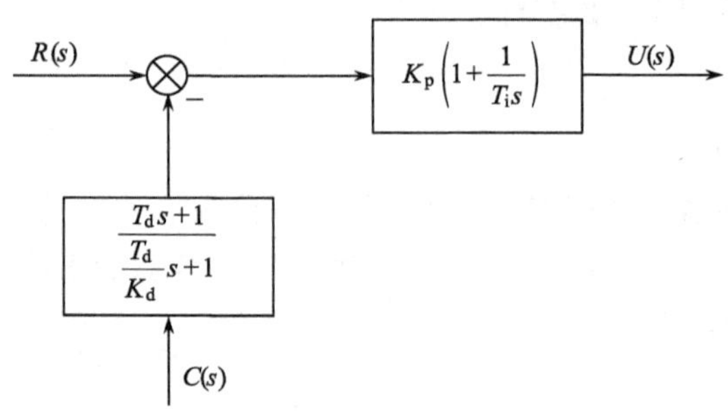

图 5-18 微分先行算法框图

微分先行的增量式控制算式为

$$\Delta u(k)=K_p[e'(k)-e'(k-1)]+K_p\frac{T}{T_i}e'(k) \tag{5-44}$$

$$e'(k)=r(k)-c'(k)$$

$$c'(k)=\frac{\frac{T_d}{K_d T}}{\frac{T_d}{K_d T}+1}c'(k-1)+\frac{\frac{T_d}{T}+1}{\frac{T_d}{K_d T}+1}c(k)-\frac{\frac{T_d}{T}}{\frac{T_d}{K_d T}+1}c(k-1)$$

5.4.3 带有死区的 PID 控制算法

在计算机控制系统中,某些系统为了避免控制动作的过于频繁,消除由于频繁动作所引起的振荡,若系统允许一定的稳态误差,则在偏差 $e(k)$ 很小时,可以不用采取控制措施,避免执行机构动作过于频繁,引起磨损。可采用带死区的 PID 控制,如图 5-19 所示。

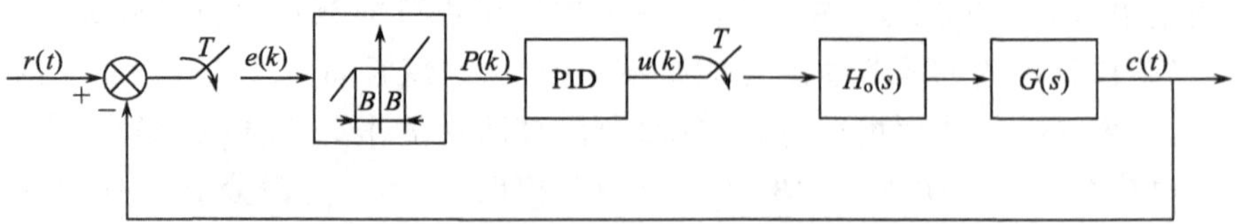

图 5-19 带死区的 PID 控制器结构图

死区是一个非线性环节，其输出为 $P(k)=\begin{cases}e(k), & |e(k)|>B\\ 0, & |e(k)|\leqslant B\end{cases}$。

注意：死区是一个非线性环节，不能象线性环节一样随便移到 PID 控制器的后面。

5.4.4 有纯滞后环节的 PID 控制

在工业过程控制中，许多被控对象具有纯滞后性质。对象的纯滞后性质，会导致控制作用的不及时，引起系统产生超调或者振荡。早在 20 世纪 50 年代，国外就对工业生产过程中纯滞后现象进行了深入研究，Smith（史密斯）提出了一种纯滞后补偿模型，利用计算机可方便的实现滞后补偿。Smith 补偿的原理是：与 PID 控制器并接一补偿环节，这个补偿环节称为 Smith 预估器，其传递函数为 $(1-e^{-\tau s})G_p(s)$（τ 为纯滞后时间），补偿后的系统框图如图 5-20 所示。

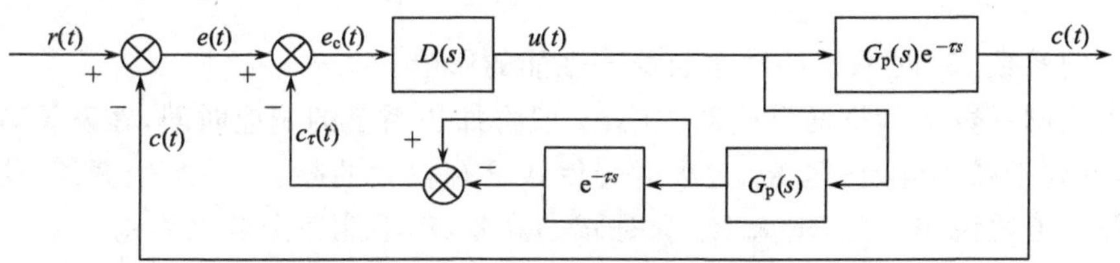

图 5-20　纯滞后补偿控制系统

带预估器的控制器传递函数为

$$D_1(s)=\frac{U(s)}{E(s)}=\frac{D(s)}{1+D(s)G_p(s)(1-e^{-\tau s})} \tag{5-45}$$

闭环传递函数为

$$\phi(s)=\frac{C(s)}{R(s)}=\frac{D_1(s)G_p(s)e^{-\tau s}}{1+D_1(s)G_p(s)e^{-\tau s}}=\frac{D(s)G_p(s)}{1+D(s)G_p(s)}e^{-\tau s} \tag{5-46}$$

数字 PID 控制器和 Smith 预估器都由计算机实现，所以，这时计算机应完成以下几步计算任务：

(1) 计算反馈回路偏差；

(2) 计算补偿器的输出；

(3) 进行 PID 运算。

5.5 数字 PID 参数的整定

数字 PID 控制中一个至关重要的问题，就是控制器四个参数（采样周期 T、比例系数 K_p、积分时间 T_i、微分时间 T_d）的整定。整定的好坏不但会影响到控制质量，而且还会影响到控制器的鲁棒性。此外，现代工业控制系统中存在着名目繁多的不确定性，这些不确定性能造成模型参数变化甚至模型结构突变，使得原整定参数无法保证系统继续良好的工作，这时就要求 PID 控制器具有在线修正参数的功能，这是自从使用 PID 控制以来人们始终关注的重要问题之一。

PID 控制器参数整定的方法很多，概括起来有两大类：一是理论计算整定法。它主要是依据系统的数学模型，经过理论计算确定控制器参数。二是工程整定方法，它主要依赖工程经验，直接在控制系统的试验中进行，且方法简单、易于掌握，在工程实际中被广泛采用。PID 控制器参数的工程整定方法，主要有临界比例法、反应曲线法和衰减法。三种方法各有其特点，其共同点都是通过试验，然后按照工程经验公式对控制器参数进行整定。但无论采用哪一种方法所得到的控制器参数，都需要在实际运行中进行最后调整与完善。

5.5.1 控制器参数对系统性能的影响

1）比例系数 K_p 对系统的动态及稳态性能的影响

增大比例系数 K_p，将增强比例作用，一般将加快系统的响应时间，在系统有静差的情况下，有利于减小静差；但 K_p 过大时会使系统有较大的超调，并产生振荡，使系统稳定性变坏。值得说明的是，增大 K_p 只是减小静差，却不能完全消除静差。

2）积分时间常数 T_i 对系统动态及稳态性能的影响

减小积分时间常数 T_i，将增强积分作用，加快消除系统静差，提高系统的控制精度；但 T_i 太小，将会产生超调，并产生振荡，使系统的稳定性变坏。

3）微分时间常数 T_d 对系统动态及稳态性能的影响

增大微分时间常数 T_d，将增强微分作用，减小超调量，缩短调节时间，改善动态性能。

4）控制规律的选择

（1）对于一阶惯性环节，负荷变换不大，工艺要求不高，可采用比例控制。例如，压力、液位控制。

（2）对于一阶惯性环节与纯滞后环节串联的对象，负荷变化不大，控制精度要求高，可采用比例积分控制。

（3）对于纯滞后较大，负荷变化较大，控制要求高的场合，可采用比例微分控制，如蒸汽温度控制，pH 值控制。

（4）当对象为高阶又有滞后特性时，控制要求高，则采用 PID 控制，并运用多种控制级联手段。

5.5.2 采样周期的选择

采样周期大小的选择影响数字控制系统的控制品质。根据香农（Shannon）采样定理，为了采样信号能够不失真复现，采样频率不小于信号中最高频率的两倍，即 $\omega_s > 2\omega_{max}$（经验公式 $\omega_s \approx (5-10)\omega_{max}$），其中 ω_{max} 为被采样的连续信号的最高频率，即采样周期小于工作周期的一半，这是采样周期的选择上限。在计算机数字控制系统中，采样周期与计算机的处理速度，处理量等有关。影响采样周期 T 有以下因素。

(1)加至控制系统的扰动频率。扰动频率越高，采样频率也应提高。

(2)对象的动态特性。主要是与被控对象的纯滞后时间 τ 及时间常数 θ 有关。当纯滞后时间比较显著时，采样周期 T 与纯滞后时间 τ 基本相等。

(3)数字控制器 $D(z)$ 所使用的算式及执行机构的类型，如采用大林算法及应用气动执行机构时，其采样周期比较长，而快速无纹波系统及使用步进电机等时，其采样周期就比较短。

(4)控制的回路数。控制回路越多，则采样周期 T 越大，否则越小。

(5)对象要求的控制质量。一般来说，控制精度要求越高，采样周期越短，以减小系统的纯滞后时间 τ。

实际应用中，选择采样周期的原则是使控制度不高于 1.2，最大不超过 1.5。经验选择方法是根据系统的工作周期 T_p，选择采样周期 $T=\left(\frac{1}{6}\sim\frac{1}{15}\right)T_p$，通常取 $T=0.1T_p$。也可以根据被控变量的类型选择采样周期 T(见表 5-1)。

表 5-1　根据控制系统类型选择采样周期控制系统类型

类型	采样周期 T/s	采样周期典型值 T/s
压力系统	3～10	5
液位系统	5～8	5
流量系统	1～5	1
温度系统	10～20	15
成分系统	15～30	20

5.5.3　参数整定方法

数字 PID 控制器控制参数的选择，可按连续时间 PID 参数确定方法进行。在选择数字 PID 参数之前，首先应该确定控制器结构。对允许有静差(或稳态误差)的系统，可以适当选择 P 或 PD 控制器，使稳态误差在允许的范围内。对必须消除稳态误差的系统，应选择包含积分控制的 PI 或 PID 控制器。一般来说，PI、PID 和 P 控制器应用较多。对于有滞后的对象，往往都加入微分控制。

控制器结构确定后，即可开始选择参数。参数的选择，要根据受控对象的具体特性和对控制系统的性能要求进行。工程上，一般要求整个闭环系统是稳定的，对给定量的变化能迅速响应并平滑跟踪，超调量小；在不同干扰作用下，能保证被控量在给定值；当环境参数发生变化时，整个系统能保持稳定，等等。这些要求，对控制系统自身性能来说，有些是矛盾的。我们必须满足主要方面的要求，兼顾其他方面，适当地折中处理。

PID 控制器的参数确定，可以不依赖于受控对象的数学模型。工程上，PID 控制器的参数常常是通过实验来确定，通过试凑，或者通过经验公式来确定。

1. *试凑法确定 PID 参数*

实验试凑法是通过闭环运行或模拟，观察系统的响应曲线，然后根据各参数对系统的影响，反复试凑参数，直至出现满意的响应，从而确定 PID 控制参数。

实验试凑法的整定步骤为：先比例，再积分，最后微分。调节器是 PI 作用时，先确定一个调节器的参数值 K_p 和 T_i，通过改变给定值对控制系统施加一个扰动，现场观察判断控制曲线形状。若曲线不够理想，可改变 K_p 或 T_i，再画控制过程曲线，经反复试凑直到控制系统符合动态过程品质要求为止，这时的 K_p 和 T_i 就是最佳值。如果调节器是 PID 作用形式，那么要在整定好的 K_p 和 T_i 的基础上加进微分作用。由于微分作用有抑制偏差变化的能力，所以确定一个 T_d 值后，可把整定好的 K_p 和 T_i 值减小一点再进行现场试凑，直到 K_p、T_i 和 T_d 取得最佳值为止。显然用试凑法整定的参数是准确的。但花时间较多。为缩短整定时间，应注意以下几点。

(1) 根据控制对象特性确定好初始的参数值 K_p、T_i 和 T_d。可参照在实际运行中的同类控制系统的参数值，或参照表 5-2 所给的参数值，使确定的初始参数尽量接近整定的理想值。这样可大大减少现场试凑的次数。

(2) 在试凑过程中，若发现被控量变化缓慢，不能尽快达到稳定值，这是由于 K_p 过大或 T_i 过长引起的，但两者是有区别的：K_p 过大，曲线漂浮较大，变化不规则，T_i 过长，曲线带有振荡分量，接近给定值很缓慢。这样可根据曲线形状来改变 K_p 或 T_i。

(3) K_p 过小，T_i 过短，T_d 太长都会导致振荡衰减得慢，甚至不衰减，其区别是 K_p 过小，振荡周期较短；T_i 过短，振荡周期较长；T_d 太长，振荡周期最短。

(4) 如果在整定过程中出现等幅振荡，并且通过改变调节器参数还不能消除这一现象时，可能是阀门定位器调校不准，调节阀传动部分有间隙(或调节阀尺寸过大)或控制对象受到等幅波动的干扰等，都会使被控量出现等幅振荡。这时就不能只注意调节器参数的整定，还要检查被控系统中其他仪表和环节是否正常。

2. *扩充临界比例度法*

扩充临界比例度法是最简易工程整定方法之一，是模拟调节器中使用的临界比例度法(也称稳定边界法)的扩充，是一种闭环整定的实验经验方法。按该方法整定 PID 参数的步骤如下。

(1) 选择一个足够短的采样周期 T_{min}。所谓足够短，具体地说就是采样周期选择为纯滞后时间的 1/10 以下。

(2) 将数字 PID 控制器设定为纯比例控制，调节比例系数 K_p 使闭环系统产生临界振荡。此时的比例系数和振荡周期称为临界比例系数 K_s 和临界振荡周期 T_s。

(3) 选定控制度。所谓控制度，就是以模拟调节器为基准，将数字控制器的控制效果与模拟调节器的控制效果相比较。控制效果的评价函数通常采用 $\min\int_0^{\infty} e^2(t)\mathrm{d}t$

(最小的误差平方积分)表示。

$$控制度 = \frac{\left[\min\int_0^{\infty} e^2(t)\mathrm{d}t\right]_{\mathrm{D}}}{\left[\min\int_0^{\infty} e^2(t)\mathrm{d}t\right]_{\mathrm{A}}} \tag{5-47}$$

实际应用中并不需要计算出两个误差的平方积分,控制度仅表示控制效果的物理概念。例如,当控制度为 1.05 时,就是指数字控制的效果与模拟控制的效果基本相同;控制度为 2.0 时,是指数字控制的效果比模拟控制的效果要差。

(4) 根据选定的控制度查表 5-2,求得 T、K_p、T_i、T_d 的值。

(5) 按求得的整定参数投入运行,在投运中观察控制效果,再适当调整参数,直到获得满意的控制效果为止。

表 5-2 按扩充临界比例度法整定 T,K_p,T_i,T_d

控制度	控制规律	T	K_p	T_i	T_d
1.05	PI	$0.03T_s$	$0.53K_s$	$0.88T_s$	—
	PID	$0.014T_s$	$0.63K_s$	$0.49T_s$	$0.14\ T_s$
1.2	PI	$0.05T_s$	$0.49K_s$	$0.91T_s$	—
	PID	$0.043T_s$	$0.47K_s$	$0.47T_s$	$0.16\ T_s$
1.5	PI	$0.14T_s$	$0.42K_s$	$0.99T_s$	—
	PID	$0.09T_s$	$0.34K_s$	$0.43T_s$	$0.20\ T_s$
2.0	PI	$0.22T_s$	$0.36K_s$	$1.05T_s$	—
	PID	$0.16T_s$	$0.27K_s$	$0.40T_s$	$0.22\ T_s$
模拟控制器	PI		$0.57K_s$	$0.83T_s$	—
	PID		$0.70K_s$	$0.50T_s$	$0.13\ T_s$
Ziegler-Nichols 整定法	PI		$0.45K_s$	$0.83T_s$	—
	PID		$0.60K_s$	$0.50T_s$	$0.125\ T_s$

3. *扩充响应曲线法*

与上述闭环整定方法不同,扩充响应曲线法是一种开环整定方法。如果可以得到被控对象的动态特性曲线,那么就可以与模拟调节系统的整定一样,采用扩充响应曲线法进行数字 PID 的整定。其步骤如下:

(1) 断开数字控制器,使系统在手动状态下工作。将被控量调节到给定值附近,当达到平衡时,突然改变给定值,相当于给对象施加一个阶跃输入信号。

(2) 记录被控量在此阶跃作用下的变化过程曲线(即广义对象的飞升特性曲线),如图 5-21 所示。

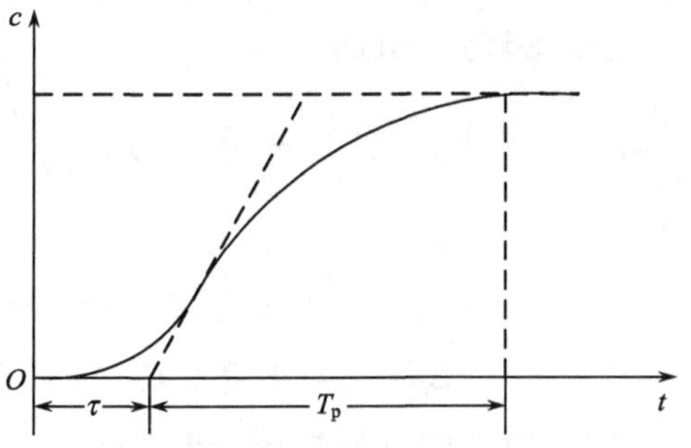

图 5-21 广义对象的阶跃飞升特性曲线

(3) 根据飞升特性曲线，求得被控对象纯滞后时间 τ 和等效惯性时间常数 T_p，以及它们的比值 $\frac{T_p}{\tau}$。

(4) 由求得的 T_p、τ 以及它们的比值，选择某一控制度，查表 5-3，即可求得数字 PID 的整定参数的值。

(5) 按求得的整定参数投入运行，在投运中观察控制效果，再适当调整参数，直到获得满意的控制效果为止。

表 5-3　按扩充响应曲线法整定 T, K_p, T_i, T_d

控制度	控制规律	T	K_p	T_i	T_d
1.05	PI	0.1τ	$0.84T_p/\tau$	3.4τ	—
	PID	0.05τ	$1.15T_p/\tau$	2.0τ	0.45τ
1.2	PI	0.2τ	$0.78T_p/\tau$	3.6τ	—
	PID	0.16τ	$1.0T_p/\tau$	1.9τ	0.55τ
1.5	PI	0.5τ	$0.68T_p/\tau$	3.9τ	—
	PID	0.34τ	$0.85T_p/\tau$	1.62τ	0.65τ
2.0	PI	0.8τ	$0.57T_p/\tau$	4.2τ	—
	PID	0.6τ	$0.6T_p/\tau$	1.5τ	0.82τ
模拟控制器	PI		$0.9T_p/\tau$	3.3τ	—
	PID		$1.2T_p/\tau$	3.0	0.4τ
Ziegler-Nichols 整定法	PI		$0.9T_p/\tau$	3.3τ	—
	PID		$1.2T_p/\tau$	3.0τ	0.5τ

4. PID 归一参数整定法

PID 参数整定是一项繁琐而又费时的工作，尤其是当一台计算机控制多个控制回路的被控对象时。下面介绍一种简易的整定方法，即 PID 归一参数整定法。由于该方法只需整定一个参数即可，故被称为归一参数整定法。

已知增量式 PID 算式为

$$\Delta u(k) = K_p\left\{e(k) - e(k-1) + \frac{T}{T_i}e(k) + \frac{T_d}{T}[e(k) - 2e(k-1) + e(k-2)]\right\} \tag{5-48}$$

令 $T=0.1T_s$，$T_i=0.5T_s$，$T_d=0.125T_s$，这里 T_s 为比例作用下临界振荡周期。则

$$\Delta u(k) = K_p[2.45e(k) - 3.5e(k-1) + 1.25e(k-2)] \tag{5-49}$$

这样，整个问题便简化为主要整定一个参数 K_p。改变 K_p，观察控制效果，直到满意为止。该方法为实现简易的自整定控制带来方便。

5. 按二阶工程设计法设计数字控制器

二阶系统是工业生产过程中最常见的一种系统，在实际生产中许多高阶系统可以简化为二阶系统来进行处理，二阶系统闭环传递函数的一般形式是

$$\phi(s)=\frac{1}{1+T_1 s+T_2 s^2} \tag{5-50}$$

将 s 换成 $\mathrm{j}\omega$ 得

$$\phi(\mathrm{j}\omega)=\frac{1}{1+T_1(\mathrm{j}\omega)+T_2(\mathrm{j}\omega)^2}=\frac{1}{(1-T_2\omega^2)+\mathrm{j}\omega T_1}$$

它的模为

$$A(\omega)=|\phi(\mathrm{j}\omega)|=\frac{1}{\sqrt{(1-T_2\omega^2)^2+(T_1\omega)^2}} \tag{5-51}$$

根据控制理论可知，要使二阶系统的输出获得理想的动态品质，即系统的输出量完全跟随给定量，应满足下列条件：

$$\begin{aligned}&\text{模} && A(\omega)=1\\ &\text{相位移} && \varphi(\omega)=0\end{aligned} \tag{5-52}$$

将式(5-51)代入式(5-52)，可得

$$T_1^2-2T_2=0$$

$$T_2^2\omega^4\to 0$$

所以，解得

$$T_1=\sqrt{2T_2} \tag{5-53}$$

将式(5-53)代入式(5-50)，可得到理想情况下二阶系统闭环传递函数的形式

$$\phi(s)=\frac{1}{1+\sqrt{2T_2}s+T_2 s^2} \tag{5-54}$$

设 $G(s)$ 为该系统的开环传递函数，根据 $\phi(s)=\dfrac{G(s)}{1+G(s)}$，可推导出 $G(s)=\dfrac{\phi(s)}{1-\phi(s)}$。

将式(5-54)代入得

$$G(s)=\frac{1}{\sqrt{2T_2}s\left(1+\frac{1}{2}\sqrt{2T_2}s\right)} \tag{5-55}$$

式(5-55)即为二阶品质最佳的系统开环传递函数的基本公式。

5.6 PID参数的优化

常规PID控制是最早发展起来的控制策略之一，由于其算法简单、鲁棒性好且可靠性高，因此被广泛应用于工业过程控制，尤其适用于可建立精确数学模型的确定性控制系统。而实际工业生产过程由于具有非线性、时变不确定性的特点，难以建立精确的数学模型，常规PID控制器参数往往整定不良、性能欠佳，对被控过程的适应性差。

5.6.1 模糊控制PID参数整定

在工业控制过程中经常会碰到大滞后、时变、非线性的复杂系统。其中，有的参数未知或缓慢变化；有的存在滞后和随机干扰；有的无法获得精确的数学模型。模糊控制器是一种近年来发展起来的新型控制器，其优点是不要求掌握被控对象的数学模型，而根据人工控制规则组织控制决策表，然后由该表决定控制量的大小，但其控制精度一般不高。将模糊控制和PID控制两者结合起来，扬长避短，既具有模糊控制灵活、适应性强的优点又具有PID控制精度高的特点。

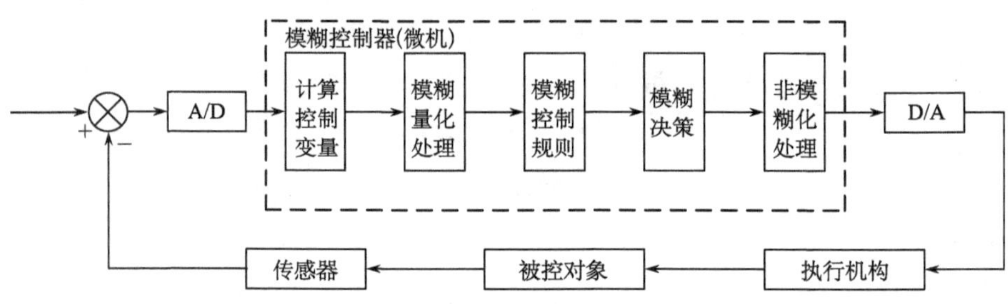

图5-22 模糊控制原理框图

模糊控制是以模糊集合论、模糊语言变量及模糊语言推理为基础的计算机智能控制，其基本原理框图如图5-22所示。它的核心部分为模糊控制器，如图中虚线部分所示，模糊控制器的控制规律由计算机的程序实现。实现一步模糊控制算法的过程描述如下：微机经中断采样获取被控制量的精确值，然后将此量与给定值比较获得误差信号e，一般选误差信号e作为模糊控制器的一个输入量。把误差信号e的精确值进行模糊化变为模糊量。误差信号e的模糊集可用相应的模糊语言表示，得到误差信号的模糊语言集合的一个子集$\underset{\sim}{e}$（$\underset{\sim}{e}$是一个模糊矢量），再由$\underset{\sim}{e}$和模糊控制规则$\underset{\sim}{R}$（模糊子集）根据推理的合成规则进行模糊决策，得到模糊控制量$\underset{\sim}{u}$。

$$\underset{\sim}{u} = \underset{\sim}{e} \circ \underset{\sim}{R} \tag{5-56}$$

模糊自适应PID控制是找出PID三个参数K_{p}、K_{i}、K_{d}与偏差e和偏差变化率ec之间的模糊关系，在运行中通过不断检测e和ec，根据模糊控制原理来对三个参数在线修改，以满足不同的e和ec对控制参数的不同要求，而使被控对象有良好的动、静态性能。模糊自适应PID控制器的结构如图5-23所示。3个二维模糊控制器分别实现PID控制器的系数 K_p、K_i、K_d 的调节。其控制原理是，根据当前的偏差 e 和偏差变化率 ec，3个模糊控制器 FC_1、FC_2 和 FC_3 分别进行模糊化、模糊逻辑推理、解模糊化等一系列操作，最后得到当前PID控制器参数的调节量。需要注意的是，模糊控制器的输出变量是控制量还是控制量的增量，决定了最终的模糊逻辑推理规则，因此在设计模糊PID控制器时需要注意这一点。

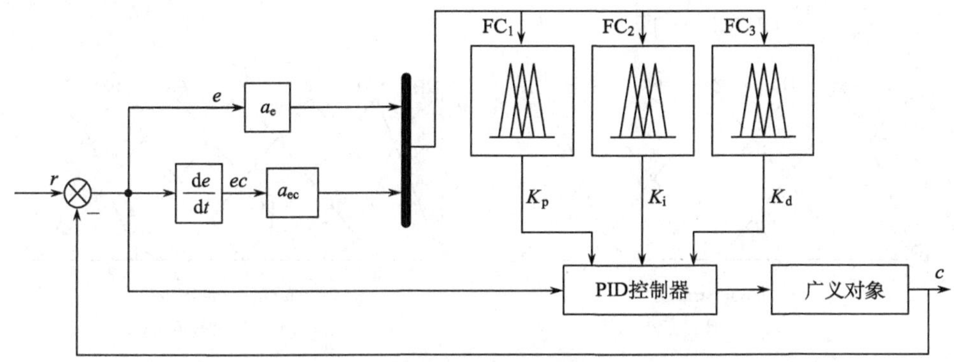

图5-23 模糊自适应PID控制器结构图

模糊控制器的核心是总结工程设计人员的技术知识和实际操作经验，建立合适的模糊规则表，得到针对 K_p、K_i、K_d 三个参数分别整定的模糊控制表。

例5-5 被控对象为

$$G(s)=\frac{523500}{s^3+87.35s^2+10470s}$$

采样时间为1ms，采用模糊PID控制进行阶跃响应。

1）模糊控制器结构设计

根据如图5-23所示的参数自调节模糊PID控制器原理框图，选定模糊控制器 FC_1、FC_2 和 FC_3 均为二维结构，如图5-24所示。

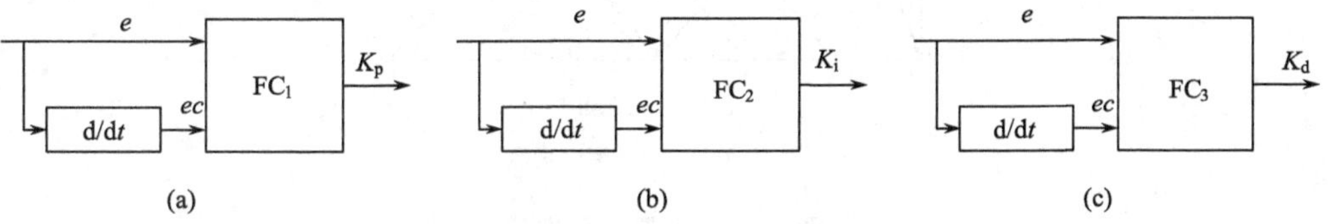

图5-24 模糊控制器结构

2）模糊控制器模糊语言变量设计

根据二维模糊控制器结构图，模糊控制器 FC_1、FC_2 和 FC_3 的输入模糊语言变量均取为 e（偏差的模糊语言变量）和 ec（偏差变化率的模糊语言变量），模糊论域均取为[−3 3]，FC_1、FC_2 和 FC_3 的输出模糊语言变量分别取 K_p、K_i 和 K_d，模糊论域依次为

[-0.3 0.3],[-0.06 0.06],[-3 3]。

3）语言值及隶属函数设计

基于对系统的上述分析，将偏差 e 和偏差变化率 ec 作为模糊控制器的输入，PID控制器的 3 个参数 K_p、K_i 和 K_d 作为输出。设定输入变量 e 和 ec 语言值的模糊子集为{负大，负中，负小，零，正小，正中，正大}，并简记为{NB,NM,NS,Z,PS,PM,PB}，同样设定输出量 K_p、K_i 和 K_d 的模糊子集也为{NB,NM,NS,Z,PS,PM,PB}。输入输出变量的隶属函数曲线如图 5-25 所示。

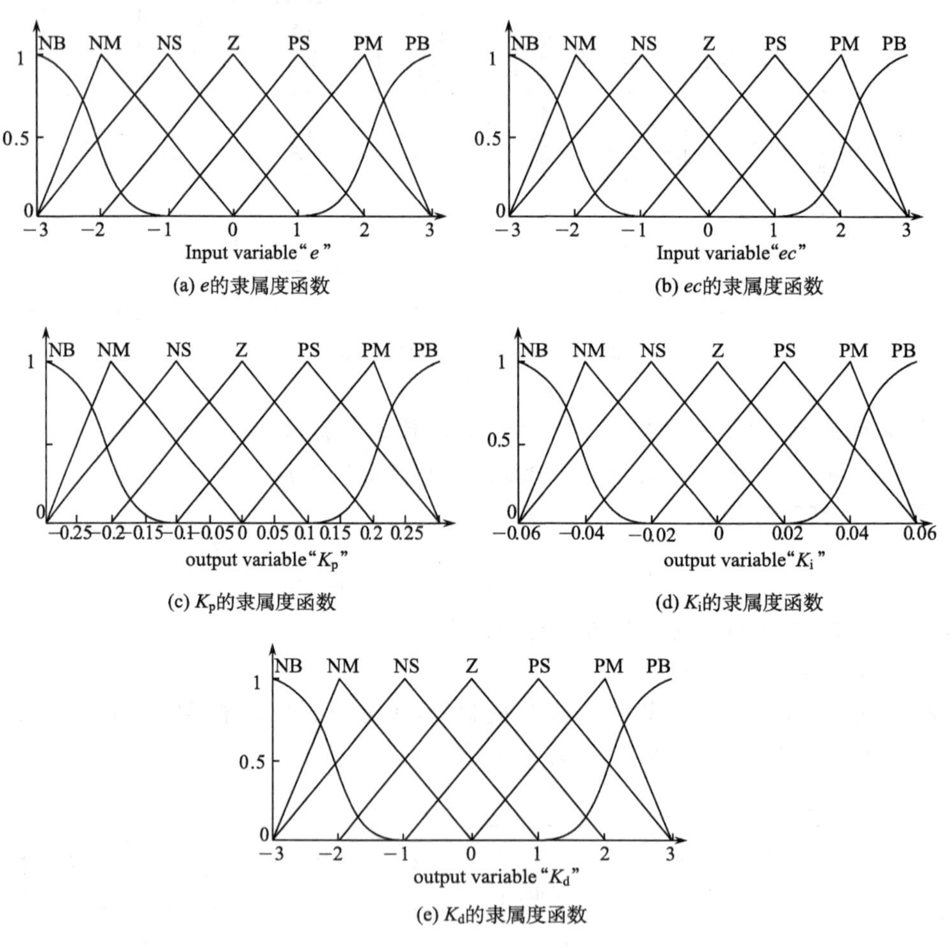

(a) e的隶属度函数　(b) ec的隶属度函数

(c) K_p的隶属度函数　(d) K_i的隶属度函数

(e) K_d的隶属度函数

图 5-25　隶属函数曲线

4）模糊规则集的设定

为了使模糊规则符合工程上根据系统超调量修正控制器输出的语言习惯，在这里取实际偏差 e 为反馈值减给定值，即

$$e(t)=c(t)-r(t)$$

式中，$r(t)$为给定输入量；$c(t)$为单位负反馈系统的输出量。

根据偏差、偏差的变化率的不同状态及PID控制基本原理可初步设计参数自适应模糊PID控制器 K_p 的模糊规则表如表5-4所示；K_i 的模糊规则表如表5-5所示；K_d 的模糊规则表如表5-6所示。

表5-4　K_p 的模糊规则表

ec / *e*	NB	NM	NS	Z	PS	PM	PB
NB	PB	PB	PM	PM	PS	Z	Z
NM	PB	PB	PM	PS	PS	Z	NS
NS	PM	PM	PM	PS	Z	NS	NS
Z	PM	PM	PS	Z	NS	NM	NM
PS	PS	PS	Z	NS	NS	NM	NM
PM	PS	Z	NS	NM	NM	NM	NB
PB	Z	Z	NM	NM	NM	NB	NB

表5-5　K_i 的模糊规则表

ec / *e*	NB	NM	NS	Z	PS	PM	PB
NB	NB	NB	NM	NM	NS	Z	Z
NM	NB	NB	NM	NS	NS	Z	Z
NS	NB	NM	NS	NS	Z	PS	PS
Z	NM	NM	NS	Z	PS	PM	PM
PS	NM	NS	Z	PS	PS	PM	PB
PM	Z	Z	PS	PS	PM	PB	PB
PB	Z	Z	PS	PM	PM	PB	PB

表5-6　K_d 的模糊规则表

ec / *e*	NB	NM	NS	Z	PS	PM	PB
NB	PS	NS	NB	NB	NB	NM	PS
NM	PS	NS	NB	NM	NM	NS	Z
NS	Z	NS	NM	NM	NS	NS	Z
Z	Z	NS	NS	NS	NS	NS	Z
PS	Z	Z	Z	Z	Z	Z	Z
PM	PB	NS	PS	PS	PS	PS	PB
PB	PB	PM	PM	PM	PS	PS	PB

K_p、K_i、K_d 的模糊控制规则表建立好后，可根据如下方法进行 K_p、K_i、K_d 的自适应校正。

5）确定量化因子

根据被控偏差的实际论域及允许误差限可设定偏差的量化因子。

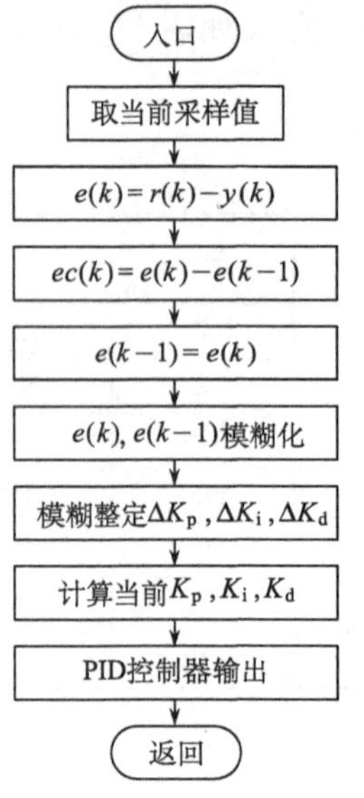

图 5-26　在线模糊自适应 PID 工作流程图

将系统误差 e 和误差变化率 ec 变化范围定义为模糊控制集上的论域。

$$e,ec=\{-5,-4,-3,-2,-1,0,1,2,3,4,5\}$$

其模糊子集为 $e,ec=\{\mathrm{NB},\mathrm{NM},\mathrm{NS},\mathrm{Z},\mathrm{PS},\mathrm{PM},\mathrm{PB}\}$，子集中元素分别代表负大，负中，负小，零，正小，正中，正大。设 e,ec 和 K_p、K_i、K_d 均服从正态分布，因此可得出各模糊子集的隶属度，根据各模糊子集的隶属度赋值表和各参数模糊控制模型，应用模糊合成推理设计 PID 参数的模糊矩阵表，查出修正参数代入下式计算

$$\begin{aligned}K_p&=K'_p+\{e_i,ec_i\}_p\\K_i&=K'_i+\{e_i,ec_i\}_i\\K_d&=K'_d+\{e_i,ec_i\}_d\end{aligned}\tag{5-57}$$

在线运行过程中，控制系统通过对模糊逻辑规则的结果处理、查表和计算，完成对 PID 参数的在线自校正。其工作流程如图 5-26 所示。

利用 MATLAB 仿真软件建立仿真模型，如图 5-27 所示，模糊 PID 控制器的系统构成。在第 300 个采样时间时控制器输出加 1.0 的干扰，相对的响应结果如图 5-28～图 5-33 所示。

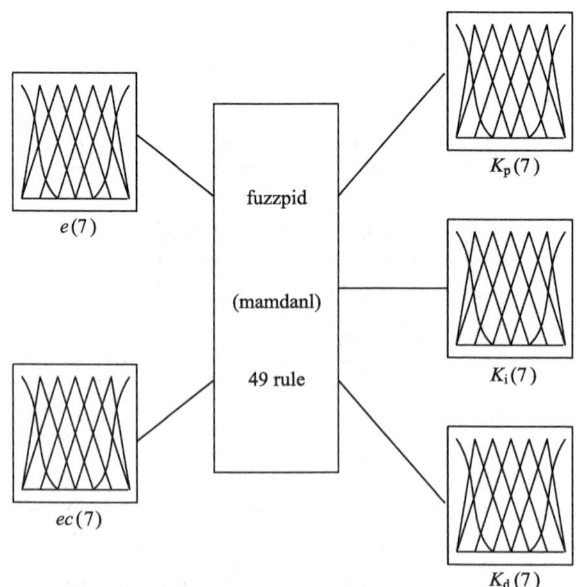

图 5-27　模糊 PID 控制器的系统构成

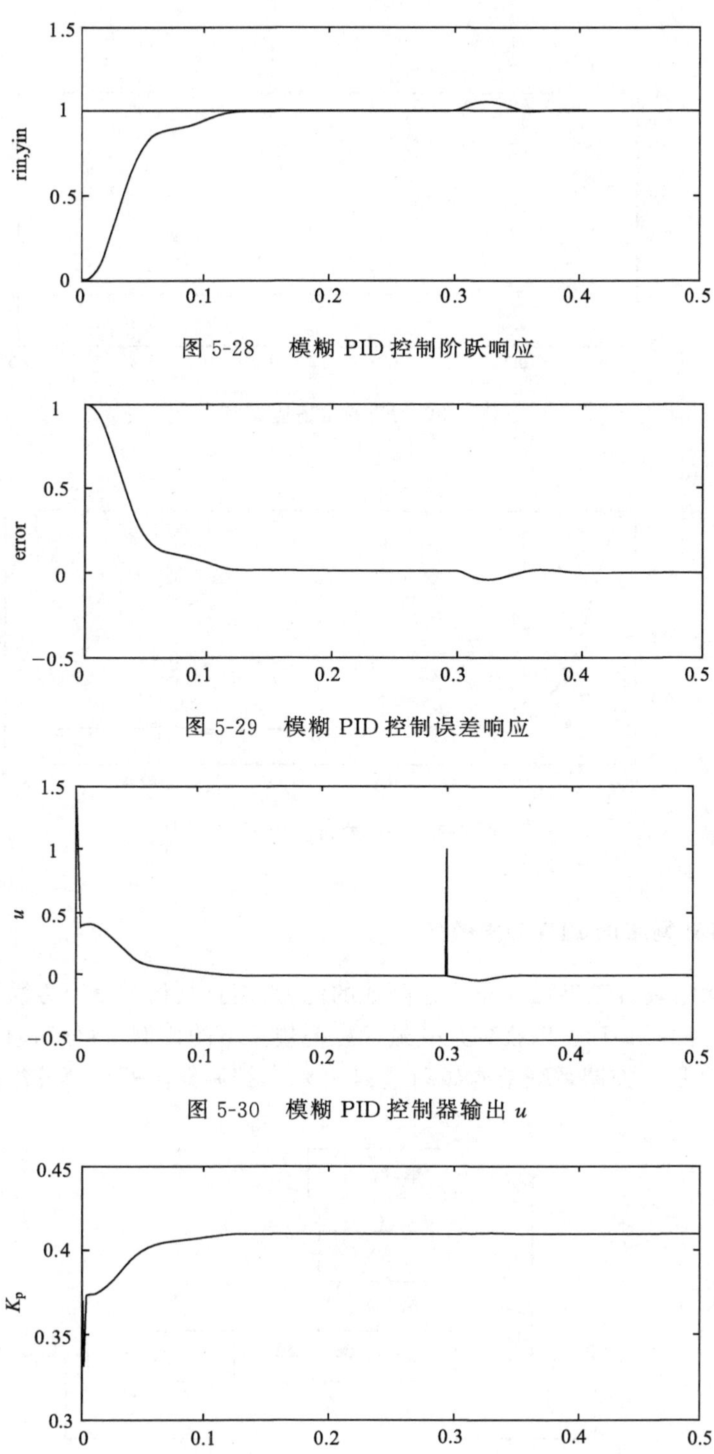

图 5-28　模糊 PID 控制阶跃响应

图 5-29　模糊 PID 控制误差响应

图 5-30　模糊 PID 控制器输出 u

图 5-31　K_p 的自适应调整

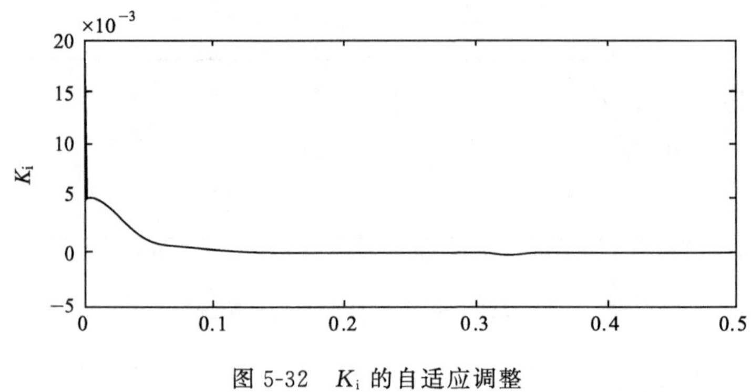

图 5-32　K_i 的自适应调整

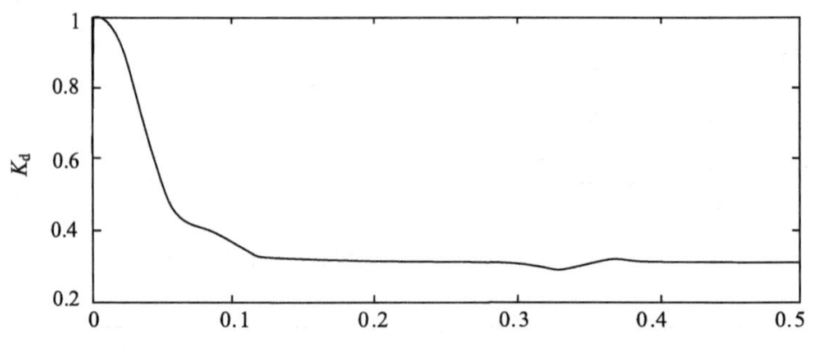

图 5-33　K_d 的自适应调整

5.6.2　基于 BP 网络的 PID 参数整定

BP 神经网络具有逼近任意非线性函数的能力，而且结构和学习方法简单明确。通过神经网络自身的学习，可以找到某一最优控制规律下的比例，积分和微分参数。基于 BP 神经网络的 PID 控制系统结构如图 5-34 所示。控制器由两个部分组成：

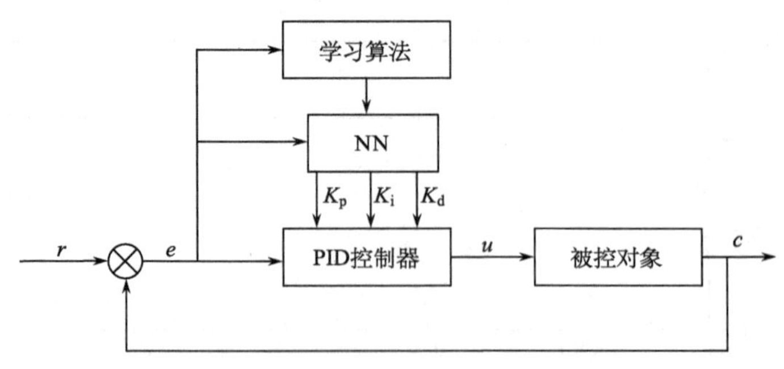

图 5-34　基于 BP 神经网络的 PID 控制系统结构图

(1) 经典的 PID 控制器:直接对被控对象过程闭环控制,并且三个参数 K_p、K_i、K_d 为在线整定方式。

(2) 神经网络 NN:根据系统的运行状态,调节 PID 控制器的参数,以期望达到性能指标的最优化。即使输出层神经元的输出状态对应于 PID 控制器的三个可调参数 K_p、K_i、K_d,通过神经网络的自身学习和加权系数调整,从而使其稳定状态对应于某种最优控制规律下的 PID 控制器参数。

人工神经网络的拓扑结构有多种,但是目前应用的主要有前向型和反馈型两种。BP 神经网络指的是前向型的拓扑结构(如图 5-35 所示),采用的学习算法是 BP 算法。在此举例设计中的神经网络含有三层:输入有 4 个结点,隐含层有 5 个结点,输出层有 3 个结点。

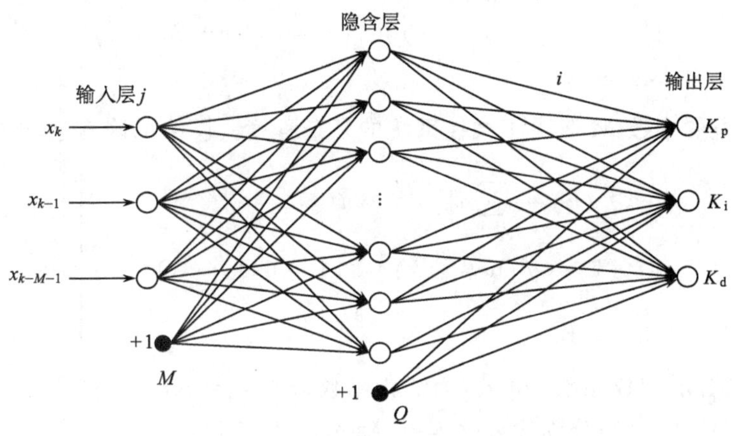

图 5-35　NN-BP 网络结构

BP 算法分正向传播和反向传播两步执行。

(1) 正向传播。

输入样本从输入层经过隐含层单元一层一层地进行处理,一直传向输出层;在输出层把现行输出和期望输出进行比较,如果现行输出与期望输出的误差超过给定指标,就进入反向传播过程。

(2) 反向传播。

反向传播时,把误差信号按原来正向传播的通路反向传回,并对隐含层的各个神经元的权系数按照一定规则进行修改,使误差信号趋向最小。这个规则就是梯度下降法。

经典增量式数字 PID 的控制算式为

$$
\begin{aligned}
u(k) = & u(k-1) + K_p[e(k) - e(k-1)] \\
& + K_i e(k) + K_d[e(k) - 2e(k-1) + e(k-2)]
\end{aligned}
\tag{5-58}
$$

式中,K_p、K_i、K_d 分别为比例系数、积分系数、微分系数。

将 K_p、K_i、K_d 视为依赖于系统运行状态的可调系数时，可将式(5-58)描述为

$$u(k)=f[u(k-1),K_p,K_i,K_d,e(k),e(k-1),e(k-2)] \tag{5-59}$$

式中，$f(\cdot)$是与 K_p、K_i、K_d、$u(k-1)$、$c(k)$等有关的非线性函数，可以用 BP 神经网络 NN 通过训练和学习来找到这样一个最佳控制规律。

设 BP 神经网络 NN 是一个三层 BP 网络，其结构如图 5-35 所示，有 M 个输入节点、Q 个隐含节点、3 个输出节点。输入节点对应所选的系统运行状态量，如系统不同时刻的输入量和输出量等，必要时要进行归一化处理。输出节点分别对应 PID 控制器的三个可调参数 K_p、K_i、K_d，由于 K_p、K_i、K_d 不能为负值，所以输出层神经元的活化函数取非负的 Sigmoid 函数，而隐含层神经元的活化函数取非负对称的 Sigmoid 函数。

由图 5-35 可见，BP 神经网络 NN 的输入为

$$\left.\begin{aligned} &o_j^{(1)}=x_{k-j}=e(k-j) \quad (j=0,1,\cdots,M-1)\\ &o_M^{(1)}\equiv 1 \end{aligned}\right\} \tag{5-60}$$

式中，输入变量的个数 M 取决于被控系统的复杂程度。网络的隐含层输入输出为

$$\left.\begin{aligned} &\mathrm{net}_i^{(2)}(k)=\sum_{j=0}^{M}\omega_{ij}^{(2)}o_j^{(1)}(k)\\ &o_i^{(2)}(k)=f[\mathrm{net}_i^{(2)}(k)] \quad (i=0,1,\cdots,Q-1)\\ &o_Q^{(2)}\equiv 1 \end{aligned}\right\} \tag{5-61}$$

式中，$\omega_{ij}^{(2)}$为隐含层加权系数；$f[\cdot]$为活化函数，$f[\cdot]=\tanh(x)$。

上角标(1)、(2)、(3)分别代表输入层、隐含层、输出层。

最后，网络的输出层的输入输出为

$$\left.\begin{aligned} &\mathrm{net}_l^{(3)}(k)=\sum_{i=0}^{Q}\omega_{li}^{(3)}o_i^{(2)}(k)\\ &o_l^{(3)}(k)=g[\mathrm{net}_l^{(3)}(k)] \quad (l=0,1,2)\\ &o_0^{(3)}(k)=K_p\\ &o_1^{(3)}(k)=K_i\\ &o_2^{(3)}(k)=K_d \end{aligned}\right\} \tag{5-62}$$

式中，$\omega_{li}^{(3)}$为输出层加权系数；$g[\cdot]$为活化函数，$g[\cdot]=(1/2)[1+\tanh(x)]$。

取性能指标函数为

$$J_1=\frac{1}{2}[r(k+1)-c(k+1)]^2=\frac{1}{2}z^2(k+1) \tag{5-63}$$

依最速下降法修正网络的加权系数，即按 J 对加权系数的负梯度方向搜索调整，并附加一个使搜索快速收敛全局最小的惯性项，则有

$$\Delta \omega_{li}^{(3)}(k+1) = -\eta \frac{\partial J}{\partial \omega_{li}^{(3)}(k)} + \alpha \Delta \omega_{li}^{(3)}(k) \tag{5-64}$$

式中，η 为学习速率，α 为惯性系数。

$$\frac{\partial J}{\partial \omega_{li}^{(3)}(k)} = \frac{\partial J}{\partial c(k+1)} \cdot \frac{\partial c(k+1)}{\partial u(k)} \cdot \frac{\partial \mathrm{u}(k)}{\partial o_l^{(3)}(k)} \cdot \frac{\partial \mathrm{o}_l^{(3)}(k)}{\partial \mathrm{net}_l^{(3)}(k)} \cdot \frac{\partial \mathrm{net}_l^{(3)}(k)}{\partial \omega_{li}^{(3)}(k)} \tag{5-65}$$

式中，$\frac{\partial c(k+1)}{\partial u(k)}$未知，所以近似用符号函数 $\mathrm{sgn}\left(\frac{\partial c(k+1)}{\partial u(k)}\right)$取代，由此带来的计算不精确的影响可以通过调整学习速率 η 来补偿。

由式(5-58)可以求得

$$\frac{\partial u(k)}{\partial \mathrm{o}_0^{(3)}(k)} = e(k) - e(k-1)$$

$$\frac{\partial u(k)}{\partial \mathrm{o}_1^{(3)}(k)} = e(k)$$

$$\frac{\partial u(k)}{\partial \mathrm{o}_2^{(3)}(k)} = e(k) - 2e(k-1) + e(k-2) \tag{5-66}$$

因此，可得 BP 神经网络 NN 输出层的加权系数计算公式为

$$\Delta \omega_{li}^{(3)}(k+1) = \eta \delta_l^{(3)} o_i^{(2)}(k) + \alpha \Delta \omega_{li}^{(3)}(k) \tag{5-67}$$

$$\delta_l^{(3)} = e(k+1) \mathrm{sgn}\left(\frac{\partial c(k+1)}{\partial u(k)}\right) \times \frac{\partial u(k)}{\partial o_l^{(3)}(k)} g'[\mathrm{net}_l^{(3)}(k)] \qquad (l=0,1,2) \tag{5-68}$$

根据上述推算办法，可得隐含层加权系数的计算公式为

$$\Delta \omega_{ij}^{(2)}(k+1) = \eta \delta_i^{(2)} o_j^{(1)}(k) + \alpha \Delta \omega_{ij}^{(2)}(k) \tag{5-69}$$

$$\delta_i^{(2)} = g'[\mathrm{net}_i^{(2)}(k)] \sum_{l=0}^{2} \delta_l^{(3)} \omega_{li}^{(3)}(k) \qquad (i = 0,1,\cdots,Q-1) \tag{5-70}$$

式中

$$g'[\cdot] = g(x)[1 - g(x)]$$

$$f'[\cdot] = \frac{[1 - f^2(x)]}{2}$$

基于 BP 神经网络的 PID 控制算法可归纳如下：

(1) 事先选定 BP 神经网络(NN)的结构，即选定输入节点 M 和隐含层节点数 Q，并给出各层加权系数的初值 $\omega_{ij}^{(2)}(0)$和 $\omega_{li}^{(3)}(0)$，选定学习速率 η 和惯性系数 α，$k=1$；

(2) 采样得到 $r(k)$和 $c(k)$，计算 $e(k)=z(k)=r(k)-c(k)$；

(3) 对 $r(i)$，$c(i)$，$u(i-1)$，$e(i)$ $(i=k,k-1,\cdots,k-p)$进行归一化处理，作为 NN 的输入；

(4) 根据式(5-60)～式(5-62)前向计算 NN 的各层神经元的输入和输出，NN 输出层的输出即为 PID 控制器的三个可调参数 $K_\mathrm{p}(k)$，$K_\mathrm{i}(k)$，$K_\mathrm{d}(k)$；

(5) 根据式(5-58)，计算 PID 控制器的控制输出 $u(k)$，参与控制和计算；

(6) 由式(5-67)，计算修正输出层的加权系数 $\omega_{li}^{(3)}(k)$；

(7) 由式(5-69),计算修正隐含层的加权系数 $\omega_{li}^{(2)}(k)$;

(8) 置 $k=k+1$,返回到(2)。

例 5-6 设被控对象的近似数学模型为

$$c(k)=\frac{a(k)c(k-1)}{1+c^2(k-1)}+u(k-1)$$

式中,系数 $a(k)$ 是慢时变的,$a(k)=1.2(1-0.8e^{-0.1k})$。

用基于 BP 神经网络的 PID 控制器对其进行控制,神经网络(NN)的结构为 4-5-3,且学习速率 $\eta=0.28$ 和惯性系数 $\alpha=0.04$,加权系数初始值取区间[-0.5,0.5]上的随机数。输入指令信号分为两种:

(1) $r(k)=1.0$;

(2) $r(k)=\sin(2\pi t)$。

取 $s=1$ 时为阶跃跟踪,$s=2$ 时为正弦跟踪,初始权值取随机值,运行稳定后用稳定值代替随机值。其跟踪结果和相应的曲线如图 5-36~图 5-43 所示。

$s=1$ 时为阶跃信号的跟踪结果。

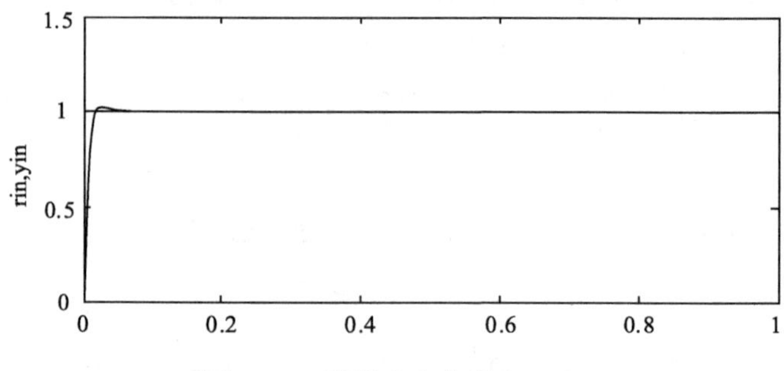

图 5-36 阶跃响应曲线($s=1$)

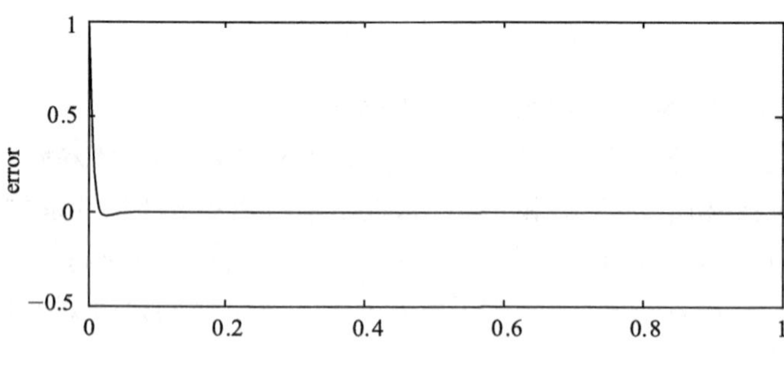

图 5-37 跟踪误差曲线

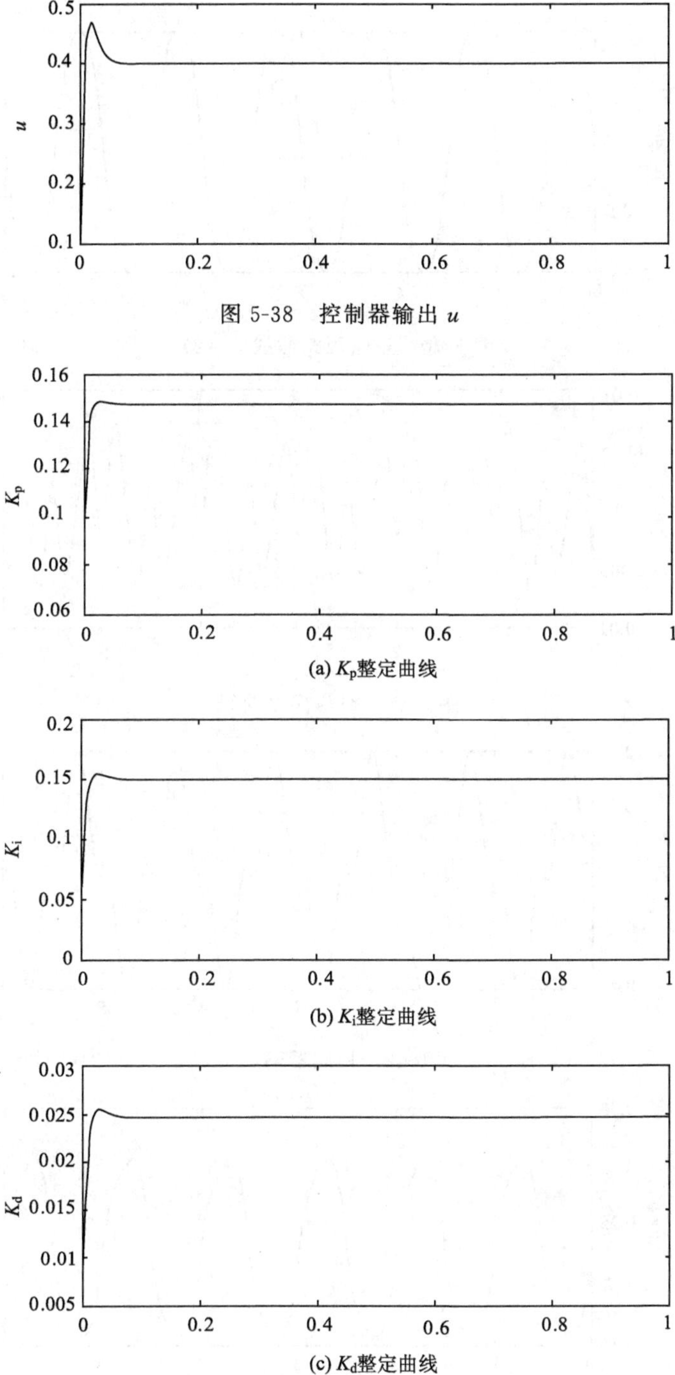

图 5-38 控制器输出 u

(a) K_p整定曲线

(b) K_i整定曲线

(c) K_d整定曲线

图 5-39 参数自适应 PID 整定曲线

$s=2$ 时为正弦跟踪的跟踪结果。

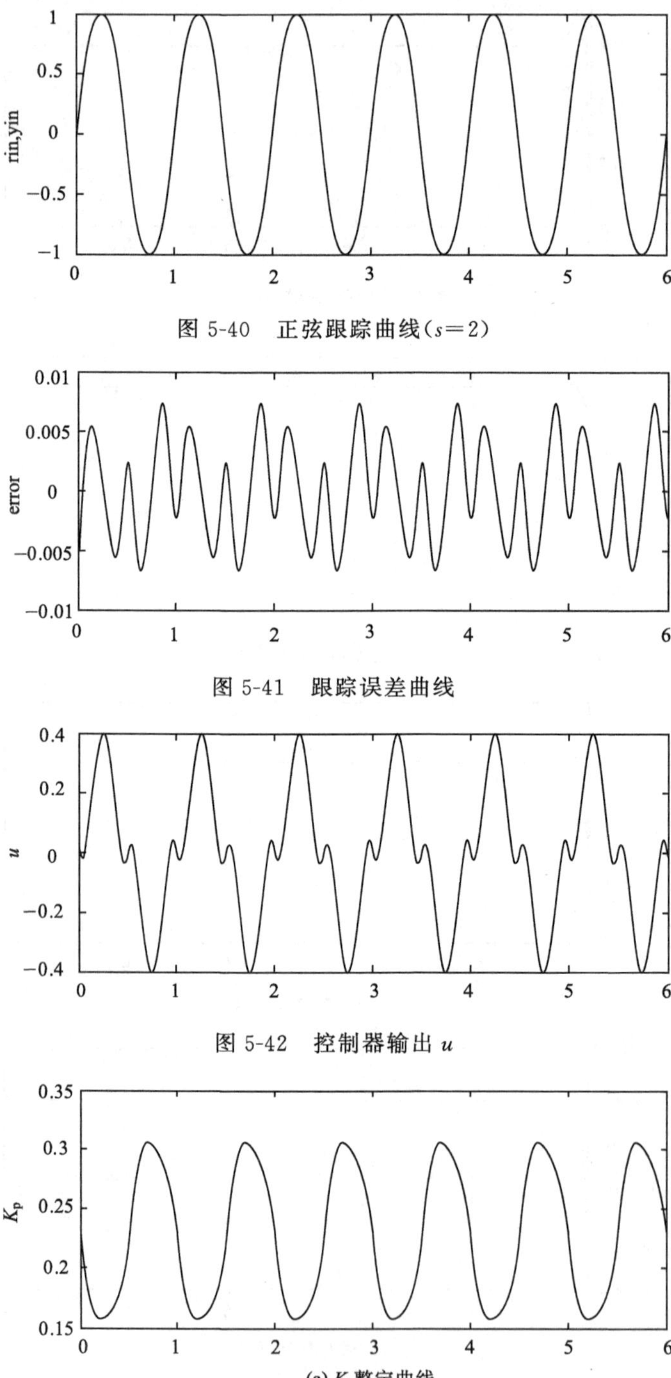

图 5-40　正弦跟踪曲线($s=2$)

图 5-41　跟踪误差曲线

图 5-42　控制器输出 u

(a) K_p整定曲线

图 5-43　参数自适应 PID 整定曲线

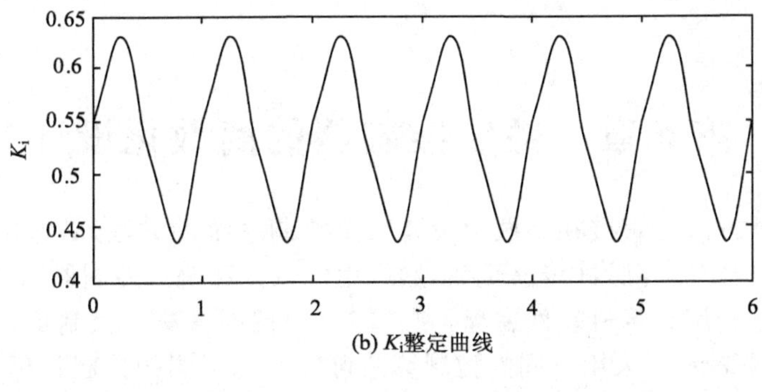

(b) K_i整定曲线

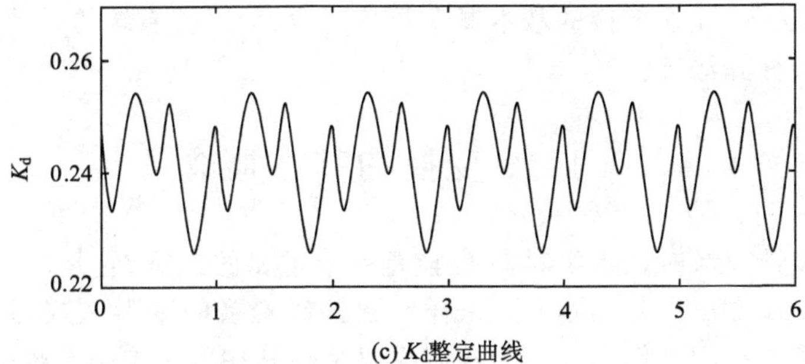

(c) K_d整定曲线

图 5-43 （续）

思 考 题

5.1 简述 PID 参数对系统性能的影响。

5.2 简述控制器的离散化方法。

5.3 请写出模拟 PID 的表达式、位置表达式、增量表达式。

5.4 什么是积分饱和？如何消除？

5.5 简述 PID 参数整定的方法。

第6章 数字控制器的离散化设计

离散化设计方法是直接在 z 域中设计数字控制系统的方法，其基本思想是根据系统的指标要求，确定闭环脉冲传递函数，然后用代数方法解出控制器脉冲传递函数。数字控制器通常是利用计算机软件编程，完成特定的控制算法。控制算法通常以差分方程，z 传递函数来表示。采用不同的控制算法可以实现不同的控制目标，得到不同的控制性能。本章主要讲述 z 变换的基本概念及其用途，最少拍系统的设计，有扰动的数字控制器设计和大林算法等。

6.1 z 变换的基本概念

在分析和设计离散时域系统时，z 变换是一个重要的工具，它是从拉氏变化直接引申出来的一种变换方法。它实际上是采样函数拉氏变换的变形，它起到了与拉氏变换在连续时间系统中相同的作用。因为我们主要关注其在数字控制系统中的应用，因此，我们的分析局限在因果信号和单边 z 变换。

6.1.1 z 变换的定义

定义1 设具有因果关系的序列为$\{u_0,u_1,u_2,\cdots,u_k,\cdots\}$。它的 z 变换定义为

$$U(z)=u_0+u_1z^{-1}+u_2z^{-2}+\cdots+u_kz^{-k}+\cdots$$

$$=\sum_{k=0}^{\infty}u_kz^{-k} \tag{6-1}$$

式(6-1)中变量 z^{-1} 是单位延迟运算符，对于一个序列可以很容易得到它的 z 变换。

例6-1 对序列$\{u_k\}_{k=0}^{\infty}=\{1,3,2,0,4,0,0,0,k\}$ 进行 z 变换。

解 根据式(6-1)得

$$U(z)=1+3z^{-1}+2z^{-2}+4z^{-4}$$

定义2 对于一个时域离散信号，给出它的脉冲序列表达式为

$$u^*(t)=u_0\delta(t)+u_1\delta(t-T)+u_2\delta(t-2T)+\cdots+u_k\delta(t-kT)+\cdots$$

$$=\sum_{k=0}^{\infty}u_k\delta(t-kT) \tag{6-2}$$

其拉氏变换为

$$U^*(s)=u_0+u_1\mathrm{e}^{-sT}+u_2\mathrm{e}^{-2sT}+\cdots+u_k\mathrm{e}^{-ksT}+\cdots$$

$$=\sum_{k=0}^{\infty}u_k(\mathrm{e}^{-sT})^k \tag{6-3}$$

令 $z=\mathrm{e}^{sT}$，则式(6-3)可以表示为(6-1)所示的表达式。

虽然上述两种定义产生了相同的结果，但是各有其优缺点，第一种定义使得我们避免使用脉冲响应和拉氏变换；第二种定义允许我们把 z 当做辅助变量。因此可以使用我们所熟悉的拉氏变换的一些性质。

6.1.2 标准时域离散信号的 z 变换

在定义了 z 变换之后，下面将列出常见的如采样阶跃，指数序列和离散脉冲的 z 变换。下面这两个重要公式将在以下推导中频繁利用。

$$
\begin{aligned}
&\sum_{k=0}^{n} a^k = \frac{1-a^{n+1}}{1-a}, \quad a \neq 1 \\
&\sum_{k=0}^{\infty} a^k = \frac{1}{1-a}, \quad |a| < 1
\end{aligned}
\tag{6-4}
$$

1. 单位脉冲序列(图 6-1)

考虑时域离散脉冲序列：

$$
u(k) = \delta(k) = \begin{cases} 1, & k = 0 \\ 0, & k \neq 0 \end{cases}
$$

应用 z 变换可得

$$
U(z) = 1
$$

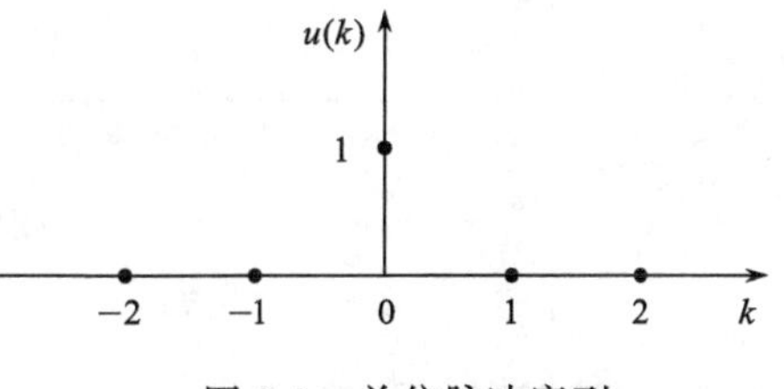

图 6-1 单位脉冲序列

2. 阶跃采样序列(图 6-2)

考虑序列 $\{u_k\}_{k=0}^{\infty} = \{1,1,1,1,1,\cdots\}$，对其进行 z 变换可得

$$
U(z) = 1 + z^{-1} + z^{-2} + z^{-3} + \cdots + z^{-k} + \cdots = \sum_{k=0}^{\infty} z^{-k}
$$

所以，最后可得

$$
U(z) = \frac{1}{1-z^{-1}} = \frac{z}{z-1}
$$

可以看到，上式仅在 $|z|<1$ 时成立，这个说明我们得到的 z 变换表达式在一定的范围内收敛，否则会无效。在这里我们仅讨论单边序列，即在零时刻以前，序列为零。

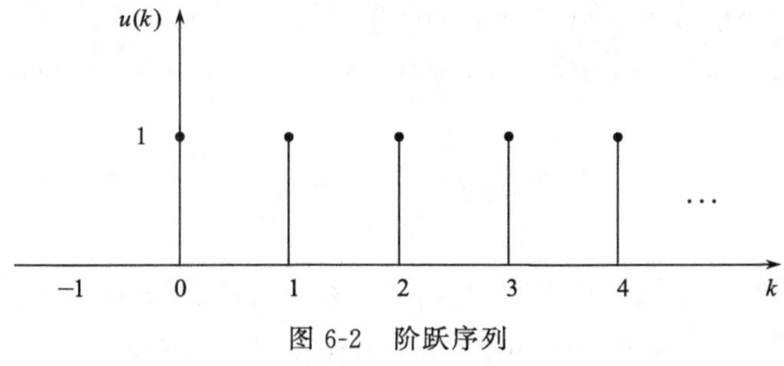

图 6-2 阶跃序列

3. 指数序列(图 6-3)

令

$$u(k)=\begin{cases}a^k, & k \geqslant 0 \\ 0, & k < 0\end{cases}$$

那么

$$U(z)=1+az^{-1}+a^2z^{-2}+\cdots+a^kz^{-k}+\cdots$$

可得

$$U(z)=\frac{1}{1-(a/z)}=\frac{z}{z-a}$$

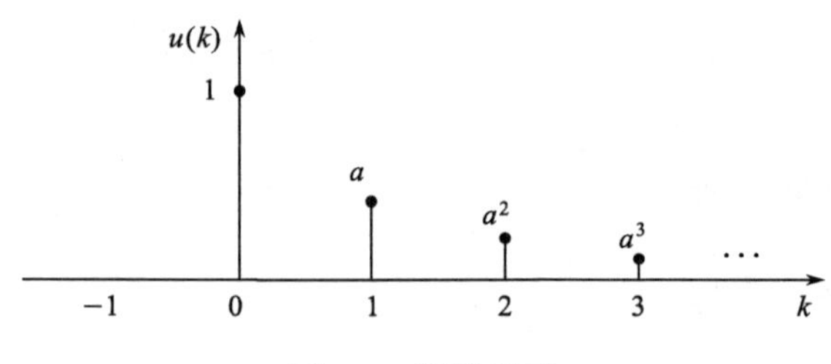

图 6-3　指数序列

6.1.3　z 变换的基本定理

1. 线性定理

从拉氏变换的线性定理可以直接得

$$Z\{\alpha f_1(k)+\beta f_2(k)\}=\alpha F_1(z)+\beta F_2(z) \tag{6-5}$$

2. 滞后定理

从拉氏变换的滞后定理性质可得

$$Z\{f(k-n)\}=z^{-n}F(z) \tag{6-6}$$

3. 超前定理

$$Z\{f(k+1)\}=zF(z)-zf(0)$$

$$Z\{f(k+n)\}=z^nF(z)-z^nf(0)-z^{n-1}f(1)-\cdots-zf(n-1) \tag{6-7}$$

4. 位移定理

$$Z\{a^{-k}f(k)\}=F(az) \tag{6-8}$$

5. 终值定理

对于一个序列,当 k 趋近于无穷时,如果存在不变的极限,那么其终值可表示为

$$f(\infty)=\lim_{k\to\infty}f(k)=\lim_{z\to 1}(1-z^{-1})F(z) \tag{6-9}$$

6. 初值定理

$$f(0) = \lim_{z \to +\infty} F(z) \tag{6-10}$$

7. 卷积定理

两个时域序列卷积的 z 变换等于它们各自 z 变换的乘积。

如果

$$s(k) = f(k) * g(k)$$

那么

$$S(z) = F(z) \cdot G(z) \tag{6-11}$$

8. 复数域微分

若 $Z[f(k)]=F(z)$，则

$$Z[kf(k)] = -z\frac{\mathrm{d}F(z)}{\mathrm{d}z} \tag{6-12}$$

9. 复数域积分

如果

$$Z[f(k)] = F(z)$$

那么

$$Z\left[\frac{f(k)}{k}\right] = \int_z^{+\infty} \frac{F(z)}{z}\mathrm{d}z + \lim_{k \to 0}\frac{f(k)}{k} \tag{6-13}$$

6.1.4 逆 z 变换

因为 z 变换的目的是简化时域分析的复杂性，所以逆 z 变换是必须的。在本节介绍两种关于逆 z 变换的简便方法。

1. 长除法

这个方法基于 z 变换的定义式(6-1)，使用这种方法可以将时域序列和它的 z 变换联系起来，首先用长除法获得尽可能多的 z 变换扩充项，然后通过扩充项的系数得到时域序列，下面两个步骤给出对于 $F(z)$ 的逆变换。

(1) 使用长除法对 $F(z)$ 进行级数展开可以得到

$$F_t(z) = f_0 + f_1 z^{-1} + \cdots + f_i z^{-i} = \sum_{k=0}^{i} f_k z^{-k} \tag{6-14}$$

(2) 写出逆变换的序列为

$$\{f_0, f_1, f_2, \cdots, f_i, \cdots\}$$

例 6-2 获取 $F(z)=\dfrac{z+1}{z^2+0.2z+0.1}$ 的逆变换。

解 使用长除法

$$
\begin{array}{r}
z^{-1}+0.8z^{-2}-0.26z^{-3}+\cdots \\
z^2+0.2z+0.1 \overline{\big) z+1 \qquad\qquad\qquad} \\
\underline{z+0.2+0.1z^{-1}} \\
0.8-0.1z^{-1} \\
\underline{0.8+0.16z^{-1}+0.08z^{-2}} \\
-0.26z^{-1}-\cdots
\end{array}
$$

因此

$$F(z) = 0 + z^{-1} + 0.8z^{-2} - 0.26z^{-3}\cdots$$

所以，逆 z 变换后的序列为

$$\{f_k\} = \{0,\ 1,\ 0.8,\ -0.26,\cdots\}$$

2. 部分分式展开法

这种方法和拉氏逆变换采用的方法基本一致。由于大多数 z 域函数的分子中都含有 z 项，因此，计算 $F(z)/z$ 较容易些。部分分式法需要查表，表见附录 1。

进行逆 z 变换的步骤是：

(1) 计算出扩展式 $F(z)/z$ 或 $F(z)$ 的部分分式表达式。

(2) 使用 z 变换表得到 $f(k)$ 的逆 z 变换。

我们考虑 3 种类型的 z 域函数 $F(z)$：具有无重复的简单实数极点的函数，具有共轭复数和实数极点的函数和具有重复极点的函数。以下通过例子表述其逆变换计算方法。

1) 简单实数根

留数法是一种最方便的方法，使用它可以获得具有简单实数根的函数的部分分式表达式，一个复函数 $F(z)$ 在一个简单极点 z_i 的留数可以表示为 $A_i=(z-z_i)F(z)|_{z\to z_i}$，这是第 i 个部分分式的系数。

因此可得

$$F(z) = \sum_{i=1}^{n} \frac{A_i}{z - z_i} \tag{6-15}$$

例 6-3 计算函数 $F(z)=\dfrac{z+1}{z^2+0.3z+0.02}$ 的逆 z 变换。

解 直接得到部分分式为

$$F(z) = \frac{z+1}{z^2+0.3z+0.02} = \frac{A}{z+0.1} + \frac{B}{z+0.2}$$

计算系数 A、B 分别可得

$$A = (z+0.1)F(z)\,|_{z=-0.1} = \frac{1-0.1}{0.1} = 9$$

$$B = (z+0.2)F(z)\,|_{z=-0.2} = \frac{1-0.2}{-0.1} = -8$$

所以部分分式为

$$F(z)=\frac{9}{z+0.1}-\frac{8}{z+0.2}$$

查表计算，由于标准 z 变换表中不包括这里的形式，因此，将 $F(z)$ 写为

$$F(z)=\frac{9z}{z+0.1}z^{-1}-\frac{8z}{z+0.2}z^{-1}$$

然后利用 z 变换的性质，可得其逆变换为

$$f(k)=\begin{cases}9(-0.1)^{k-1}-8(-0.2)^{k-1}, & k\geqslant 1\\ 0, & k<1\end{cases}$$

2）共轭复根和简单实数根

对于含有实数和复数极点的函数 $F(z)$，其部分分式展开式包含实数根项和复数根项。如果 $F(z)$ 具有实系数，那么它的复数根具有共轭特性，因此结合起来可以得到一个具有实系数和二阶项的分母。为了对这个函数进行逆变换，使用下列 z 变换表达式

$$Z\{\mathrm{e}^{-ak}\sin(k\omega_{\mathrm{d}})\}=\frac{\mathrm{e}^{-a}\sin(\omega_{\mathrm{d}})z}{z^2-2\mathrm{e}^{-a}\cos(\omega_{\mathrm{d}})z+\mathrm{e}^{-2a}} \tag{6-16}$$

$$Z\{\mathrm{e}^{-ak}\cos(k\omega_{\mathrm{d}})\}=\frac{z[z-\mathrm{e}^{-a}\cos(\omega_{\mathrm{d}})]}{z^2-2\mathrm{e}^{-a}\cos(\omega_{\mathrm{d}})z+\mathrm{e}^{-2a}} \tag{6-17}$$

两个变换结果具有相同的分母和共轭复数根，分子可以被重新整合来实现逆变换。同样，使用留数法可以得到含有共轭复数根的部分分式表达式为

$$F(z)=\frac{Az}{z-p}+\frac{A^*z}{z-p^*}$$

然后可以得到其逆 z 变换为

$$\begin{aligned}f(k)&=Ap^k+A^*p^{*k}\\&=|A||p|^k[\mathrm{e}^{\mathrm{j}(\theta_p k+\theta_A)}+\mathrm{e}^{-\mathrm{j}(\theta_p k+\theta_A)}]\end{aligned} \tag{6-18}$$

式中，θ_p，θ_A 分别是极点 p 和部分分式系数 A 的相角，因此可得最终表达式为

$$f(k)=2|A||p|^k\cos(\theta_p k+\theta_A) \tag{6-19}$$

例 6-4 计算函数 $F(z)=\dfrac{z^3+2z+1}{(z-0.1)(z^2+z+0.5)}$ 的逆 z 变换。

解 采用部分分式展开，对 $F(z)$ 除 z

$$\begin{aligned}\frac{F(z)}{z}&=\frac{z^3+2z+1}{z(z-0.1)[(z+0.5)^2+0.5^2]}\\&=\frac{A_1}{z}+\frac{A_2}{z-0.1}+\frac{A_3}{z+0.5-\mathrm{j}0.5}+\frac{A_3^*}{z+0.5+\mathrm{j}0.5}\end{aligned}$$

通过计算可得

$$A_1=F(0)=-20$$

$$A_2=(z-0.1)\frac{F(z)}{z}\approx 19.689$$

$$A_3=\frac{z^3+2z+1}{z(z-0.1)(z+0.5+\mathrm{j}0.5)}\bigg|_{z=-0.5+\mathrm{j}0.5}\approx 0.656+\mathrm{j}2.213$$

因此,可得部分分式表达式为

$$F(z)=-20+\frac{19.689z}{z-0.1}+\frac{(0.656+\mathrm{j}2.213)z}{z+0.5-\mathrm{j}0.5}+\frac{(0.656-\mathrm{j}2.213)z}{z+0.5+\mathrm{j}0.5}$$

将系数 A_3 转换为极坐标形式

$$A_3=0.656+\mathrm{j}2.213=2.308\mathrm{e}^{\mathrm{j}1.283}$$

因此,可得其逆 z 变换为

$$f(k)=-20\delta(k)+19.689(0.1)^k+4.616(0.707)^k\cos(3\pi k/4+1.283)$$

3) 重根情况

对于具有 r 阶重根的函数 $F(z)$,其 r 个部分分式系数和重复根有关。其部分分式表达式有如下的形式

$$F(z)=\frac{N(z)}{(z-z_1)^r\prod\limits_{j=r+1}^{n}z-z_j}=\sum_{i=1}^{r}\frac{A_{1i}}{(z-z_1)^{r+1-i}}+\sum_{j=r+1}^{n}\frac{A_j}{z-z_j} \tag{6-20}$$

具有重根项的系数为

$$A_{1,i}=\frac{1}{(i-1)!}\frac{\mathrm{d}^{i-1}}{\mathrm{d}z^{i-1}}(z-z_1)^rF(z)\mid_{z\to z_1},\quad i=1,2,3,\cdots,r \tag{6-21}$$

其他复数根和实数根系数的计算和 1),2)计算公式相同。

例 6-5 计算函数 $F(z)=\dfrac{1}{z^2(z-0.5)}$ 的逆 z 变换。

解 采用部分分式展开,对 $F(z)$ 除 z

$$\frac{F(z)}{z}=\frac{1}{z^3(z-0.5)}=\frac{A_{11}}{z^3}+\frac{A_{12}}{z^2}+\frac{A_{13}}{z}+\frac{A_4}{z-0.5}$$

计算各项系数

$$A_{11}=z^3\frac{F(z)}{z}\mid_{z=0}=\frac{1}{z-0.5}\mid_{z=0}=-2$$

$$A_{12}=\frac{1}{1!}\frac{\mathrm{d}}{\mathrm{d}z}z^3\frac{F(z)}{z}\mid_{z=0}=\frac{\mathrm{d}}{\mathrm{d}z}\frac{1}{z-0.5}\mid_{z=0}=\frac{-1}{(z-0.5)^2}\mid_{z=0}=-4$$

$$A_{13}=\frac{1}{2!}\frac{\mathrm{d}^2}{\mathrm{d}^2z}z^3\frac{F(z)}{z}\mid_{z=0}=\frac{1}{2}\frac{\mathrm{d}}{\mathrm{d}z}\frac{-1}{(z-0.5)^2}\mid_{z=0}$$

$$=\frac{1}{2}\frac{(-1)(-2)}{(z-0.5)^3}\mid_{z=0}=-8$$

$$A_4=(z-0.5)\frac{F(z)}{z}\mid_{z=0.5}=\frac{1}{z^3}\mid_{z=0.5}=8$$

因此,可得部分分式为

$$F(z)=\frac{1}{z^2(z-0.5)}=\frac{8z}{z-0.5}-2z^{-2}-4z^{-1}-8$$

查表可得，最终逆 z 变换为

$$f(k)=\begin{cases}8(0.5)^k-2\delta(k-2)-4\delta(k-1)-8\delta(k), & k\geqslant 0\\ 0, & k<0\end{cases}$$

6.1.5 差分方程的 z 变换解法

类似于利用拉氏变换求解微分方程，使用 z 变换可以很容易的求解线性差分方程。首先利用 z 变换的超前或滞后性质对方程两边进行 z 变换，然后解出以 z 为变量的表达式，然后对表达式使用逆变换可得方程的解。

例 6-6 用 z 变换法解差分方程 $x(k+2)-1.5x(k+1)+0.5x(k)=1(k)$，初始条件为 $x(0)=1$，$x(1)=2.5$。

解 计算 z 变换

$$[z^2X(z)-z^2x(0)-zx(1)]-1.5[zX(z)-zx(0)]+0.5X(z)=z/(z-1)$$

代入初始条件，可得

$$[z^2-1.5z+0.5]X(z)=z/(z-1)+z^2+z$$

所以

$$X(z)=\frac{z[1+(z+1)(z-1)]}{(z-1)(z-1)(z-0.5)}=\frac{z^3}{(z-1)^2(z-0.5)}$$

利用部分分式法展开，并计算可得

$$\frac{X(z)}{z}=\frac{z^2}{(z-1)^2(z-0.5)}=\frac{A_{11}}{(z-1)^2}+\frac{A_{12}}{z-1}+\frac{A_3}{z-0.5}$$

式中

$$A_{11}=(z-1)^2\frac{X(z)}{z}\Big|_{z=1}=\frac{z^2}{z-0.5}\Big|_{z=1}=\frac{1}{1-0.5}=2$$

$$A_3=(z-0.5)\frac{X(z)}{z}\Big|_{z=0.5}=\frac{z^2}{(z-1)^2}\Big|_{z=0.5}=\frac{0.5^2}{(0.5-1)^2}=1$$

为了计算剩余的系数 A_{12}，消去分母得到

$$z^2=A_{11}(z-0.5)+A_{12}(z-0.5)(z-1)+A_3(z-1)^2$$

利用待定系数法可得

$$A_{12}=0$$

所以

$$X(z)=\frac{2z}{(z-1)^2}+\frac{z}{z-0.5}$$

计算逆 z 变换可得差分方程的解为

$$x(k)=2k+(0.5)^k$$

6.1.6 z 传递函数

线性离散控制系统的特性要由脉冲传递函数来描述，脉冲传递函数简称为 z 传递函数。z 传递函数仅取决于离散系统本身物理特性规定的差分方程，而与输入序列的形式无关。

设 n 阶离散系统的差分方程为

$$\begin{aligned}&c(k)+a_1c(k-1)+\cdots+a_nc(k-n)\\&=b_0u(k)+b_1u(k-1)+\cdots+b_mu(k-m)\end{aligned}\tag{6-22}$$

在零初始条件下，取 z 变换

$$(1+a_1z^{-1}+\cdots+a_nz^{-n})C(z)=(b_0+b_1z^{-1}+\cdots+b_mz^{-m})U(z)$$

因此，可得离散系统的 z 传递函数为

$$H(z)=\frac{C(z)}{U(z)}=\frac{b_0+b_1z^{-1}+\cdots+b_mz^{-m}}{1+a_1z^{-1}+\cdots+a_nz^{-n}}\tag{6-23}$$

在单位脉冲序列 $\delta(k)$作用下，系统的响应为 $h(n)$。而在 $\delta(k-n)$作用下，系统响应为 $h(k-n)$，这是位移不变性质的必然结果。因此，在任意输入 $u(k)$的作用下，系统的输出响应 $c(k)$可表示为

$$c(k)=\sum_{n=0}^{k}h(k-n)u(n)=\sum_{n=0}^{k}h(n)u(k-n)=h(k)\cdot u(k)\tag{6-24}$$

由 z 变换的卷积定理，有

$$C(z)=H(z)\cdot U(z)\tag{6-25}$$

当一个系统的传递函数 $H(s)$已知时，可以通过以下步骤得到其 z 传递函数：

(1)用拉氏反变换求得其时域连续表达为 $h(t)=L^{-1}[H(s)]$。

(2)选择合适的采样周期对 $h(t)$进行离散化处理，得到离散化序列为 $h(k)$。

(3)求解时域离散化序列的 z 传递函数，直接对 $h(k)$进行 z 变换。

例 6-7 对于给定的时域离散系统 $c(k+1)-0.5c(k)=u(k)$，$c(0)=0$，计算其 z 传递函数 $H(z)$。

解 令 $u(k)=\delta(k)$，那么

$$c(1)=1$$

$$c(2)=0.5c(1)=0.5$$

$$c(3)=0.5c(2)=(0.5)^2$$

因此，可得系统脉冲响应序列为

$$h(k)=\begin{cases}(0.5)^{k-1}, & k=1,2,3,\cdots\\0, & k<1\end{cases}$$

对方程两边进行 z 变换，可得其 z 传递函数为

$$H(z)=\frac{C(z)}{U(z)}=\frac{1}{z-0.5}$$

对上式进行逆 z 变换，可得脉冲响应序列为

$$h(k)=\begin{cases}(0.5)^{k-1}, & k=1,2,3,\cdots \\ 0, & k<1\end{cases}$$

6.2 最少拍无差系统的设计

最少拍设计是指系统在典型输入信号（如阶跃信号、速度信号、加速度信号等）作用下，经过最少拍（有限拍）使系统输出的稳态误差为零。最少拍无差系统实际上就是时间最优控制系统，系统的性能指标就是系统的调节时间最短或尽可能短。最少拍无差系统是指在最少的几个采样周期内达到在采样时刻输入输出无误差的系统。这种系统对闭环 z 传递函数 $\phi(z)$ 的要求就是快速性和准确性。最少拍无差系统的设计与被控对象零、极点位置有很密切的关系。

图 6-4 是最少拍无差系统结构框图。在给定控制对象 $G_p(s)$ 和使用零阶保持器的条件下，选择适当的数字控制器 $D(z)$ 以满足对系统提出的性能指标要求。具体来说，利用直接数字设计法设计最少拍无差控制系统，要考虑以下几点：

(1) 对于特定的参考输入信号，到达稳态后，系统在采样时刻精确实现对输入的跟踪。

(2) 系统以最快的速度达到稳态。

(3) $D(z)$ 应是物理可实现的。

(4) 闭环系统应是稳定的。

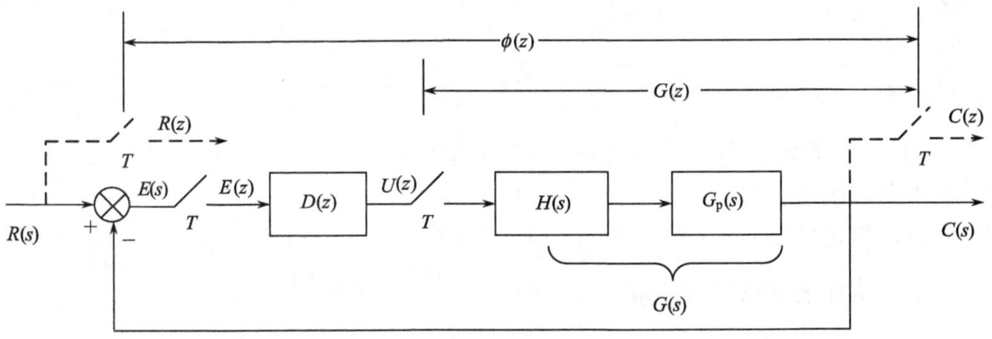

图 6-4 最少拍无差系统结构框图

1. 假设条件

为了使设计简单明了，提出以下 3 个假设条件。

(1) $G(z)$ 在单位圆上和圆外无极点，(1,j0) 点除外。

(2) $G(z)$在单位圆上和圆外无零点。

(3) $G_p(s)$中不含纯滞后 e^{-qs}，q 是 T 的整数倍。

2. 希望的 z 传递函数

为了选择适当的数字控制器 $D(z)$，可以先将性能指标要求表达成希望的闭环传递函数 $\phi(z)$或者误差传递函数 $\phi_e(z)$，然后再根据 $G(z)$反求出 $D(z)$。这样，求得的 $D(z)$只要满足物理可实现的条件，那么 $D(z)$就是所要求的数字控制器。

图 6-4 中的闭环传递函数 $\phi(z)$为

$$\phi(z) = \frac{D(z)G(z)}{1 + D(z)G(z)} \tag{6-26}$$

误差传递函数 $\phi_e(z)$为

$$\phi_e(z) = \frac{1}{1 + D(z)G(z)} \tag{6-27}$$

式中，$G(z)$是已知的，$D(z)$是待求的，而 $\phi(z)$、$\phi_e(z)$是由性能指标确定的。为了确定 $\phi(z)$或$\phi_e(z)$，讨论在单位阶跃、单位速度、单位加速度 3 种典型输入信号作用下无稳态误差最少拍系统的 $\phi(z)$或 $\phi_e(z)$应具有的形式。

由于 $E(z)=\phi_e(z)R(z)$，根据终值定理得

$$e^*(\infty) = \lim_{z\to1}(1 - z^{-1})E(z) = \lim_{z\to1}(1 - z^{-1})\phi_e(z)R(z) \tag{6-28}$$

对于以上 3 种典型输入信号，其 $R(z)$分别为

单位阶跃信号 $$R(z) = \frac{1}{1 - z^{-1}} \tag{6-29}$$

单位速度信号 $$R(z) = \frac{Tz^{-1}}{(1 - z^{-1})^2} \tag{6-30}$$

单位加速度信号 $$R(z) = \frac{T^2(1 + z^{-1})z^{-1}}{2(1 - z^{-1})^3} \tag{6-31}$$

可以统一写成表达式 $$R(z) = \frac{A(z)}{(1 - z^{-1})^m} \tag{6-32}$$

式中，$A(z)$为不含因子$(1-z^{-1})$的关于 z^{-1}的多项式。

对于单位阶跃信号 $m=1$，$A(z)=1$

对于单位速度信号 $m=2$，$A(z)=Tz^{-1}$

对于单位加速度信号 $m=3$，$A(z)=\dfrac{T^2(1+z^{-1})z^{-1}}{2}$

则有

$$e^*(\infty) = \lim_{z\to1}(1 - z^{-1})\phi_e(z)A(z)/(1 - z^{-1})^m \tag{6-33}$$

若取 $\phi_e(z)=(1-z^{-1})^m F(z)$，其中 $F(z)$是不含$(1-z^{-1})$因式的关于 z^{-1}的首 1 多项式。

根据最少拍概念可知，当 $\phi_e(z)$具有最简单的形式时，它展成幂级数所含 z^{-1}多项

式的项数就最少。为使稳态误差为零，因子$(1-z^{-1})^m$ 是必不可少的。

为使稳态误差最快衰减到零，即为最少拍系统，就应使 $\phi_e(z)$最简单，即阶数 m 最小，即完全可以想象若取 $F(z)=1$，则 $\phi_e(z)$最简单，则得到无稳态误差最少拍系统的希望闭环误差传递函数就应为

$$\phi_e(z)=(1-z^{-1})^m \tag{6-34}$$

而希望闭环 z 传递函数应为

$$\phi(z)=1-\phi_e(z)=1-(1-z^{-1})^m \tag{6-35}$$

对于不同输入 $\phi_e(z)$、$\phi(z)$形式如下：

单位阶跃信号 $m=1$， $\phi_e(z)=1-z^{-1}$， $\phi(z)=z^{-1}$

单位速度信号 $m=2$， $\phi_e(z)=(1-z^{-1})^2$， $\phi(z)=2z^{-1}-z^{-2}$

单位加速度信号 $m=3$， $\phi_e(z)=(1-z^{-1})^3$， $\phi(z)=3z^{-1}-3z^{-2}+z^{-3}$

由上式可知，使误差衰减到零或者输出完全跟踪输入所需要的调整时间，即为最少拍数对应于 $m=1,2,3$ 分别为 1 拍、2 拍、3 拍。

3. 数字控制器 $D(z)$的确定

根据给定的 $G(z)$，可由满足性能指标要求的希望开环 z 传递函数直接求解出对应于$m=1,2,3$ 时的数字控制器 $D(z)$。

由于

$$D(z)G(z)=\frac{1-\phi_e(z)}{\phi_e(z)}=\frac{\phi(z)}{1-\phi(z)} \tag{6-36}$$

则

$$m=1,\quad D(z)G(z)=\frac{z^{-1}}{1-z^{-1}},\quad D(z)=\frac{z^{-1}}{(1-z^{-1})G(z)}$$

$$m=2,\quad D(z)G(z)=\frac{2z^{-1}(1-0.5z^{-1})}{(1-z^{-1})^2},\quad D(z)=\frac{2z^{-1}(1-0.5z^{-1})}{(1-z^{-1})^2G(z)}$$

$$m=3,\quad D(z)G(z)=\frac{z^{-1}(3-3z^{-1}+z^{-2})}{(1-z^{-1})^3},\quad D(z)=\frac{z^{-1}(3-3z^{-1}+z^{-2})}{(1-z^{-1})3G(z)}$$

4. 最少拍无差系统分析

由前面讨论可知，为使要设计的数字控制器 $D(z)$形式最简单、阶数最低，应取$F(z)=1$，这样 $E(z)$的项数才会最少，下面分别讨论不同输入的情况。

1) 单位阶跃输入时

由于 $R(z)=\dfrac{1}{1-z^{-1}}$，$\phi_e(z)=1-z^{-1}$，$\phi(z)=z^{-1}$，则

$$C(z)=\phi(z)R(z)=\frac{z^{-1}}{1-z^{-1}}=z^{-1}+z^{-2}+z^{-3}+\cdots$$

$$c(0)=0,\quad c(1)=c(2)=c(3)=\cdots=1$$

$$E(z)=\phi_e(z)R(z)=(1-z^{-1})\frac{1}{1-z^{-1}}=1$$

$$e(0)=1,\quad e(1)=e(2)=e(3)=\cdots=0$$

也就是说，系统经过 1 拍，输出就可以无差地跟踪上输入的变化，即此时系统的调节时间 $t_s=T$，T 为系统采样时间，误差及输出序列如图 6-5 所示。

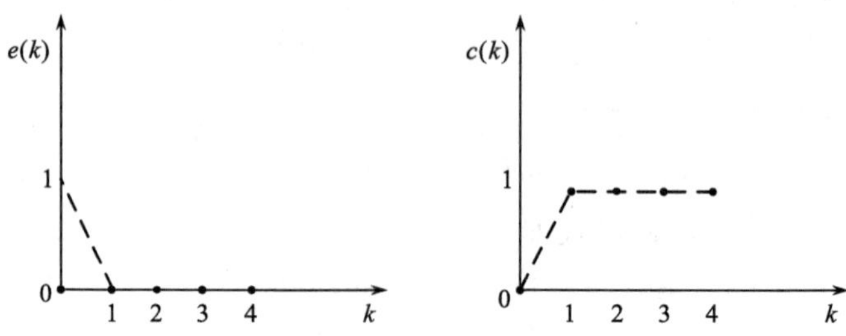

图 6-5　单位阶跃序列输入时的误差和输出响应序列

2）单位速度输入时

由于 $R(z)=\dfrac{Tz^{-1}}{(1-z^{-1})^2}$，$\phi_e(z)=(1-z^{-1})^2$，$\phi(z)=2z^{-1}-z^{-2}$，则

$$C(z)=\phi(z)R(z)=(2z^{-1}-z^{-2})\frac{Tz^{-1}}{(1-z^{-1})^2}$$

$$=2Tz^{-2}+3Tz^{-3}+4Tz^{-4}+\cdots$$

$$c(0)=0,\quad c(1)=0,\quad c(2)=2T,\quad c(3)=3T,\cdots$$

$$E(z)=\phi_e(z)R(z)=(1-z^{-1})^2\frac{Tz^{-1}}{(1-z^{-1})^2}=Tz^{-1}$$

$$e(0)=0,\quad e(1)=T,\quad e(2)=e(3)=\cdots=0$$

也就是说，系统经过 2 拍后就可以无差地跟踪上输入的变化，即此时系统的调节时间 $t_s=2T$，T 为系统采样时间，误差及输出序列如图 6-6 所示。

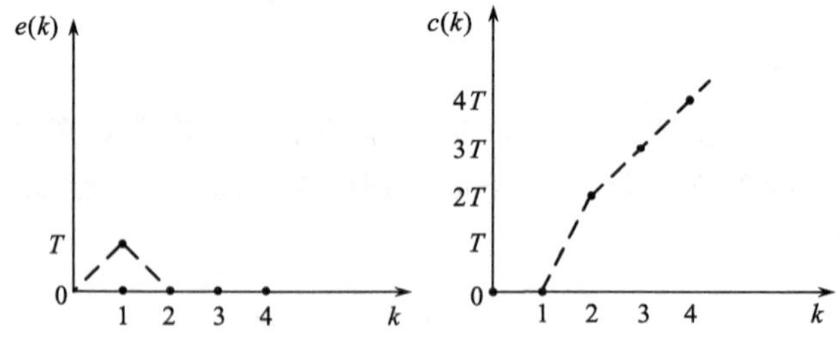

图 6-6　速度序列输入时的误差和输出响应序列

3）单位加速度输入时

由于 $R(z)=\dfrac{T^2(1+z^{-1})z^{-1}}{2(1-z^{-1})^3}$，$\phi_e(z)=(1-z^{-1})^3$，$\phi(z)=3z^{-1}-3z^{-2}+z^{-3}$，则

$$C(z)=\phi(z)R(z)=(3z^{-1}-3z^{-2}+z^{-3})\frac{T^2(1+z^{-1})z^{-1}}{2(1-z^{-1})^3}$$

$$=1.5T^2z^{-2}+4.5T^2z^{-3}+8T^2z^{-4}+\cdots$$

$$c(0)=0,\quad c(1)=0,\quad c(2)=1.5T^2,\quad c(3)=4.5T^2,\quad c(4)=8T^2,\cdots$$

$$E(z)=\phi_e(z)R(z)=(1-z^{-1})^3\ \frac{T^2(1+z^{-1})z^{-1}}{2(1-z^{-1})^3}=\frac{1}{2}T^2z^{-1}+\frac{1}{2}T^2z^{-2}$$

$$e(0)=0,\quad e(1)=\frac{1}{2}T^2,\quad e(2)=\frac{1}{2}T^2,\quad e(3)=e(4)=\cdots=0$$

也就是说，系统经过 3 拍后就可以无差地跟踪上输入的变化，即此时系统的调节时间 $t_s=3T$，T 为系统采样时间，误差及输出序列如图 6-7 所示。

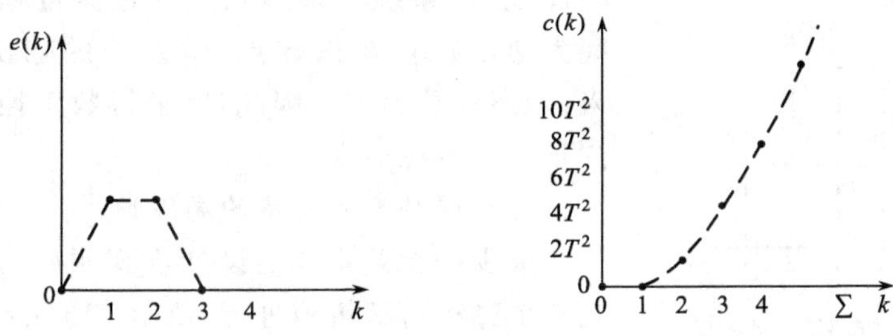

图 6-7　加速度序列输入时的误差和输出响应序列

由上面的讨论可以看出，最少拍控制器设计时，$\phi_e(z)$或$\phi(z)$的选取与典型输入信号的形式密切相关，即对于不同输入 $R(z)$，要求使用不同的闭环 z 传递函数，所以这样设计出的控制器对各种典型输入信号的适应能力较差。若运行时的输入信号与设计时的输入信号形式不一致，将得不到期望的最佳性能。

例 6-8　对于图 6-4 所示的系统，设 $G_p(s)=\dfrac{10}{s(s+1)}$，$T=1\text{s}$，输入为单位速度函数，要求系统为无稳态误差，过渡过程时间为最少拍，试确定数字控制器 $D(z)$。

解

$$G(z)=Z\left[\frac{10(1-e^{-Ts})}{s^2(s+1)}\right]=\frac{3.68(1+0.718z^{-1})z^{-1}}{(1-z^{-1})(1-0.368z^{-1})}$$

为满足单位速度输入时无稳态误差最少拍要求，则应选

$$\phi_e(z)=(1-z^{-1})^2$$

则得到

$$D(z)=\frac{1-\phi_e(z)}{\phi_e(z)G(z)}=\frac{0.543(1-0.5z^{-1})(1-0.368z^{-1})}{(1-z^{-1})(1+0.718z^{-1})}$$

验证所求 $D(z)$能否满足性能指标要求

$$\phi(z)=1-\phi_e(z)=2z^{-1}-z^{-2}$$

$$R(z) = \frac{Tz^{-1}}{(1-z^{-1})^2}$$

可得

$$C(z) = \phi(z)R(z) = (2z^{-1} - z^{-2})\frac{z^{-1}}{(1-z^{-1})^2}$$

$$= 2z^{-2} + 3z^{-3} + 4z^{-4} + 5z^{-5} + \cdots$$

$$E(z) = \phi_e(z)R(z) = (1-z^{-1})^2\frac{z^{-1}}{(1-z^{-1})^2} = z^{-1}$$

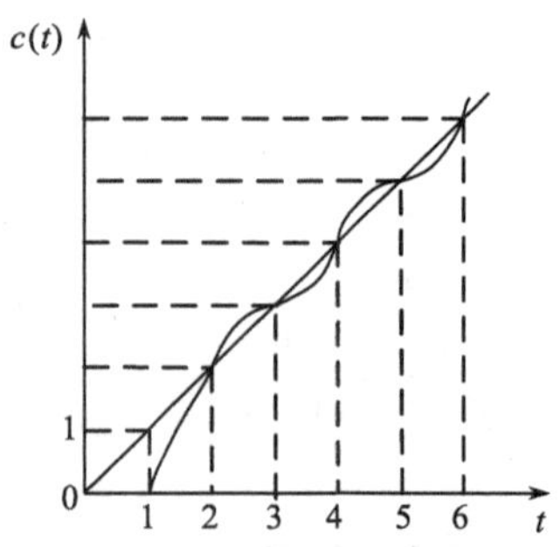

图 6-8　单位速度输入时的输出跟踪情况

输出的动态过程如图 6-8 所示，从图中可以看出，系统在单位速度信号输入作用下，系统经过了两个采样周期后，系统在采样点上的过渡过程结束（调节时间为两拍），且在采样点上，系统的输出完全跟踪输入，稳态误差为零。因此，所求得数字控制 $D(z)$完全满足设计指标要求。

5. *最少拍无差系统的局限性*

最少拍无差系统的设计步骤明确，设计方法简单且整个过程可解析地进行，使用该方法设计出的 $D(z)$ 的结构也十分简单，这都是最少拍无差系统的优点，但最少拍无差系统也存在一些局限性。

1）对不同的输入类型适应性差

$D(z)$的设计时系统针对某一种典型输入的响应为最少拍，但对于其他类型的输入不一定为最少拍，甚至会有很大的超调和静差，对随机输入性能就更差。下面通过一个例子来说明。

例 6-9　设有一阶广义对象 $G(z)=\frac{0.5z^{-1}}{1-0.5z^{-1}}$，$T=1\text{s}$，针对单位速度输入设计最少拍无差系统，并考察系统对单位阶跃、速度和加速度输入的响应。

解　针对单位速度输入设计结果是

$$\phi(z) = 2z^{-1} - z^{-2}$$

则

$$D(z) = \frac{\phi(z)}{G(z)(1-\phi(z))} = \frac{4(1-0.5z^{-1})^2}{(1-z^{-1})^2}$$

(1)对单位速度输入响应

$$R(z) = \frac{z^{-1}}{(1-z^{-1})^2} = z^{-1} + 2z^{-2} + 3z^{-3} + \cdots$$

$$C(z)=R(z)\phi(z)=\frac{2z^{-2}-z^{-3}}{1-z^{-1}}=2z^{-2}+3z^{-3}+4z^{-4}+\cdots$$

两拍后系统无静差。

（2）对单位阶跃输入响应

$$R(z)=\frac{1}{1-z^{-1}}=1+z^{-1}+z^{-2}+z^{-3}+\cdots$$

$$C(z)=R(z)\phi(z)=\frac{2z^{-1}-z^{-2}}{1-z^{-1}}=2z^{-1}+z^{-2}+z^{-3}+\cdots$$

两拍后系统无静差。但第二拍的输出值为 2，超调量达到了 100%。

（3）对单位加速度输入的响应

$$R(z)=\frac{z^{-1}(1+z^{-1})}{2(1-z^{-1})^3}=0.5z^{-1}+2z^{-2}+4.5z^{-3}+8z^{-4}+\cdots$$

$$C(z)=R(z)\phi(z)=\frac{(z^{-1}+z^{-2})(2z^{-1}-z^{-2})}{2(1-z^{-1})^3}$$

$$=z^{-2}+3.5z^{-3}+7z^{-4}+11.5z^{-5}+\cdots$$

期望值在各采样点上的值为 0,0.5,2,4.5,8,…，输出值为 0,0,1,3.5,7,11.5,…，稳态误差为 1，这时，既不是最少拍，也不是无静差。系统的输出响应如图 6-9 所示。

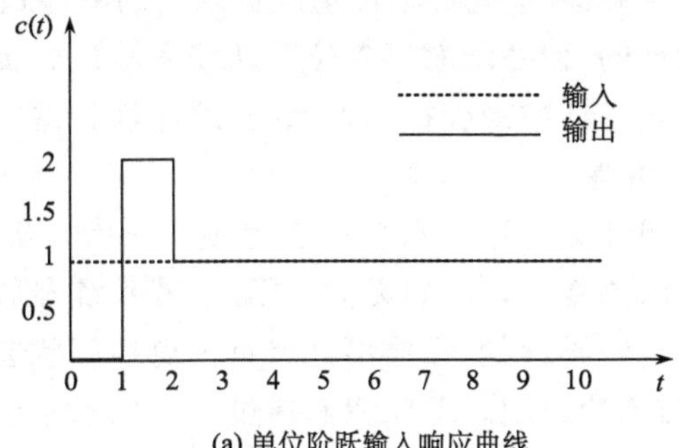

(a) 单位阶跃输入响应曲线

(b) 单位速度输入响应曲线

图 6-9　按速度输入设计的最少拍系统对不同输入的响应曲线

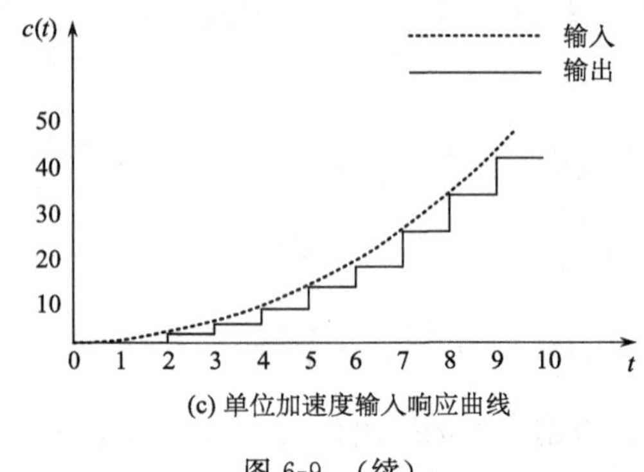

(c) 单位加速度输入响应曲线

图 6-9 （续）

由图 6-9 可以得出如下结论：

(1) 从快速性来看，系统是按速度输入设计的最少拍系统，所以在各种典型输入下，其调整时间均为二拍，对加速度输入来说，虽然输出没有跟踪上输入，但其调整时间仍为二拍，只是有稳态误差。

(2) 从准确性来看，系统对单位阶跃输入和单位速度输入在采样时刻均无稳态误差，但对单位加速度输入，采样时刻上的稳态误差为 1。

(3) 从系统动态性能来看，系统对单位速度输入下的响应最好，这是因为系统本身就是针对速度输入而设计的，但系统对于单位阶跃输入响应性能较差，有 100％的超调量。所以按某种典型输入设计的最少拍无差系统，适应性较差。

2）对参数变化过于敏感

最少拍无差系统的闭环 z 传递函数含有多重极点 $z=0$，从理论上可以证明，这一多重极点对参数变化的敏感度可以达到无穷。因此，若系统参数变化，或在计算机中存入的参数与设计参数略有差异，则实际输出将严重偏离期望状态，这也是在做最少拍实验时，常常得不到预期结果的原因。下面我们通过一个例子来说明。

例 6-10 在例 6-9 中，如果 $G(z)=\dfrac{0.5z^{-1}}{1-0.5z^{-1}}$变为 $G^*(z)=\dfrac{0.6z^{-1}}{1-0.4z^{-1}}$，求系统对单位速度输入的响应。

解 参数发生变化后，系统的闭环 z 传递函数为

$$D(z)=\frac{4(1-0.5z^{-1})^2}{(1-z^{-1})^2}$$

$$\phi^*(z)=\frac{D(z)G^*(z)}{1+D(z)G^*(z)}=\frac{2.4z^{-1}(1-0.5z^{-1})^2}{1-0.6z^{-2}+0.2z^{-3}}$$

在输入为单位速度时，有

输入 $$R(z)=\frac{z^{-1}}{(1-z^{-1})^2}=0z^{-0}+z^{-1}+2z^{-2}+3z^{-3}+\cdots$$

输出 $$C(z)=R(z)\phi(z)=\frac{2.4z^{-2}(1-0.5z^{-1})^2}{(1-z^{-1})^2(1-0.6z^{-2}+0.2z^{-3})}$$

$$=2.4z^{-2}+2.4z^{-3}+4.4z^{-4}+4.56z^{-5}+6.384z^{-6}+\cdots$$

对应的输出序列:0,0,2.4,2.4,4.4,…相差甚远。事实上,这时闭环极点已变为 $z_1=-0.906$,$z_{2,3}=0.435\pm0.12\text{j}$,偏离原点甚远,已不具最少拍设计性质。

3) 控制作用易超出限制范围

在前面讲的最少拍无差设计中,并未对采样周期的下限和控制量提出任何限制。因此,我们所得到的控制结果是使控制量不受任何限制时系统输出跟踪输入所需要的最少拍过程,也就是说,T 似乎可以无限减小,系统的调整时间 t_s 也可以无限小。这个结论只有理论上的意义,实际上是不可能的。因为离散系统中,许多参数与采样周期 T 有关,当 T 变小时,参数也变化,到一定程度就会使控制量超出系统的线性范围,控制量起不到预期的控制效果。下面举例说明。

例 6-11 一阶惯性环节 $G_p(s)=\frac{1}{T_f s+1}$,研究 T 与控制量 U 的关系。

解 广义对象的 z 传递函数为

$$G(z)=Z\left[\frac{1-\mathrm{e}^{-Ts}}{s}G_p(s)\right]=\frac{(1-\mathrm{e}^{-T/T_f})z^{-1}}{1-\mathrm{e}^{-T/T_f}z^{-1}}=\frac{z^{-1}}{z^{-1}+\dfrac{1-z^{-1}}{1-\mathrm{e}^{-T/T_f}}}$$

控制量为

$$U(z)=\frac{C(z)}{G(z)}=\frac{\phi(z)R(z)}{G(z)}$$

讨论:当 $T\downarrow$ 时,$\mathrm{e}^{-T/T_f}\uparrow\rightarrow(1-\mathrm{e}^{-T/T_f})\downarrow\rightarrow|G(z)|\downarrow\rightarrow|U(z)|\uparrow$

如果通过该 $U(z)$ 驱动电机,则 $U(z)$ 幅度大到一定程度,比如会引起放大器饱和或达到电机极限转速。因此,在设计过程中必须恰当选择 T,以实现最少拍设计的控制量。

4) 在采样之间存在波纹

最少拍有波纹系统只是在采样点上的稳态误差为 0,而采样点之间的输出却有偏差,即有波纹。这些波纹影响了系统质量,增加了功耗、震动和机械磨损。而有些系统是不允许有波纹的,因此就有必要弄清楚波纹产生的原因,并想办法消除它,这在下一节论述。

由于上述这些原因,最少拍控制在工程上的应用受到很大限制,所以,除去个别情况外,最少拍无差系统并无多大实用意义。但是,人们可以通过对最少拍控制的局限性进行改进,选择更合理的 $\phi(z)$,以获得较好的控制效果。

6.3 最少拍无波纹系统的设计

从前面设计的有波纹控制系统中可以看到,系统虽然在采样点上跟踪参考信号,但在采样周期间出现波动。这种情况是工程上不希望出现的。出现这种现象的原因是数字控制器的输出 $U(z)$ 产生振荡，无纹波输出就是要求控制器的输出 $U(z)$ 保持恒定。因此需要重新设计控制器，使得输出响应经过尽可能少的采样周期后，不仅可以在采样时刻上输出完全跟踪输入，而且，在非采样周期时刻没有纹波，即使 $U(z)$ 经有限拍消除振荡。

以下通过例 6-12 说明实际设计中遇到的纹波问题及其产生机理。

例 6-12 对象的传递函数为 $G_p(s)=\dfrac{10}{s(s+1)}$，采样周期为 1s，设计在单位阶跃输入时的最少拍系统的数字控制器 $D(z)$，并分析系统输出响应。如图 6-10 所示。

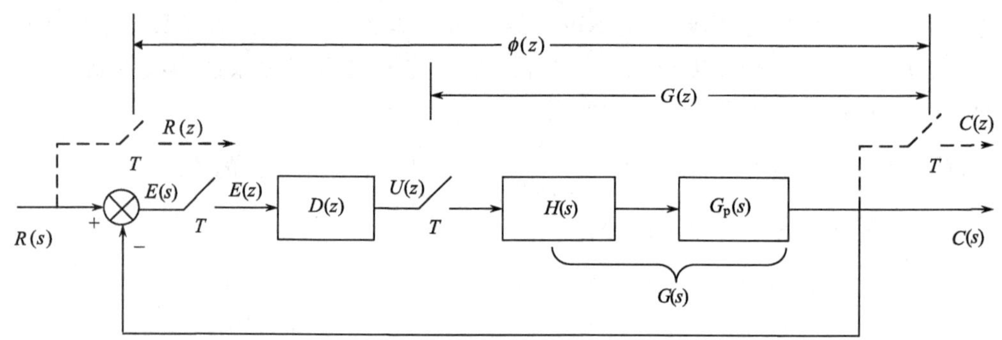

图 6-10 最少拍系统控制框图

解 $G(z)=Z\left[\dfrac{1-e^{-sT}}{s}\dfrac{10}{s(s+1)}\right]=(1-z^{-1})Z\left[\dfrac{10}{s^2(s+1)}\right]=\dfrac{3.68z^{-1}(1+0.718z^{-1})}{(1-z^{-1})(1-0.368z^{-1})}$

$$\phi(z)=z^{-1},\quad \phi_e(z)=1-\phi(z)=1-z^{-1}$$

$$D(z)=\frac{1}{G(z)}\frac{\phi(z)}{\phi_e(z)}=\frac{0.272(1-0.368z^{-1})}{1+0.718z^{-1}}$$

$$C(z)=R(z)\phi(z)=z^{-1}+z^{-2}+z^{-3}+\cdots$$

根据广义 Z 变换滞后定理（见附录 2），可得

$$G(z,\beta)=10(1-z^{-1})\left[\frac{z^{-2}}{(1-z^{-1})^2}+\frac{(\beta-1)z^{-1}}{1-z^{-1}}+\frac{e^{-\beta}z^{-1}}{1-e^{-1}z^{-1}}\right]$$

设 $\beta=0.5$，那么计算可得

$$\begin{aligned}C(z,\beta)&=\phi(z,\beta)R(z)\\&=0.289z^{-1}+1.359z^{-2}+0.738z^{-3}+1.184z^{-4}+0.864z^{-5}+\cdots\end{aligned}$$

$$\begin{aligned}U(z)&=D(z)E(z)=D(z)\phi_e(z)R(z)\\&=0.272-0.295z^{-1}+0.212z^{-2}-0.152z^{-3}+0.109z^{-4}-0.078z^{-5}+\cdots\end{aligned}$$

系统的输出响应和控制器输出如图 6-11、图 6-12 所示。

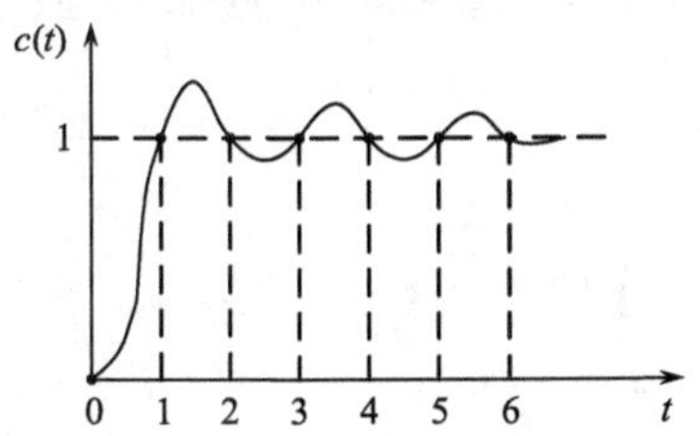

图 6-11　最少拍系统输出响应

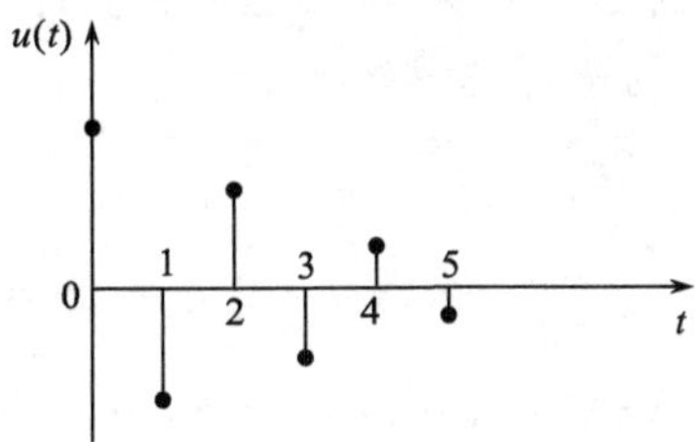

图 6-12　数字控制器输出序列

从图中可以看到数字控制器 $D(z)$ 在系统输出响应过渡过程结束后，还在围绕其稳态值振荡。由于控制器输出 $U(z)$ 含有非零极点，即单位圆左半平面内的极点。虽然这个极点稳定，但其对应的时域响应是振荡收敛的，而 $U(z)$ 这种极点来自被控对象的非零零点。

为了消除纹波，我们引入附加条件。

设控制器的输出为

$$U(z)=\frac{C(z)}{G(z)}=\frac{R(z)\phi(z)}{G(z)}=\frac{\phi(z)}{G(z)}R(z) \tag{6-37}$$

因此可得传递函数为

$$\frac{U(z)}{R(z)}=\frac{\phi(z)}{G(z)}$$

如果 $\frac{\phi(z)}{G(z)}$ 为有限项的 z 负指数多项式形式，即可消除 $U(z)$ 波动。产生纹波的原因是 $\frac{\phi(z)}{G(z)}$ 不是关于 z^{-1} 的有限多项式，这样使得 $u(k)$ 的过渡过程不结束，从而使得输出 $c(k)$ 产生波动。

设最少拍系统广义 z 传递函数为

$$G(z)=z^{-N}\frac{k_1\prod_{i=1}^{u}(1-b_iz^{-1})}{\prod_{j=1}^{v}(1-a_jz^{-1})\prod_{p=1}^{w}(1-f_pz^{-1})} \tag{6-38}$$

式中，$b_1,b_2,\cdots,b_u$ 是 $G(z)$ 的 u 个零点；$a_1,a_2,\cdots,a_v$ 是 $G(z)$ 的 v 个不稳定极点；$f_1,f_2,\cdots,f_w$ 是 $G(z)$ 的 w 个稳定极点；k_1 为常系数；z^{-N} 为 $G(z)$ 中含有的纯滞后环节。

如果

$$\phi(z)=z^{-N}\prod_{i=1}^{u}(1-b_iz^{-1})F_2(z) \tag{6-39}$$

式中，$F_2(z)=k(1+c_1z^{-1}+\cdots+c_{m+v-1}z^{-(m+v-1)})$，$k$ 为常系数。

即就是让 $\phi(z)$ 包含 $G(z)$ 的全部非零零点，$F_2(z)$ 是由上一小节最少拍有波纹设计

所决定的 z^{-1} 的多项式。因此，设计原则是在最少拍有波纹设计的基础上，使得 $\phi(z)$ 包含 $G(z)$ 的全部非零零点。

则可得

$$\phi_{e}(z) = 1 - \phi(z) = (1 - z^{-1})^{m} \prod_{j=1}^{v} (1 - a_{j} z^{-1}) F_{1}(z) \tag{6-40}$$

式中，$F_1(z) = 1 + d_1 z^{-1} + \cdots + d_{N+u-1} z^{-(N+u-1)}$。

对于单位阶跃、单位速度和单位加速度输入，m 分别取值为 1,2,3。

由此得到数字控制器为

$$D(z) = \frac{\phi(z)}{\phi_{e}(z) G(z)} \tag{6-41}$$

其他与有波纹系统相同，而且 $\phi_e(z)$ 的选择应遵循下述原则：

(1) $D(z)$ 在物理上应该是可实现的有理多项式，其多项式分母的第一个数必为 1，而且零点的数目不能大于极点的数目。

(2) $\phi_e(z)$ 应该把 $G(z)$ 单位圆上的极点作为自己的零点。

(3) $\phi(z)=1-\phi_e(z)$ 必须包含 $G(z)$ 的所有单位圆外零点。

(4) $\phi(z)=1-\phi_e(z)$ 应为 z^{-1} 的展开式，且方次应与 $G(z)$ 中分子的 z^{-1} 因子的方次相等。

例 6-13 被控对象传函 $G_p(s)=\dfrac{10}{s(s+1)}$，$T=1\text{s}$，设计在单位阶跃信号输入下的最少拍无波纹系统的控制器 $D(z)$。

解 计算 $G_p(s)=\dfrac{10}{s(s+1)}$ 广义对象 z 变换

$$G(z) = Z\left[\frac{1-e^{-sT}}{s}\,\frac{10}{s(s+1)}\right] = (1-z^{-1})Z\left[\frac{10}{s^{2}(s+1)}\right]$$

$$= \frac{3.68z^{-1}(1+0.718z^{-1})}{(1-z^{-1})(1-0.368z^{-1})}$$

设计闭环传递函数为

$$\phi(z) = kz^{-1}(1+0.718z^{-1})$$

误差传递函数为

$$\phi_{e} = (1-z^{-1})(1+d_{1}z^{-1})$$

由 $\phi_e(z)=1-\phi(z)$，利用待定系数法得 $k=0.582$，$d_1=0.418$。因此

$$\phi(z) = 0.582z^{-1}(1+0.718z^{-1})$$

$$\phi_{e} = (1-z^{-1})(1+0.418z^{-1})$$

控制器为

$$D(z) = \frac{\phi(z)}{\phi_{e}(z)G(z)} = \frac{0.1582(1-0.368z^{-1})}{1+0.418z^{-1}}$$

因此,系统在采样点的输出为

$$C(z)=R(z)\phi(z)=0.582z^{-1}+z^{-2}+z^{-3}+\cdots$$

控制器的输出为

$$U(z)=D(z)\phi_{e}(z)R(z)=0.1582-0.058z^{-1}$$

由此可见,$U(z)$和$C(z)$为关于z^{-1}的有限项多项式,从第二拍起,输出量稳定在稳态值,控制量为零,但系统的调整时间比有波纹多了1拍。此时系统经过2拍就消除了波纹,如图6-13和图6-14所示。

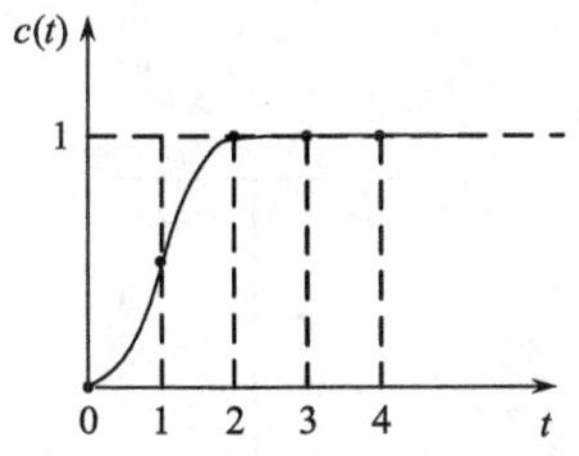

图6-13 输入为单位阶跃时的输出响应

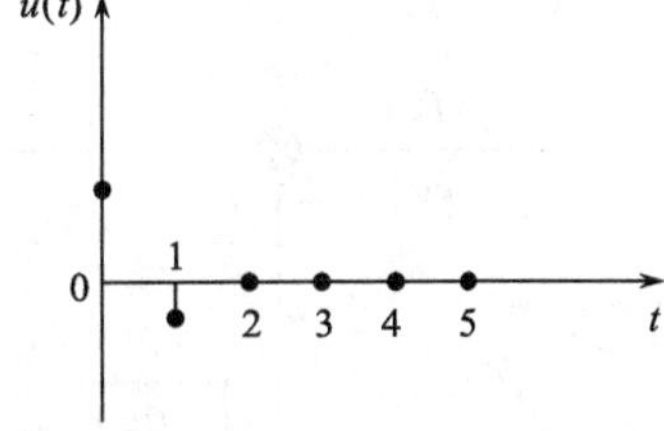

图6-14 输入为单位阶跃时数字控制器输出序列

6.4 有扰动数字控制系统的设计

在以前各节讨论的问题中,仅仅是针对计算机的控制系统的参考输入而设计的。实际的控制系统中,除了参考输入之外,常常还有扰动作用。干扰几乎在任何位置均可进入系统,为了便于讨论,可将干扰归并在零阶保持器和被控对象之间,如图6-15所示,现在产生的问题是,针对参考输入而设计的系统,是否能有效地克服干扰$f(t)$所产生的影响?

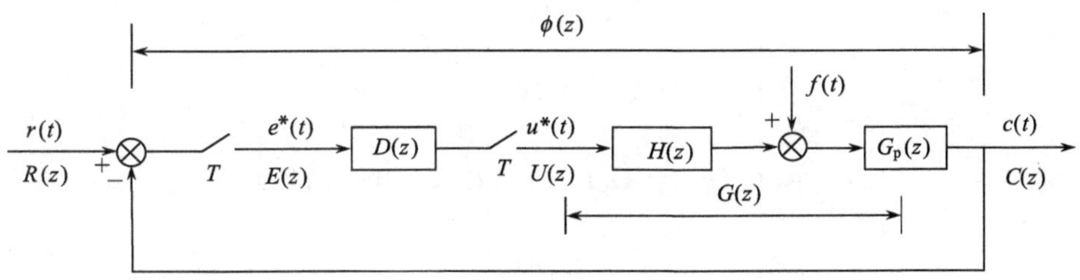

图6-15 有扰动作用的数字控制系统

在很多情况下,针对参考输入而设计的系统,对抑制较弱的干扰作用所产生的影响也有较好的效果,这正是负反馈控制系统所具有的优点之一。然而,如果干扰作用比较严重，或设计的着眼点主要是针对干扰所产生的影响，则必须研究新的设计方法。由于负反馈控制系统的自动调节作用的优点，按前面方法只针对参考输入所设计的数字控制器 $D(z)$ 或闭环 z 传递函数 $\phi(z)$，对抑制弱扰动作用的影响是很有效的，这种情况下不必修改原设计的 $D(z)$ 或 $\phi(z)$，但在强扰动作用下一般就需要修改原设计。

6.4.1 针对扰动作用的设计

假设存在扰动的控制系统如图 6-15 所示，当只存在扰动作用时（$r(t)=0$），扰动系统的等效图如图 6-16 所示。

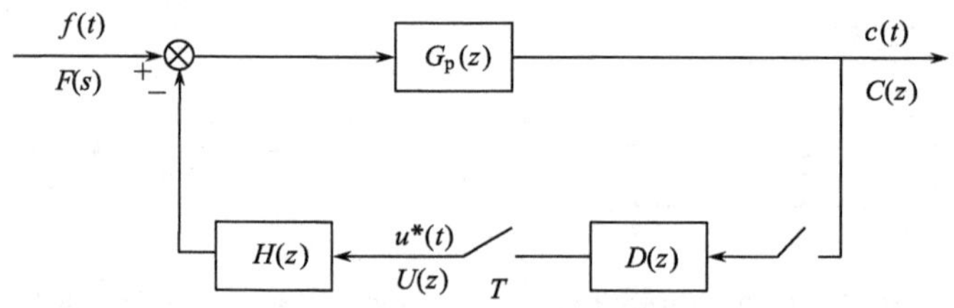

图 6-16 扰动数字控制系统等效图

根据线性系统的叠加原理，系统只存在扰动时的输出响应为

$$C_f(s)=G_p(s)\left[F(s)-\frac{1-e^{-Ts}}{s}U^*(s)\right]$$

$$=F(s)G_p(s)-\frac{1-e^{-Ts}}{s}G_p(s)U^*(s) \tag{6-42}$$

取 z 变换得

$$C_f(z)=G_pF(z)-G(z)U(z)$$

式中

$$G(z)=Z\left[\frac{1-e^{-Ts}}{s}G_p(s)\right]$$

又

$$U(z)=C_f(z)D(z)$$

则

$$C_f(z)=G_pF(z)-G(z)D(z)C_f(z) \tag{6-43}$$

所以

$$C_f(z)=\frac{G_pF(z)}{1+D(z)G(z)}$$

系统输出对扰动的闭环 z 传递函数为

$$\phi_f(z)=\frac{C_f(z)}{F(z)}=\frac{G_pF(z)/F(z)}{1+D(z)G(z)} \tag{6-44}$$

于是得到数字控制器

$$D(z)=\frac{[G_{\mathrm{p}}F(z)/F(z)]-\phi_{\mathrm{f}}(z)}{G(z)\phi_{\mathrm{f}}(z)} \tag{6-45}$$

针对扰动作用的系统的设计方法是：

(1) 根据系统运行的实际情况，确定设计中所针对的干扰输入作用 $F(z)$。

(2) 根据消除干扰所引起的输出响应的要求(如无稳态误差、最快速的瞬态响应、稳定性等)，以及 $D(z)$物理可实现的约束，确定输出对扰动的闭环 z 传递函数 $\phi_{\mathrm{f}}(z)$。所采用的方法与前几节介绍的方法基本相同。

(3) 确定数字控制器 $D(z)$，并编写控制算法程序。

6.4.2 抑制扰动作用的设计

再来研究既有参数输入 $R(s)$又有扰动作用 $F(s)$的系统设计方法。对于图 6-15 所示的系统，设计分两步进行：

(1) 首先针对参考输入，确定闭环 z 传递函数 $\phi(z)$。

(2) 考虑系统对干扰 $F(s)$的抑制作用，修改设计的结果(有时不需要修改)。

实际上，如图 6-15 所示的系统输出响应为

$$\begin{aligned}C(z)&=\phi(z)R(z)+\phi_{\mathrm{f}}(z)F(z)\\&=\frac{D(z)G(z)}{1+D(z)G(z)}R(z)+\frac{G_{\mathrm{p}}F(z)/F(z)}{1+D(z)G(z)}F(z)\end{aligned}$$

所以

$$\phi_{\mathrm{f}}(z)=[1-\phi(z)]G_{\mathrm{p}}F(z)/F(z) \tag{6-46}$$

如果系统要抑制扰动的影响，则对 $\phi_{\mathrm{f}}(z)$的要求是：对于设计中的扰动作用，不产生稳态响应。

不失一般性，设扰动信号具有以下形式：

$$F(z)=\frac{A(z)}{(1-z^{-1})^{m}}$$

则在扰动作用下产生稳态响应，可由终值定理求得

$$C_{\mathrm{f}}(\infty)=\lim_{z\to 1}(1-z^{-1})C_{\mathrm{f}}(z)=\lim_{z\to 1}(1-z^{-1})\phi_{\mathrm{f}}(z)F(z) \tag{6-47}$$

若要求 $C_{\mathrm{f}}(\infty)=0$，则要求扰动的闭环 z 传递函数 $\phi_{\mathrm{f}}(z)$具有以下形式：

$$\phi_{\mathrm{f}}(z)=(1-z^{-1})^{m}F_{\mathrm{f}}(z) \tag{6-48}$$

式中，$F_{\mathrm{f}}(z)$为不含$(1-z^{-1})$因子的关于 z^{-1}的有限多项式。

由此可以得到以下结论：若系统扰动的闭环 z 传递函数 $\phi_{\mathrm{f}}(z)$可以表示成 $\phi_{\mathrm{f}}(z)=(1-z^{-1})^{m}F_{\mathrm{f}}(z)$的形式，则就不必修改针对参考输入所确定的数字控制器 $D(z)$，否则就要修改 $D(z)$。

例 6-14 对于图 6-15 所示的系统，设 $G_p(s)=\dfrac{10}{s(0.025s+1)}$，$T=0.025\mathrm{s}$，$r(t)=1(t)$，$f(t)=1(t)$。设计无稳态误差有波纹最少拍系统的数字控制器 $D(z)$。

解 根据最少拍系统设计原则

$$G(z)=Z\left[\frac{1-e^{-Ts}}{s}\frac{10}{s(0.025s+1)}\right]=\frac{0.092(1+0.718z^{-1})z^{-1}}{(1-z^{-1})(1-0.068z^{-1})}$$

则得到

$$\phi_e(z)=1-z^{-1},\quad \phi(z)=z^{-1}$$

$$D(z)=\frac{\phi(z)}{G(z)\phi_e(z)}=\frac{10.87(1-0.368z^{-1})}{1+0.718z^{-1}}$$

$$\phi_f(z)=\frac{[1-\phi(z)]G_pF(z)}{F(z)}=\frac{\phi_e(z)G_pF(z)}{F(z)}$$

$$G_pF(z)=Z\left[\frac{10}{s(0.025s+1)}\frac{1}{s}\right]=\frac{0.092(1+0.718z^{-1})z^{-1}}{(1-z^{-1})^2(1-0.368z^{-1})}$$

$$F(z)=\frac{1}{1-z^{-1}}$$

$$\phi_f(z)=\frac{0.092(1+0.718z^{-1})z^{-1}}{1-0.368z^{-1}}$$

由此可见，$\phi_f(z)$不能满足 $\phi_f(z)=(1-z^{-1})^m F_f(z)$，则需要修改原设计 $D(z)$。

进一步分析可知：$C_f(\infty)=\lim\limits_{z\to 1}(1-z^{-1})\phi_f(z)F(z)=0.25\neq 0$，显然不符合设计要求，必须修改原先设计的 $D(z)$，则

$$\frac{0.092(1+0.718z^{-1})z^{-1}}{1-0.368z^{-1}}A(z)=(1-z^{-1})F_f(z)$$

式中

$$A(z)=(1+az^{-1})(1-0.368z^{-1})$$

$$F_f(z)=k(1+bz^{-1})z^{-1}$$

得

$$0.092[1+(0.718+a)z^{-1}+0.718az^{-2}]=k[1+(b-1)z^{-1}-bz^{-2}]$$

解得

$$\begin{cases}k=0.092\\ a=-1\\ b=0.718\end{cases}$$

$$A(z)=(1-z^{-1})(1-0.368z^{-1})$$

$$F_{\mathrm{f}}(z) = 0.092(1 + 0.718z^{-1})z^{-1}$$

$$\phi_{\mathrm{f}}(z) = 0.092z^{-1}(1 - z^{-1})(1 + 0.718z^{-1})$$

$$D(z) = \frac{[G_{\mathrm{p}}F(z)/F(z)] - \phi_{\mathrm{f}}(z)}{G(z)\phi_{\mathrm{f}}(z)} = \frac{1 - (1 - z^{-1})^2(1 - 0.368z^{-1})}{0.092z^{-1}(1 - z^{-1})(1 + 0.718z^{-1})}$$

显然，$D(z)$是物理可实现的。

6.5 大林算法

6.5.1 大林算法

在一些工业过程(如热工、化工)控制中，由于物料或能量的传输延迟，许多被控制对象具有纯滞后性质。对象的这种纯滞后性质常会引起系统产生超调和振荡。因此，对于这一类系统，采用一般的随动系统设计方法是不行的，而用 PID 控制往往效果也欠佳。针对这种现象，1968 年美国 IBM 公司的大林(E. B. Dahlin)提出了一种控制算法，这就是广泛应用的大林算法。大林算法是运用于自动控制领域中的一种算法，是一种先设计好闭环系统的响应再反过来综合调节器的方法。此算法具有消除余差、对纯滞后有补偿作用等特点。

设被控对象为带有延迟的一阶惯性环节或二阶惯性环节，它的传递函数为

$$G_{\mathrm{p}}(s) = \frac{K\mathrm{e}^{-\tau s}}{T_1 s + 1}, \quad \tau = \mathrm{NT} \tag{6-49}$$

$$G_{\mathrm{p}}(s) = \frac{K\mathrm{e}^{-\tau s}}{(T_1 s + 1)(T_2 s + 1)}, \quad \tau = \mathrm{NT} \tag{6-50}$$

式中，T_1，T_2 为对象的时间常数，τ 为对象的纯滞后时间，假设其为采样周期 T 的整数倍。

大林算法的设计目标是使整个闭环系统所期望的传递函数 $\phi(s)$，相当于一个延时环节和一个惯性环节相串联，滞后时间与被控对象滞后时间相同，即

$$\phi(s) = \frac{\mathrm{e}^{-\tau s}}{T_\tau s + 1}, \quad \tau = \mathrm{NT} \tag{6-51}$$

T_τ 为闭环系统时间常数。

该控制算法将调整时间的要求放在次要，而将超调量小甚至没有作为首要的设计指标。

广义对象 $G(z)$为零阶保持器和被控对象的级联。由图 6-17 得控制系统的闭环传递函数为

$$\phi(z) = \frac{C(z)}{R(z)} = \frac{D(z)G(z)}{1 + D(z)G(z)} \tag{6-52}$$

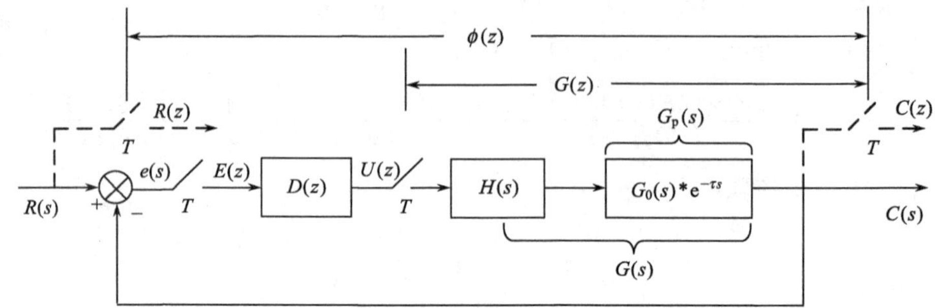

图 6-17　纯滞后系统控制原理图

则可得控制器为

$$D(z)=\frac{U(z)}{E(z)}=\frac{1}{G(z)}\frac{\phi(z)}{1-\phi(z)} \tag{6-53}$$

加有零阶保持器的闭环系统的 z 传递函数为

$$\phi(z)=Z\left[\frac{1-e^{-sT}}{s}\frac{1}{T_\tau s+1}e^{-\tau s}\right]=\frac{(1-e^{-\frac{T}{T_\tau}})z^{-(N+1)}}{(1-e^{-\frac{T}{T_\tau}}z^{-1})} \tag{6-54}$$

将式(6-54)代入式(6-53)可得

$$D(z)=\frac{1}{G(z)}\cdot\frac{\phi(z)}{1-\phi(z)}=\frac{1}{G(z)}\cdot\frac{(1-e^{-\frac{T}{T_\tau}})z^{-(N+1)}}{(1-e^{-\frac{T}{T_\tau}}z^{-1})-(1-e^{-\frac{T}{T_\tau}})z^{-(N+1)}} \tag{6-55}$$

$D(z)$就是所要求的控制器，它随着控制对象而变化。

1. 被控对象：一阶惯性环节＋纯滞后

广义对象为

$$Z\left[\frac{1-e^{-sT}}{s}\frac{K}{T_1 s+1}e^{-\tau s}\right]=\frac{K(1-e^{-\frac{T}{T_1}})z^{-(N+1)}}{(1-e^{-\frac{T}{T_1}}z^{-1})} \tag{6-56}$$

数字控制器为

$$D(z)=\frac{U(z)}{E(z)}=\frac{1}{\dfrac{K(1-e^{-\frac{T}{T_1}})z^{-(N+1)}}{(1-e^{-\frac{T}{T_1}}z^{-1})}}\frac{(1-e^{-\frac{T}{T_\tau}})z^{-(N+1)}}{(1-e^{-\frac{T}{T_\tau}}z^{-1})-(1-e^{-\frac{T}{T_\tau}})z^{-(N+1)}} \tag{6-57}$$

$$=\frac{(1-e^{-\frac{T}{T_1}}z^{-1})(1-e^{-\frac{T}{T_\tau}})}{K(1-e^{-\frac{T}{T_1}})[(1-e^{-\frac{T}{T_\tau}}z^{-1})-(1-e^{-\frac{T}{T_\tau}})z^{-(N+1)}]} \tag{6-58}$$

例 6-15　如图 6-17 所示的控制系统，设 $G_p(s)=\dfrac{e^{-Ts}}{0.2s+1}$，希望闭环 z 传递函数为 $\phi(s)=\dfrac{e^{-Ts}}{0.3s+1}$，采样周期为 $T=0.2$s，求数字控制器 $D(z)$。

解　根据已知条件可得：$N=1$，$T_1=0.2$s，$T_\tau=0.3$s，$k=1$，则可得控制器为

$$D(z)=\frac{0.7698(1-0.3679z^{-1})}{1-0.5134z^{-1}-0.4866z^{-2}}$$

2. 被控对象：二阶惯性环节＋纯滞后

广义对象为

$$Z\left[\frac{1-\mathrm{e}^{-sT}}{s}\cdot\frac{K}{(T_1s+1)(T_2s+1)}\mathrm{e}^{-\tau s}\right]=\frac{K(C_1+C_2z^{-1})z^{-(N+1)}}{(1-\mathrm{e}^{-\frac{T}{T_1}}z^{-1})(1-\mathrm{e}^{-\frac{T}{T_2}}z^{-1})}\tag{6-59}$$

式中

$$C_1=1+\frac{1}{T_2-T_1}(T_1\mathrm{e}^{-\frac{T}{T_1}}-T_2\mathrm{e}^{-\frac{T}{T_2}})$$

$$C_2=\mathrm{e}^{-\tau\left(\frac{1}{T_1}+\frac{1}{T_2}\right)}+\frac{1}{T_2-T_1}(T_1\mathrm{e}^{-\frac{T}{T_2}}-T_2\mathrm{e}^{-\frac{T}{T_1}})$$

数字控制器为

$$D(z)=\frac{(1-\mathrm{e}^{-\frac{T}{T_1}}z^{-1})(1-\mathrm{e}^{-\frac{T}{T_2}}z^{-1})(1-\mathrm{e}^{-\frac{T}{T_\tau}})}{K(C_1+C_2z^{-1})[(1-\mathrm{e}^{-\frac{T}{T_\tau}}z^{-1})-(1-\mathrm{e}^{-\frac{T}{T_\tau}})z^{-(N+1)}]}\tag{6-60}$$

例 6-16 如图 6-17 所示的控制系统，设 $G_p(s)=\frac{\mathrm{e}^{-Ts}}{(0.2s+1)(0.4s+1)}$，希望闭环 z 传递函数为 $\phi(s)=\frac{\mathrm{e}^{-Ts}}{0.1s+1}$，采样周期为 $T=0.3\mathrm{s}$，求数字控制器 $D(z)$。

解 根据已知条件可得：$N=1, T_1=0.2\mathrm{s}, T_2=0.4\mathrm{s}, T_\tau=0.1\mathrm{s}, k=1$，则可得控制器为

$$D(z)=\frac{3.4131(1-0.2231z^{-1})(1-0.4724z^{-1})}{(1-2.2134z^{-1})(1-0.0498z^{-1}-0.9502z^{-2})}$$

6.5.2 振铃现象及其抑制方法

直接使用上述理论于实际控制系统时，发现数字控制器的输出 $U(z)$ 产生以 $2T$ 为周期的大幅度波动，称这种现象为振铃现象。衡量振铃现象的参数是振铃幅度（Ringing Amplitude，RA），它定义为数字控制器在单位阶跃输入作用下，第 0 拍与第 1 拍输出幅度之差

$$\mathrm{RA}=u(0)-u(T)\tag{6-61}$$

RA 的计算方法如下：

设 $D(z)=\dfrac{1+\sum\limits_{i=1}^{m}b_iz^{-i}}{1+\sum\limits_{j=1}^{n}a_jz^{-j}}$，在单位阶跃信号作用下（$E(z)=\frac{1}{1-z^{-1}}$）

$$U(z)=D(z)E(z)=\frac{1+\sum\limits_{i=1}^{m}b_iz^{-i}}{1+\sum\limits_{j=1}^{n}a_jz^{-j}}\frac{1}{1-z^{-1}}$$

$$= \frac{1+\sum_{i=1}^{m} b_i z^{-i}}{1+(a_1-1)z^{-1}+\sum_{j=2}^{n}(a_j-a_{j-1})z^{-j}}$$

$$= 1+(b_1-a_1+1)z^{-1}+\cdots$$

根据式(6-61)

$$\mathrm{RA} = u(0)-u(T) = 1-(b_1-a_1+1) = a_1-b_1$$

例 6-17 已知控制器为 $D(z)=\dfrac{1}{1+z^{-1}}$,求振铃幅度 RA。

解 在单位阶跃输入下,输出为

$$U(z) = D(z)E(z) = \frac{1}{1+z^{-1}}\frac{1}{1-z^{-1}} = 1+z^{-2}+z^{-4}+\cdots$$

由定义式(6-61)可得: 1－0＝1。

由公式: $\mathrm{RA}=a_1-b_1=1-0=1$。

振铃现象的产生原因是由于控制量 $U(z)$ 中含有单位圆内左半平面接近 $z=-1$ 的极点。离 $z=-1$ 越近,振铃幅度也越大。单位圆内右半平面的零点会加剧振铃现象,而右半平面的极点会削弱振铃现象。

振铃现象的消除办法:找出 $D(z)$ 中引起振铃现象的极点($z=-1$ 附近的极点),然后令该极点的 $z=1$,这样振铃极点被消除。根据终值定理,这样处理不影响稳态输出。

例 6-18 设 $D(z)=\dfrac{2.524(1-0.6065z^{-1})}{(1-z^{-1})(1+z^{-1})(2+z^{-1})}$,如何消除振铃现象?

解 $D(z)$ 极点为:$z_1=1$,$z_2=-1$,$z_3=-0.5$,z_2 和 z_3 会产生振铃现象,为了消除振铃现象,令 $z=1$ 代入极点 $z_2=-1$ 和 $z_3=-0.5$,得

$$D(z) = \frac{2.524(1-0.6065z^{-1})}{(1-z^{-1})(1+1^{-1})(2+1^{-1})} = \frac{2.524(1-0.6065z^{-1})}{6(1-z^{-1})}$$

振铃现象并不是大林算法所特有的现象,它与最少拍控制中的波纹实质上是一致的。振铃现象会引起在采样点间系统输出波纹,并使执行机构磨损。在有交互作用的多系数系统中,甚至会威胁到系统的稳定性。因此在系统设计时必须清除振铃。

思考题

6.1 最少拍设计中对闭环脉冲传递函数的性能要求和约束是什么?并说明提出这些性能要求和约束的理由。

6.2 最少拍设计是否意味着采样周期越小,系统的调节时间就会越小?

6.3　分析最少拍有波纹系统产生波纹的原因。

6.4　某控制器系统如图 6-18 所示，已知被控对象的传递函数为

$$G_p(s)=\frac{1}{s(1+0.1s)(1+0.05s)}$$

设采样周期 $T=0.1\text{s}$，针对单位速度输入设计有波纹系统的数字控制器，计算采样瞬间数字控制器和系统的输出响应并绘制图形。

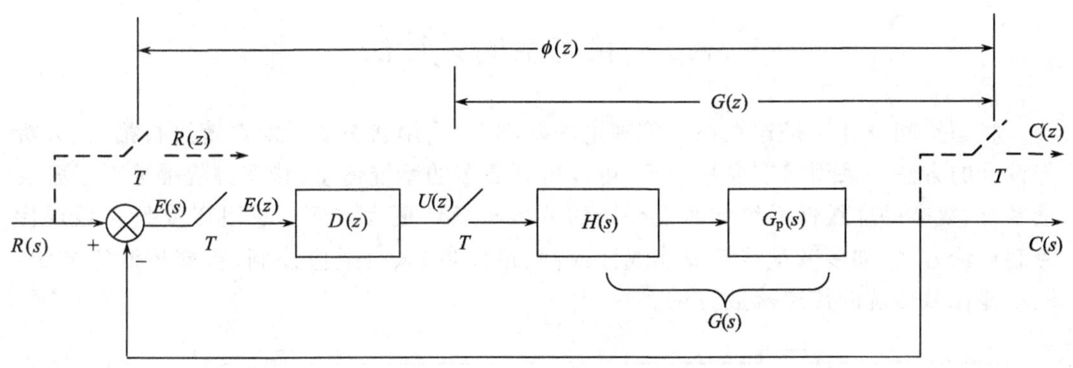

图 6-18　某控制器系统框图

6.5　对上题，针对单位速度输入设计快速无波纹系统的数字控制器，计算采样瞬间数字控制器和系统的输出响应并绘制图形。

6.6　对于广义被控对象 $G(z)=\dfrac{0.265z^{-1}(1+2.78z^{-1})(1+0.2z^{-1})}{(1-z^{-1})^2(1-0.286z^{-1})}$，设采样周期 $T=1\text{s}$，试针对单位阶跃输入设计最少拍无波纹系统 $D(z)$。

6.7　如图 6-18 所示，$G_p(s)=\dfrac{10\mathrm{e}^{-Ts}}{s(1+s)}$，设采样周期 $T=1\text{s}$，试针对单位阶跃输入设计最少拍有波纹系统和无波纹系统 $D(z)$。

6.8　如图 6-18 所示，$G_p(s)=\dfrac{\mathrm{e}^{-s}}{(1+2s)(1+s)}$，设采样周期 $T=1\text{s}$，若选闭环系统的时间常数 $T_\tau=0.1\text{s}$，是否会出现振铃现象？试用大林算法设计数字控制器 $D(z)$。

第 7 章　数字控制器的优化设计

本章主要介绍基于系统状态空间设计方法和模型预测控制的方法。

7.1　状态空间设计法

状态空间设计法是建立在矩阵理论的基础上，采用状态变量对系统进行描述、分析与设计的方法。采用状态变量表示，可以得到更多的系统信息；状态方程描述对于多变量系统、复杂的非线性系统和时变系统的分析与设计更为方便。它可以支持多数现代控制理论方法，如多变量线性或非线性控制、最优控制、自适应控制、鲁棒控制等方法，但不能代替传统的传递函数方法。

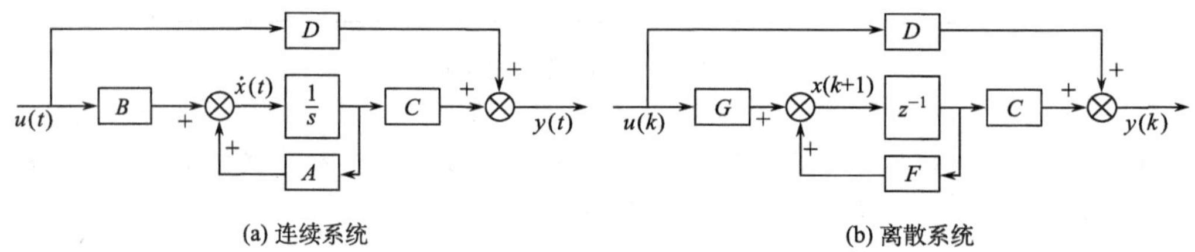

图 7-1　状态方程框图

7.1.1　离散系统状态空间描述

一般来说，离散系统的状态方程可以表示为如下形式：

$$x(k+1) = Fx(k) + Gu(k)$$
$$y(k) = Cx(k) + Du(k) \tag{7-1}$$

式中，x 为 n 维状态向量；u 为 m 维控制向量；y 为 p 维输出向量；$F(n\times n)$为离散系统的状态转移矩阵；$G(n\times m)$为离散系统的输入矩阵或控制转移矩阵；$C(p\times n)$为状态输出矩阵；$D(p\times m)$为前馈矩阵。

连续系统和离散系统的状态空间模型框图如图 7-1 所示。离散系统状态空间方程可以由离散系统差分方程或脉冲传递函数直接求得。

1）由差分方程建立离散状态方程

对于单输入单输出线性离散系统，可用 n 阶差分方程来描述

$$y(k+n) + a_1 y(k+n-1) + \cdots + a_n y(k)$$

$$= b_0 u(k+n) + b_1 u(k+n-1) + \cdots + b_n u(k)$$

选择状态变量

$$\begin{cases} x_1(k) = y(k) - h_0 u(k) \\ x_2(k) = x_1(k+1) - h_1 u(k) \\ x_3(k) = x_2(k+1) - h_2 u(k) \\ \quad \vdots \\ x_n(k) = x_{n-1}(k+1) - h_{n-1} u(k) \end{cases}$$

式中

$$\begin{cases} h_0 = b_0 \\ h_1 = b_1 - a_1 h_0 \\ h_2 = b_2 - a_1 h_1 - a_2 h_0 \\ h_3 = b_3 - a_1 h_2 - a_2 h_1 - a_3 h_0 \\ \quad \vdots \\ h_n = b_n - a_1 h_{n-1} - a_2 h_{n-2} - \cdots - a_n h_0 \end{cases}$$

系统的离散状态空间方程可以表示为式(7-1)所示的一般状态空间方程形式,其中

$$F = \begin{bmatrix} 0 & 1 & 0 & \cdots & 0 & 0 \\ 0 & 0 & 1 & \cdots & 0 & 0 \\ \vdots & \vdots & \vdots & & \vdots & \vdots \\ 0 & 0 & 0 & \cdots & 0 & 1 \\ -a_n & -a_{n-1} & -a_{n-2} & \cdots & -a_2 & -a_1 \end{bmatrix}$$

$$G = [h_1 \quad h_2 \quad \cdots \quad h_{n-1} \quad h_n]^{\mathrm{T}}$$

$$C = [1 \quad 0 \quad 0 \quad \cdots \quad 0 \quad 0]$$

$$D = [h_0] = [b_0]$$

例 7-1 设线性离散系统差分方程为

$$y(k+2) + y(k+1) + 0.16y(k) = u(k+1) + 2u(k)$$

试写出离散系统状态空间表达式。

解 系统阶数 $n=2, a_1=1, a_2=0.16, b_0=0, b_1=1, b_2=2, h_0=b_0=0$,则有

$$h_1 = b_1 - a_1 h_0 = 1$$

$$h_2 = b_2 - a_1 h_1 - a_2 h_0 = 1$$

那么得到系统的状态方程为

$$\begin{cases} x(k+1)=\begin{bmatrix} 0 & 1 \\ -0.16 & -1 \end{bmatrix}x(k)+\begin{bmatrix} 1 \\ 1 \end{bmatrix}u(k) \\ y(k)=[1 \quad 0]x(k) \end{cases}$$

2）由脉冲传递函数建立离散状态方程

用脉冲函数表示的离散系统，一般只考虑系统的输入、输出变量，而不给出状态变量的具体含义。建立离散状态方程，通常用串行法、并行法和直接法等，下面举例说明这三种方法。

例 7-2 脉冲传递函数为

$$G(z)=\frac{Y(z)}{U(z)}=\frac{z^2+0.8z+0.12}{z^2+1.3z+0.4}$$

分别用串行法、并行法和直接法求出离散状态空间表达式。

解 （1）串行法，又称迭代法。

将传递函数写成零、极点形式

$$G(z)=\frac{Y(z)}{U(z)}=1+\frac{-0.5}{z+0.5}\cdot\frac{z+0.56}{z+0.8}$$

由上式可得状态方程框图，如图 7-2 所示。

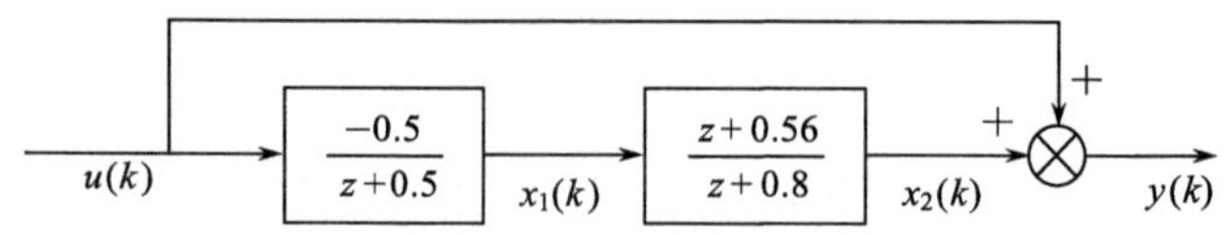

图 7-2 串行法状态方程框图

根据状态变量关系列写状态方程

$$\begin{aligned} x_1(k+1) &= -0.5x_1(k)-0.5u(k) \\ x_2(k+1) &= -0.8x_2(k)+x_1(k+1)+0.56x_1(k) \\ &= 0.06x_1(k)-0.8x_2(k)-0.5u(k) \end{aligned}$$

输出方程

$$y(k)=x_2(k)+u(k)$$

状态方程的矩阵形式

$$\begin{bmatrix} x_1(k+1) \\ x_2(k+1) \end{bmatrix}=\begin{bmatrix} -0.5 & 0 \\ 0.06 & -0.8 \end{bmatrix}\begin{bmatrix} x_1(k) \\ x_2(k) \end{bmatrix}+\begin{bmatrix} -0.5 \\ -0.5 \end{bmatrix}u(k)$$

$$y(k)=[0 \quad 1]\begin{bmatrix} x_1(k) \\ x_2(k) \end{bmatrix}+u(k)$$

（2）并行法，又称部分分式法。

将传递函数进行如下部分分式展开

$$G(z)=\frac{Y(z)}{U(z)}=1+\frac{-0.1}{z+0.5}+\frac{-0.4}{z+0.8}$$

可得

$$Y(z)=U(z)+\frac{-0.1}{z+0.5}U(z)+\frac{-0.4}{z+0.8}U(z)$$

状态变量及状态方程框图如图 7-3 所示。

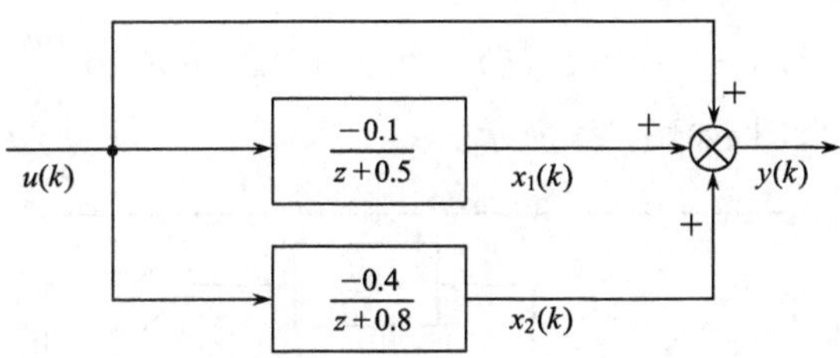

图 7-3　并行法状态方程框图

状态方程为

$$x_1(k+1)=-0.5x_1(k)-0.1u(k)$$

$$x_2(k+1)=-0.8x_2(k)-0.4u(k)$$

$$y(k)=x_1(k)+x_2(k)+u(k)$$

状态方程的矩阵形式为

$$\begin{bmatrix}x_1(k+1)\\x_2(k+1)\end{bmatrix}=\begin{bmatrix}-0.5 & 0\\0 & -0.8\end{bmatrix}\begin{bmatrix}x_1(k)\\x_2(k)\end{bmatrix}+\begin{bmatrix}-0.1\\-0.4\end{bmatrix}u(k)$$

$$y(k)=\begin{bmatrix}1 & 1\end{bmatrix}\begin{bmatrix}x_1(k)\\x_2(k)\end{bmatrix}+u(k)$$

(3) 直接法。

将传递函数写成如下形式

$$G(z)=\frac{Y(z)}{U(z)}=1+\frac{-0.5z^{-1}-0.28z^{-2}}{1+1.3z^{-1}+0.4z^{-2}}$$

令

$$W(z)=\frac{U(z)}{1+1.3z^{-1}+0.4z^{-2}}$$

$$Y(z)=(-0.5z^{-1}-0.28z^{-2})W(z)+U(z)$$

可得

$$W(z)=-1.3z^{-1}W(z)-0.4z^{-2}W(z)+U(z)$$

$$Y(z)=-0.5z^{-1}W(z)-0.28z^{-2}W(z)+U(z)$$

选状态变量

$$X_1(z) = z^{-1}W(z)$$

$$X_2(z) = z^{-2}W(z) = z^{-1}X_1(z)$$

将 $W(z)$代入 $X_1(z)$、$X_2(z)$，取 z 反变换，可得状态方程

$$x_1(k+1) = -1.3x_1(k) - 0.4x_2(k) + u(k)$$

$$x_2(k+1) = x_1(k)$$

$$y(k) = -0.5x_1(k) - 0.28x_2(k) + u(k)$$

由上式得出状态方程框图，如图 7-4 所示。

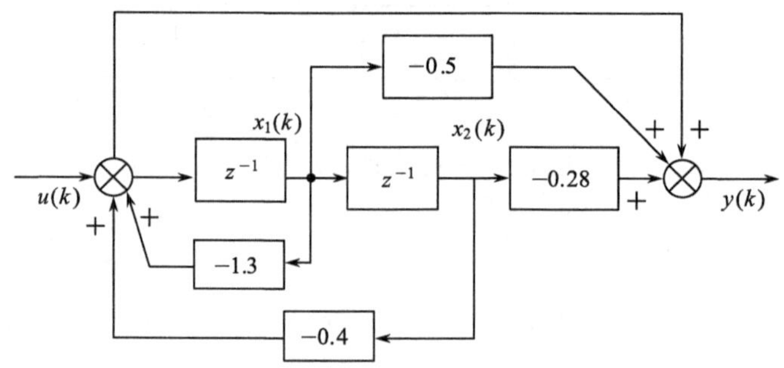

图 7-4 直接法状态方程框图

状态方程的矩阵形式为

$$\begin{bmatrix} x_1(k+1) \\ x_2(k+1) \end{bmatrix} = \begin{bmatrix} -1.3 & -0.4 \\ 1 & 0 \end{bmatrix}\begin{bmatrix} x_1(k) \\ x_2(k) \end{bmatrix} + \begin{bmatrix} 1 \\ 0 \end{bmatrix}u(k)$$

$$y(k) = \begin{bmatrix} -0.5 & -0.28 \end{bmatrix}\begin{bmatrix} x_1(k) \\ x_2(k) \end{bmatrix} + u(k)$$

由上述三种方法可知，对于同一个离散系统，由于状态变量的选择不同，可以得到不同的离散状态方程和输出方程。尽管状态变量的选择不是唯一的，但是状态变量的个数是相同的，状态变量的个数与系统的阶数相同。而且这些离散系统的特征方程也是一样的。考虑线性离散状态方程

$$x(k+1) = Fx(k) + Gu(k)$$

对上式进行 z 变换，可得

$$X(z) = (zI - F)^{-1}[zx(0) + GU(z)]$$

令矩阵$(zI-F)$的行列式为

$$|zI - F| = 0$$

上式称为线性离散系统的 z 特征方程。z 特征方程的根称为矩阵 F 的特征值，也是线性离散系统的极点。因此，尽管一个系统的状态变量的选择不是唯一的，但是系统

的 z 特征方程是不变的，因而系统的动态特性也是不变的。

3）计算机控制系统的状态方程

对于纯数字计算机控制系统，可以直接定义状态变量，由传递函数写出状态方程。对于被控对象为连续系统的计算机控制系统，其离散系统是由采样形成的，离散状态方程与采样周期和保持器的形式有关。

已知被控对象的状态方程为

$$\begin{aligned} \dot{x}(t) &= Ax(t) + Bu(t) \\ y(t) &= Cx(t) + Du(t) \end{aligned} \tag{7-2}$$

计算机控制系统中的连续部分，除被控对象外，还应包括零阶保持器，如图 7-5(a)所示。被控对象的输入信号是由采样信号通过零阶保持器而形成的连续阶梯信号，输入 $u(t)$ 在相邻采样时刻之间等于常数，如图 7-5(b)所示，若只关心连续部分在各采样时刻的输出状态，可列写连续部分的离散状态方程，从而和系统中计算机部分的离散状态方程统一。

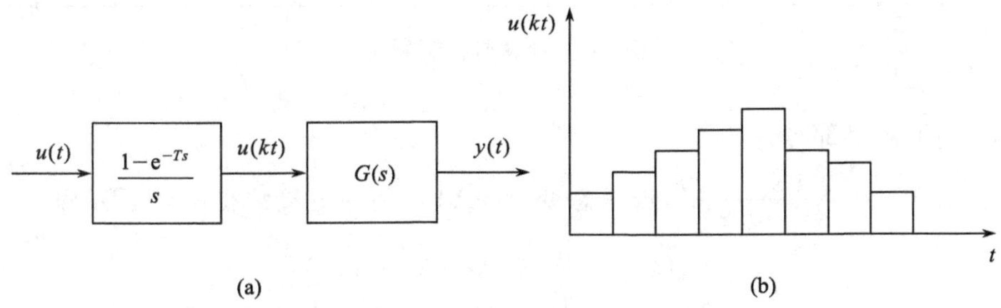

图 7-5　系统连续部分

对方程(7-2)求解，得

$$x(t) = e^{A(t-t_0)}x_0(t) + \int_{t_0}^{t} e^{A(t-\tau)}Bu(\tau)d\tau \tag{7-3}$$

式中，t_0 是初始时刻，设 $t_0=kT$，$t=(k+1)T$，代入式(7-3)，得

$$x[(k+1)T] = e^{AT}x(kT) + \int_{kT}^{(k+1)T} e^{A[(k+1)T-\tau]}Bu(\tau)d\tau \tag{7-4}$$

由于 $u(\tau)$ 在 kT 和 $(k+1)T$ 之间是常数，等于 $u(kT)$，所以式(7-4)可改写为

$$x[(k+1)T] = e^{AT}x(kT) + \int_{kT}^{(k+1)T} e^{A[(k+1)T-\tau]}Bd\tau \cdot u(kT) \tag{7-5}$$

令 $(k+1)T-\tau=t$，又因为假定系统是时不变系统，A、B 阵和时间无关，所以式(7-5)可以写成

$$\begin{aligned} x[(k+1)T] &= e^{AT}x(kT) + \int_{0}^{T} e^{At}B\,dt \cdot u(kT) \\ &= F(T)x(kT) + G(t)u(kT) \end{aligned} \tag{7-6}$$

式(7-6)中

$$F(T)=e^{AT} \tag{7-7}$$

$$G(T)=B\int_0^T e^{At}\,dt \tag{7-8}$$

系统的输出可由式(7-2)求得，即

$$y(kT)=Cx(kT)+Du(kT) \tag{7-9}$$

为列写整个控制系统闭环状态方程，应首先求得系统的数字部分、广义被控对象部分以及反馈部分的状态方程，然后消去中间变量，经整理可得到。

例 7-3 求如图 7-6 所示系统的状态方程，$T=0.1$s。

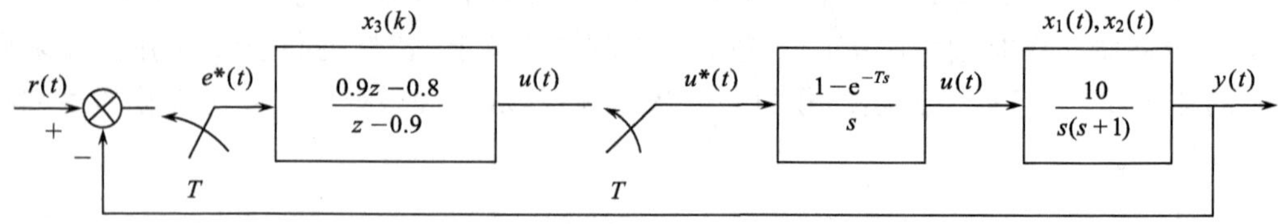

图 7-6 计算机控制系统

解 (1) 数字部分。

已知 $D(z)=\dfrac{(0.9z-0.8)}{(z-0.9)}$，选状态变量 $x_3(k)$，利用直接法得出以下方程

$$\begin{aligned}x_3(k+1)&=0.9x_3(k)+e(k)\\u(k)&=0.01x_3(k)+0.9e(k)\end{aligned} \tag{α}$$

(2) 广义被控对象部分。

被控对象连续方程为

$$\begin{bmatrix}\dot{x}_1\\\dot{x}_2\end{bmatrix}=\begin{bmatrix}0&1\\0&-1\end{bmatrix}\begin{bmatrix}x_1\\x_2\end{bmatrix}+\begin{bmatrix}0\\1\end{bmatrix}u(t)$$

$$F(T)=e^{AT}=\begin{bmatrix}1&1-e^{-T}\\0&-e^{-T}\end{bmatrix}=\begin{bmatrix}1&0.0952\\0&0.9048\end{bmatrix}$$

$$G(T)=B\int_0^T e^{At}\,dt=10\begin{bmatrix}T-1+e^{-T}\\1-e^{-T}\end{bmatrix}=\begin{bmatrix}0.0484\\0.9516\end{bmatrix}$$

所以，连续部分离散状态方程为

$$\begin{bmatrix}x_1(k+1)\\x_2(k+1)\end{bmatrix}=\begin{bmatrix}1&0.0952\\0&0.9048\end{bmatrix}\begin{bmatrix}x_1(k)\\x_2(k)\end{bmatrix}+\begin{bmatrix}0.0484\\0.9516\end{bmatrix}u(k) \tag{β}$$

$$y(k)=x_1(k) \tag{γ}$$

(3) 反馈部分：

$$e(k)=r(k)-y(k)=r(k)-x_1(k) \tag{ξ}$$

综合式(α)、式(β)、式(γ)和式(ξ)可得系统状态方程和输出方程为

$$\begin{bmatrix} x_1(k+1) \\ x_2(k+1) \\ x_3(k+1) \end{bmatrix} = \begin{bmatrix} 0.9565 & 0.0952 & 0.000484 \\ -0.8565 & 0.9048 & 0.00952 \\ -1 & 0 & 0.9 \end{bmatrix} \begin{bmatrix} x_1(k) \\ x_2(k) \\ x_3(k) \end{bmatrix} + \begin{bmatrix} 0.0435 \\ 0.8565 \\ 1 \end{bmatrix} r(k)$$

$$y(k) = \begin{bmatrix} 1 & 0 & 0 \end{bmatrix} \begin{bmatrix} x_1(k) \\ x_2(k) \\ x_3(k) \end{bmatrix}$$

7.1.2 离散系统的可控性与可观性

系统的可控性与可观性是系统状态空间描述的基本特性。对离散系统来说，这些概念虽然与连续系统类似，但也有些特殊问题需要讨论。

1. 可控性

控制系统的主要目的是驱动系统从某一状态到达指定的状态，但这并不是任何系统都能完成的。如果系统不可控，就不可能通过选择控制作用，使系统状态从初始状态到达任意指定状态。所以有必要研究与系统可控性有关的一些问题。

若给定离散系统为

$$\begin{aligned} x(k+1) &= Fx(k) + Gu(k) \\ y(k) &= Cx(k) + Du(k) \end{aligned} \tag{7-10}$$

1）可控性定义

对于式(7-10)所示系统，若可以找到控制序列 $u(k)$，能在有限时间 NT 内驱动系统从任意初始状态 $x(0)$ 到达状态 $x(N)=0$，则称该系统是状态完全可控的，简称是可控的。

例 7-4 研究下述离散系统

$$x(k+1) = \begin{bmatrix} 0 & 1 \\ 0 & 0 \end{bmatrix} x(k) + \begin{bmatrix} 1 \\ 0 \end{bmatrix} u(k) \qquad x(0) = \begin{bmatrix} x_1(0) \\ x_2(0) \end{bmatrix} \neq 0$$

的可控性。

解 由递推解

$$x(1) = \begin{bmatrix} 0 & 1 \\ 0 & 0 \end{bmatrix} x(0) + \begin{bmatrix} 1 \\ 0 \end{bmatrix} u(0) = \begin{bmatrix} x_2(0) + u(0) \\ 0 \end{bmatrix}$$

$$x(2) = \begin{bmatrix} 0 & 1 \\ 0 & 0 \end{bmatrix} x(1) + \begin{bmatrix} 1 \\ 0 \end{bmatrix} u(1) = \begin{bmatrix} x_2(1) + u(1) \\ 0 \end{bmatrix} = \begin{bmatrix} u(1) \\ 0 \end{bmatrix}$$

$$x(3) = \begin{bmatrix} 0 & 1 \\ 0 & 0 \end{bmatrix} x(2) + \begin{bmatrix} 1 \\ 0 \end{bmatrix} u(2) = \begin{bmatrix} x_2(2) + u(2) \\ 0 \end{bmatrix} = \begin{bmatrix} u(2) \\ 0 \end{bmatrix}$$

$$\vdots$$

取控制序列 $u(k)\equiv 0$,在 $k\geqslant 2$ 时,$x(k)\equiv 0$。可知,系统是可控的。

2) 离散系统可控应满足的条件

主要讨论单输入单输出系统的可控性条件,多输入多输出系统也有类似的条件,但问题更为复杂。

利用状态方程迭代求解方法,从式(7-1)可得

$$\begin{aligned}x(1) &= Fx(0)+Gu(0)\\ x(2) &= Fx(1)+Gu(1)=F^2x(0)+FGu(0)+Gu(1)\\ &\vdots\\ x(N) &= F^Nx(0)+\sum_{i=0}^{N-1}F^{N-i-1}Gu(i)\end{aligned}$$

或

$$x(N)-F^Nx(0)=F^{N-1}Gu(0)+F^{N-2}Gu(1)+\cdots+FGu(N-2)+Gu(N-1) \tag{7-11}$$

将式(7-11)写成矩阵形式:

$$x(N)-F^Nx(0)=\begin{bmatrix}F^{N-1}G & F^{N-2}G & \cdots & G\end{bmatrix}\begin{bmatrix}u(0)\\ u(1)\\ \vdots\\ u(N-1)\end{bmatrix} \tag{7-12}$$

这是一组线性方程。对可控性来说,问题是对任意给定的初始状态 $x(0)\neq 0$ 及终值状态 $x(N)=0$,是否有控制序列 $u(0),u(1),\cdots,u(N-1)$ 存在。从式(7-12)可见

$$F^Nx(0)=-\begin{bmatrix}F^{N-1}G & F^{N-2}G & \cdots & G\end{bmatrix}\begin{bmatrix}u(0) & u(1) & \cdots & u(N-1)\end{bmatrix}^{\mathrm{T}}$$

为使上述线性方程组有解,除应使 $N=n$ 外,还必须使

$$W_{\mathrm{C}}=\begin{bmatrix}F^{N-1}G & F^{N-2}G & \cdots & G\end{bmatrix} \tag{7-13}$$

是非奇异的,即 $\operatorname{rank}W_{\mathrm{C}}=n$。$W_{\mathrm{C}}$ 称为可控性矩阵。这就是系统状态完全可控的充分必要条件。由式(7-13)可见,为使可控矩阵 W_{C} 有意义,系统转移矩阵 F 必须是可逆的。

应当注意,系统的可控性是由系统的结构决定的,简单的改变状态变量的选取或者增加控制序列的步数都不能改变系统的可控性。如果已知系统是不可控的,也就没有必要去寻求控制作用,唯一办法是修改系统的结构和参数,使 F、G 构成可控对。另外,即使系统是可控的,只有当控制信号 $u(k)$ 的幅值不受限制时,才能确保在至多 n 个采样周期内将任意初始状态转移到原点。否则,可能会需要更多的周期。

例 7-5 分析图 7-7 所示系统的可控性,设采样周期 $T=1\mathrm{s}$。若控制量限制为 $|u(k)|\leqslant 1$,情况又如何?

解 连续系统状态方程为

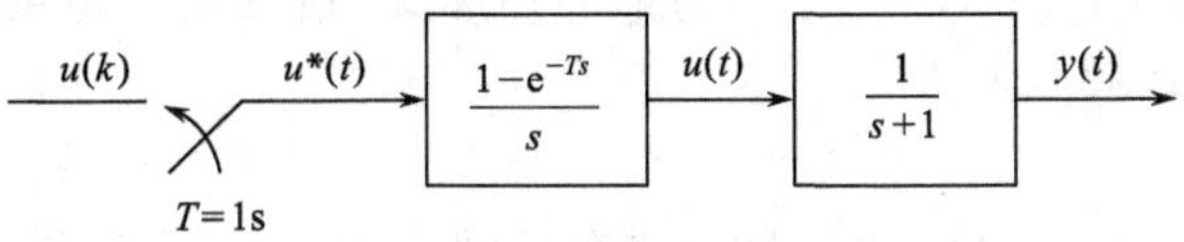

图 7-7　连续被控对象特性

$$\begin{bmatrix}\dot{x}_1\\ \dot{x}_2\end{bmatrix}=\begin{bmatrix}0 & 1\\ 0 & -1\end{bmatrix}\begin{bmatrix}x_1(t)\\ x_2(t)\end{bmatrix}+\begin{bmatrix}0\\ 1\end{bmatrix}u(t)$$

则由式(7-7)和式(7-8)可得离散系统状态方程系数矩阵为

$$F(T)=\mathrm{e}^{AT}=\begin{bmatrix}1 & 1-\mathrm{e}^{-T}\\ 0 & -\mathrm{e}^{-T}\end{bmatrix}=\begin{bmatrix}1 & 0.632\\ 0 & 0.368\end{bmatrix}$$

$$G(T)=B\int_0^T \mathrm{e}^{At}\,\mathrm{d}t=10\begin{bmatrix}T-1+\mathrm{e}^{-T}\\ 1-\mathrm{e}^{-T}\end{bmatrix}=\begin{bmatrix}0.368\\ 0.632\end{bmatrix}$$

则容易验证

$$\mathrm{rank}W_{\mathrm{C}}=\mathrm{rank}[FG \quad G]=\mathrm{rank}\begin{bmatrix}0.767 & 0.368\\ 0.233 & 0.632\end{bmatrix}=2$$

因此该系统是可控的，在控制量 $u(k)$ 不受限制情况下，至多只需要 2 个采样周期即可将任意初始状态 $x(0)$ 转移到原点，即 $x(2)=[0 \quad 0]^{\mathrm{T}}$。

若 $u(k)$ 的幅值是受限的，即 $|u(k)|\leqslant 1$，此时仍要求 $x(2)=[0 \quad 0]^{\mathrm{T}}$，则由离散状态方程

$$\begin{bmatrix}x_1(k+1)\\ x_2(k+1)\end{bmatrix}=\begin{bmatrix}1 & 0.632\\ 0 & 0.368\end{bmatrix}\begin{bmatrix}x_1(k)\\ x_2(k)\end{bmatrix}+\begin{bmatrix}0.368\\ 0.632\end{bmatrix}u(k)$$

可求得

$$u(0)=-1.58x_1(0)-1.24x_2(0)$$

$$u(1)=0.58x_1(0)+0.24x_2(0)$$

由于 $|u(0)|\leqslant 1$ 和 $|u(1)|\leqslant 1$，可得以下四个关系式：

$$1.58x_1(0)+1.24x_2(0)\leqslant 1$$

$$1.58x_1(0)+1.24x_2(0)\geqslant -1$$

$$0.58x_1(0)+0.24x_2(0)\leqslant 1$$

$$0.58x_1(0)+0.24x_2(0)\geqslant -1$$

由以上四个方程所构成的范围如图 7-8 所示。只有当初始状态 $x_1(0)$、$x_2(0)$ 处于四边形的内部时才能将状态转移到原点，即 $x_1(2)=0$，$x_2(2)=0$。

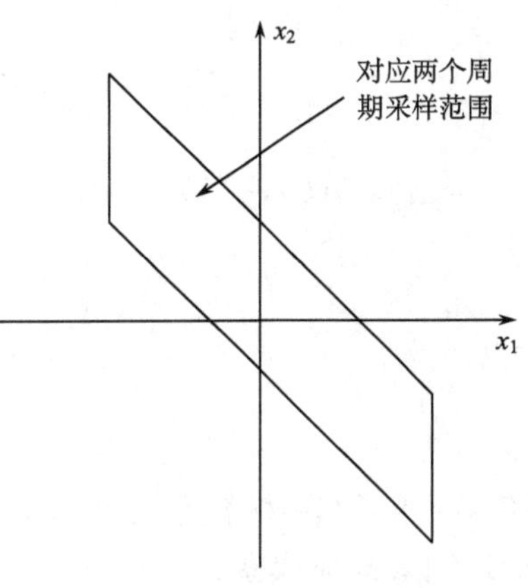

图 7-8　在两个采样周期内由初始状态到达原点的范围

否则，当初始状态 $x_1(0)$、$x_2(0)$处于四边形的外部时，则可能需要三个或更多个采样周期才能将初始状态转移到原点。

2. 可观性

利用状态空间方法设计时主要是用状态反馈来构成控制规律，但并不是任何系统都能从它的测量输出中获得系统状态的信息。如果输出 $y(k)$不反映状态的信息，这样的系统被称为是不可观的。

1）可观性定义

对式(7-10)所示系统，如果可以利用系统输出 $y(k)$，在有限的时间 NT 内确定系统的初始状态 $x(0)$，则称该系统是可观的。

系统的可观性只与系统结构及输出信息的特性有关，与控制矩阵 G 无关，为此，以后可只研究系统的自由运动：

$$\begin{aligned} x(k+1) &= Fx(k) \\ y(k) &= Cx(k) \end{aligned} \tag{7-14}$$

2）系统可观应满足的条件

依据定义，可观性问题是，给定了一系列输出测量值 $y(0),y(1),\cdots,y(k)$，能否在有限时间 NT 内求得初始状态 $x(0)$。递推求解式(7-14)，可得

$$\begin{aligned} y(0) &= Cx(0) \\ y(1) &= Cx(1) = CFx(0) \\ &\vdots \\ y(k) &= CF^k x(0) \end{aligned} \tag{7-15}$$

将式(7-15)写成矩阵形式

$$\begin{bmatrix} y(0) \\ y(1) \\ \vdots \\ y(k) \end{bmatrix} = \begin{bmatrix} C \\ CF \\ \vdots \\ CF^k \end{bmatrix} x(0) \tag{7-16}$$

若已知 $y(0),y(1),\cdots,y(k)$，为使 $x(0)$有解，即

$$x(0) = \begin{bmatrix} C \\ CF \\ \vdots \\ CF^k \end{bmatrix}^{-1} \begin{bmatrix} y(0) \\ y(1) \\ \vdots \\ y(k) \end{bmatrix}$$

有解，要求式(7-16)代数方程一定是 n 维的，系数矩阵应是非奇异的。为此，若令 $k=n-1$，则下式应成立：

$$\mathrm{rank} W_{\mathrm{O}} = \mathrm{rank}[C \quad CF \quad \cdots \quad CF^{n-1}]^{\mathrm{T}} = n \tag{7-17}$$

式中，$W_{\mathrm{O}}=[C \quad CF \quad \cdots \quad CF^{n-1}]^{\mathrm{T}}$，$W_{\mathrm{O}}$ 被视为可观性矩阵。

与可控性类似，可观性也是由系统性质决定的。如果系统不可观，那么增加测量值也不能使系统变为可观。

例 7-6 研究下述转动物体的可观性：

$$J\frac{\mathrm{d}^2\theta}{\mathrm{d}t^2}=M$$

式中，M 是控制力矩，J 是转动惯量。

解 令 $\theta=x_1,\dot{\theta}=x_2,\dfrac{M}{J}=u(t)$，系统状态方程可写为

$$\begin{bmatrix}\dot{x}_1\\\dot{x}_2\end{bmatrix}=\begin{bmatrix}0&1\\0&0\end{bmatrix}\begin{bmatrix}x_1\\x_2\end{bmatrix}+\begin{bmatrix}0\\1\end{bmatrix}u(t)$$

若将其转换为离散形式，则有

$$\begin{bmatrix}x_1(k+1)\\x_2(k+1)\end{bmatrix}=\begin{bmatrix}1&T\\0&1\end{bmatrix}\begin{bmatrix}x_1(k)\\x_2(k)\end{bmatrix}+\begin{bmatrix}\dfrac{T^2}{2}\\T\end{bmatrix}u(k)$$

如只测量角速度 x_2，系统输出方程为

$$y(k)=Cx(k)=[0\quad 1]x(k)$$

为检查系统的可观性，计算可观性矩阵 W_{O} 的秩为

$$\mathrm{rank}W_{\mathrm{O}}=\mathrm{rank}[C\quad CF]^{\mathrm{T}}=\mathrm{rank}\begin{bmatrix}0&1\\0&1\end{bmatrix}=1\neq n$$

所以系统是不可观的。因为只测量角速度 $x_2(\dot{\theta})$，为了获得角位移 $x_1(\theta)$，就必须对 x_2 进行积分，为此就应知道 x_1 的初始值。所以，只根据 x_2 测量值是不能估计 x_1 状态的，故系统是不可观的。

7.1.3 状态反馈控制规律的极点配置设计

状态空间设计，最基本的是指当系统满足可控可观条件时，利用状态反馈，进行系统闭环设计的方法。与适用于单输入单输出(SISO)系统的经典控制理论相比，取全状态反馈，可以更多的获得和利用系统信息，因而容易获得更好的控制效果。

1. 状态反馈控制

给定离散系统方程为

$$\begin{aligned}x(k+1)&=Fx(k)+Gu(k)\\y(k)&=Cx(k)+Du(k)\end{aligned}\tag{7-18}$$

若采用状态线性反馈控制，控制作用可表示为

$$u(k)=-Kx(k)+Lr(k)\tag{7-19}$$

式中，$r(k)$是 p 维参考输入向量，K 是 $m\times n$ 维状态反馈增益矩阵。L 是 $m\times p$ 维输入矩阵。由式(7-18)和式(7-19)得到系统结构图，如图 7-9 所示。若令 $L=I$ 时，闭环系

统状态方程为

$$
\begin{aligned}
x(k+1) &= [F-GK]x(k)+Gr(k) \\
y(k) &= [C-DK]x(k)+Dr(k)
\end{aligned}
\tag{7-20}
$$

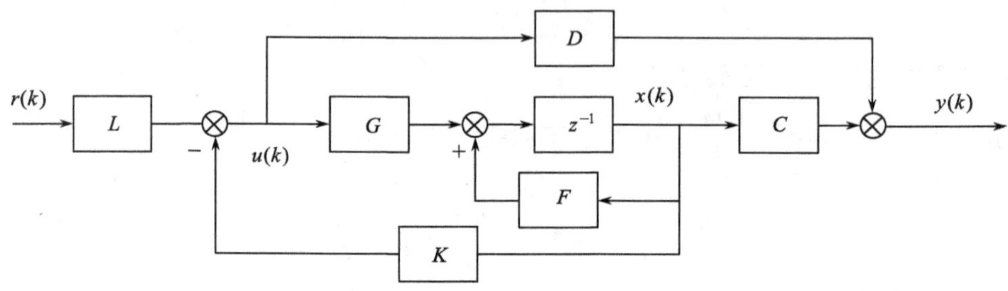

图 7-9 状态反馈控制系统结构图

由于引入了状态反馈，整个闭环系统特性发生了变化。从式(7-20)可见：

(1) 闭环系统的特征方程由$[F-GK]$决定，系统的阶次不改变。由于闭环系统稳定性取决于它的特征根，所以，通过选择状态反馈增益 K，可以改变系统的稳定性。

(2) 闭环系统的可控性由$[F-GK]$及 G 决定，可以证明，如开环系统是可控的，闭环系统也是可控的，反之亦然。

(3) 闭环系统的可观性是由$[F-GK]$及$[C-DK]$决定的。如果开环系统是可控可观的，加入状态反馈控制，由于 K 的不同选择，闭环系统可能失去可观性。

例 7-7 给定下述离散系统，讨论线性状态反馈时闭环系统的可控性及可观性。

$$
x(k+1) = \begin{bmatrix} 0 & 2 \\ -4 & -6 \end{bmatrix} x(k) + \begin{bmatrix} 2 \\ 2 \end{bmatrix} u(k)
$$

$$
y(k) = [0.5 \quad 1]x(k)
$$

解 容易证明该系统是可控及可观的。若实现下述状态反馈：

$$
u(k) = r(k) - Kx(k)
$$

式中，$K=[K_1 \quad K_2]$，闭环系统状态方程为

$$
x(k+1) = [F-GK]x(k) + Gr(k) = F_C x(k) + Gr(k)
$$

式中

$$
F_C = F - GK = \begin{bmatrix} -2K_1 & 2(1-K_2) \\ -2(2+K_1) & -2(3+K_2) \end{bmatrix}
$$

闭环系统可控矩阵为

$$
W_C = [F_C G \quad G] = \begin{bmatrix} 4(1-K_1-K_2) & 2 \\ -4(5+K_1+K_2) & 2 \end{bmatrix}
$$

因为

$$\det[W_C] = 48 \neq 0$$

所以，可控矩阵 W_C 是非奇异的，闭环系统是可控的，并且可控矩阵 W_C 的秩与反馈增益 K 无关。现计算可观性矩阵 W_O：

$$W_O = [C \quad CF]^T = \begin{bmatrix} 0.5 & 1 \\ -4-3K_1 & -5-3K_2 \end{bmatrix}$$

$$\det[W_O] = 1.5 + 3K_1 - 1.5K_2$$

可见 W_O 的秩与 K_1、K_2 的选择有关，只有选取 K_1、K_2 使 $\det[W_O] \neq 0$，才能保证闭环系统是可观的。

(4) 状态反馈时闭环系统特征方程为

$$\Delta(z) = \det[zI - F_C] = \det[zI - F + GK] = 0 \tag{7-21}$$

可见，状态反馈增益矩阵 K 决定了闭环系统的特征根。可以证明，如果系统是完全可控的，通过选择 K 阵可以任意配置闭环系统特征根。若单输入单输出系统是可控的，则该系统可用下述可控标准型描述：

$$x(k+1) = \begin{bmatrix} 0 & 1 & 0 & \cdots & 0 & 0 \\ 0 & 0 & 1 & \cdots & 0 & 0 \\ \vdots & \vdots & \vdots & & \vdots & \vdots \\ 0 & 0 & 0 & \cdots & 0 & 1 \\ -a_n & -a_{n-1} & -a_{n-2} & \cdots & -a_2 & -a_1 \end{bmatrix} x(k) + \begin{bmatrix} 0 \\ 0 \\ \vdots \\ 0 \\ 1 \end{bmatrix} u(k) \tag{7-22}$$

它的特征方程是

$$\det[zI - F] = z^n + a_1 z^{n-1} + \cdots + a_{n-1} z + a_n \tag{7-23}$$

若状态反馈控制为

$$u(k) = r(k) - Kx(k)$$

式中

$$K = [K_1 \quad K_2 \quad \cdots \quad K_n]$$

此时闭环系统状态方程为

$$x(k+1) = \begin{bmatrix} 0 & 1 & \cdots & 0 \\ 0 & 0 & \cdots & 0 \\ \vdots & \vdots & & \vdots \\ 0 & 0 & \cdots & 1 \\ -(a_n + K_1) & -(a_{n-1} + K_2) & \cdots & -(a_1 + K_n) \end{bmatrix} x(k) + \begin{bmatrix} 0 \\ 0 \\ \vdots \\ 0 \\ 1 \end{bmatrix} r(k) \tag{7-24}$$

闭环系统特征方程为

$$\det[zI - (F - GK)] = z^n + (a_1 + K_n) z^{n-1} + \cdots + (a_n + K_1) = 0 \tag{7-25}$$

由于 K_i 可以任意取值，闭环特征方程系数也可为任意值，所以，由方程系数决定的特征根即可以取任意值。对多输入多输出系统，上述结论也是成立的，但问题更复杂。

2. 状态反馈与闭环系统零点的关系

由于系统传递函数 $G(z)$ 的零点定义是系统有非零的状态及输入时，系统输出仍为零值的 z_0 值，所以由式(7-20)进行 z 变换，并整理后可得闭环系统零点应满足下述方程(假定 $D=0$)

$$\begin{bmatrix} z_0 I - F + GK & -G \\ C & 0 \end{bmatrix} \begin{bmatrix} X(z_0) \\ R(z_0) \end{bmatrix} = 0 \tag{7-26}$$

通过变量置换，可将式(7-26)改写成

$$\begin{bmatrix} z_0 I - F & -G \\ C & 0 \end{bmatrix} \begin{bmatrix} X(z_0) \\ R(z_0) - KX(z_0) \end{bmatrix} = 0 \tag{7-27}$$

该方程的系数矩阵与 K 无关，它的解不受 K 的影响，所以状态反馈不能改变或配置系统的零点。

由于状态反馈可以任意配置系统的极点，它为控制系统设计提供了有效的方法。状态反馈增益矩阵可以依不同要求，采用不同方法确定。依据给定的极点位置，确定反馈增益矩阵是最简单常用的方法。

3. 单输入系统的极点配置

极点配置法的基本思想是，由系统性能要求确定闭环系统的期望极点位置，然后依据期望的极点位置确定反馈增益矩阵 K。对于式(7-18)系统，由于系统是 n 维的，控制输入矩阵是 m 维的，反馈增益矩阵 K 是 $m\times n$ 维的，它包含有 $m\times n$ 个元素。由于 n 阶系统仅有 n 个极点，所以 K 阵中的 $m\times n$ 个元素不能唯一的由 n 个极点确定，其中 $m\times n-n$ 个元素可任意选定。若系统是单输入系统，$m=1$，反馈增益矩阵 K 是一行向量，仅包含 n 个元素，可由 n 个极点唯一确定。下面主要讨论单输入系统的极点配置方法。

1) 系统匹配法

若给定闭环系统期望特征根为

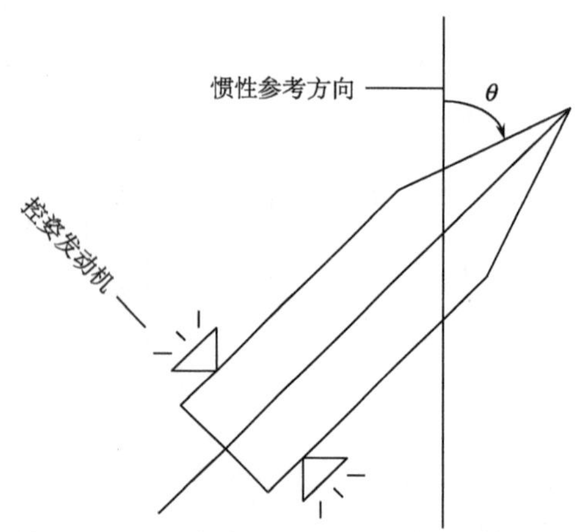

图 7-10 单轴卫星姿态控制原理

$$z_i = \beta_i, \qquad i = 1,2,\cdots,n$$

因此，它的期望特征方程为

$$a_c(z) = (z-\beta_1)(z-\beta_2)\cdots(z-\beta_n) = 0 \tag{7-28}$$

状态反馈闭环系统特征方程为

$$\det[zI - F + GK] = 0 \tag{7-29}$$

使式(7-28)与式(7-29)各项系数相等，可得 n 个代数方程，从而可求得 n 个未知系数 K_i。

例 7-8 卫星通常要借助三轴姿态控制来确保其天线和各种传感器相对地球保持合

适的方位。试用极点配置法设计图 7-10 所示的单轴卫星姿态控制器，使得闭环姿态控制系统具有等效于 s 平面上阻尼比为 $\xi=0.5$ 和特征根实部为 -1.8rad/sec 的连续系统特性。设采样周期为 $T=0.1$s。

解 图 7-10 所示的卫星单轴姿态运动方程可以表示为

$$I\ddot{\theta}=M_C+M_D$$

式中，I 为卫星绕旋转轴的转动惯量，M_C 为姿态控制发动机的控制力矩，M_D 为扰动力矩。定义标称化的控制量 $u=\dfrac{M_C}{I}$ 以及绕动量 $W_d=\dfrac{M_D}{I}$，则有

$$\ddot{\theta}=u+W_d$$

对上式进行拉普拉斯变换，得到

$$\theta(s)=\frac{1}{s^2}[u(s)+W_d(s)]$$

不考虑干扰项，则得到卫星单轴姿态控制的开环传递函数

$$G(s)=\frac{\theta(s)}{u(s)}=\frac{1}{s^2}$$

定义状态变量 $x_1=\theta, x_2=\dot{\theta}$，则得到连续系统状态方程

$$\begin{bmatrix}\dot{x}_1\\ \dot{x}_2\end{bmatrix}=\begin{bmatrix}0 & 1\\ 0 & 0\end{bmatrix}\begin{bmatrix}x_1\\ x_2\end{bmatrix}+\begin{bmatrix}0\\ 1\end{bmatrix}u=Ax+Bu$$

$$y=\theta=\begin{bmatrix}1 & 0\end{bmatrix}\begin{bmatrix}x_1\\ x_2\end{bmatrix}=Cx$$

由式(7-7)和式(7-8)得到离散系统状态方程

$$\begin{bmatrix}x_1(k+1)\\ x_2(k+1)\end{bmatrix}=\begin{bmatrix}1 & T\\ 0 & 1\end{bmatrix}\begin{bmatrix}x_1(k)\\ x_2(k)\end{bmatrix}+\begin{bmatrix}\dfrac{T^2}{2}\\ T\end{bmatrix}u(k)=Fx(k)+Gu(k) \tag{7-30}$$

于是，根据式(7-21)可得具有状态反馈的卫星单轴姿态控制闭环系统特征方程为

$$\det\begin{bmatrix}z-1+K_1\dfrac{T^2}{2} & -T+K_2\dfrac{T^2}{2}\\ K_1T & z-1+K_2T\end{bmatrix}=0$$

展开上式可得

$$z^2+\left[\frac{K_1T^2}{2}+K_2T-2\right]z+\left[\frac{K_1T^2}{2}-K_2T+1\right]=0 \tag{7-31}$$

由期望的闭环系统性能要求，可得等效的连续系统期望特征根为 $s=-1.8\pm$ j3.12，根据映射关系 $z=e^{sT}$ 和 $T=0.1$ 得到离散系统期望特征根 $z=0.8\pm$j0.25。

根据给定的期望极点，可得期望特征方程

$$z^2+a_1z+a_2=z^2-1.6z+0.7=0 \tag{7-32}$$

由式(7-31)和式(7-32)对应系数相等，可得下述代数方程组

$$\begin{cases}\dfrac{K_1T^2}{2}+K_2T-2=a_1\\[2mm]\dfrac{K_1T^2}{2}-K_2T+1=a_2\end{cases}$$

求解该方程组，得

$$\begin{cases}K_1=\dfrac{1}{T^2}(1+a_1+a_2)\\[2mm]K_2=\dfrac{1}{2T}(3+a_1-a_2)\end{cases}$$

考虑到 $T=0.1\text{s}$，则 $K=[K_1\quad K_2]=[10\quad 3.5]$。

2) Ackermann 公式

Ackermann 公式是建立在可控标准型基础上的一种计算反馈阵 K 的方法，对于高阶系统，便于用计算机求解。

如果单输入系统是可控的，使闭环系统特征方程为 $a_c(z)=0$ 的反馈增益矩阵 K 可由下式求得

$$K=[1\quad 0\quad \cdots\quad 0]W_C^{-1}a_c(F) \tag{7-33}$$

式中，W_C 是系统可控矩阵，$W_C=[F^{n-1}G\quad F^{n-2}G\quad \cdots\quad FG\quad G]$；$a_c(F)$是给定的期望特征多项式中变量 z 用 F 代替后所得的矩阵多项式，即

$$a_c(F)=F^n+a_1F^{n-1}+\cdots+a_nI \tag{7-34}$$

例 7-9 利用 Ackermann 公式计算例 7-8 所示卫星单轴姿态控制系统的反馈增益矩阵。

解 由式(7-30)可知

$$F=\begin{bmatrix}1 & T\\0 & 1\end{bmatrix},\quad G=\begin{bmatrix}\dfrac{T^2}{2}\\T\end{bmatrix}$$

所以，可控矩阵 W_C 为

$$W_C=[FG\quad G]=\begin{bmatrix}1.5T^2 & 0.5T^2\\T & T\end{bmatrix}$$

$$W_C^{-1}=\begin{bmatrix}1/T^2 & -0.5/T\\-1/T^2 & 1.5/T\end{bmatrix}$$

由式(7-32)和式(7-34)，得

$$a_c(F)=F^2+a_1F+a_2I=\begin{bmatrix}1 & T\\0 & 1\end{bmatrix}^2+a_1\begin{bmatrix}1 & T\\0 & 1\end{bmatrix}+a_2I$$

$$
= \begin{bmatrix} 1+a_1+a_2 & 2T+a_1T \\ 0 & 1+a_1+a_2 \end{bmatrix}
$$

由式(7-33)可得

$$
\begin{aligned}
K &= [K_1 \quad K_2] = [1 \quad 0] W_C^{-1} a_c(F) \\
&= [1 \quad 0] \begin{bmatrix} 1/T^2 & -0.5/T \\ -1/T^2 & 1.5/T \end{bmatrix} \begin{bmatrix} 1+a_1+a_2 & 2T+a_1T \\ 0 & 1+a_1+a_2 \end{bmatrix} \\
&= \begin{bmatrix} \dfrac{1+a_1+a_2}{T^2} & \dfrac{3+a_1-a_2}{2T} \end{bmatrix}
\end{aligned}
$$

将 $a_1=-1.6, a_2=0.7, T=0.1$ 代入,最后可得

$$
K = [K_1 \quad K_2] = [10 \quad 3.5]
$$

与例 7-8 所得结果相同。

7.1.4 状态观测器设计

在实际工程中,不论是单输入系统还是多输入系统,采用全状态反馈都是不现实的。原因在于测量所有的状态,一方面是困难的,另一方面也不经济。为了实现状态反馈,除了可以利用不完全状态反馈或输出反馈外,最常用的方法是利用状态观测器(估计器)来观测和估计系统的状态。

1. 系统状态的开环估计

给定系统状态方程为

$$
\begin{aligned}
x(k+1) &= Fx(k) + Gu(k) \\
y(k) &= Cx(k)
\end{aligned} \tag{7-35}
$$

观测估计系统状态的最简单的方法是,构造系统的一个模型

$$
\hat{x}(k+1) = F\hat{x}(k) + Gu(k) \tag{7-36}
$$

式中,$\hat{x}(k)$是模型的状态或状态的估计值。如果 F、G 及 $u(k)$已知,且给定了系统的初始状态$\hat{x}(0)=x(0)$,那么式(7-36)就可求得状态的估计值$\hat{x}(k)$。为使估计的状态准确,模型的参数及初始条件必须和真实系统一致。图 7-11 就是这种开环估计的结构图。由于没有利用估计误差进行反馈修正,所以称为开环估计。

2. 全阶状态观测器设计

为了解决开环估计的缺点,可以利用观测误差修正模型的输入,构成闭环估计,如图 7-12 所示。由于利用系统输出值不同,有两种实现闭环估计的方法。一种方法是利用 $y(k-1)$值来估计状态$x(k)$的值;另一种方法是利用当今测量值 $y(k)$来估计状态 $x(k)$的值。

第一种方法的基本思想是,根据测量的输出值 $y(k)$ 去预估下一时刻的状态 $\hat{x}(k+1)$。根据图 7-12,可得观测器方程为

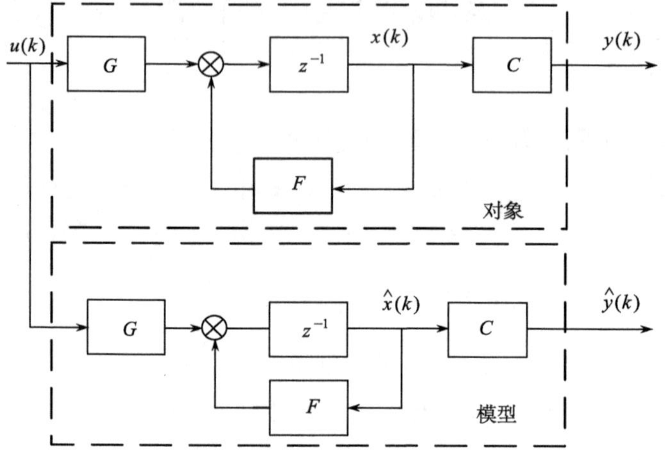

图 7-11　开环估计器结构图

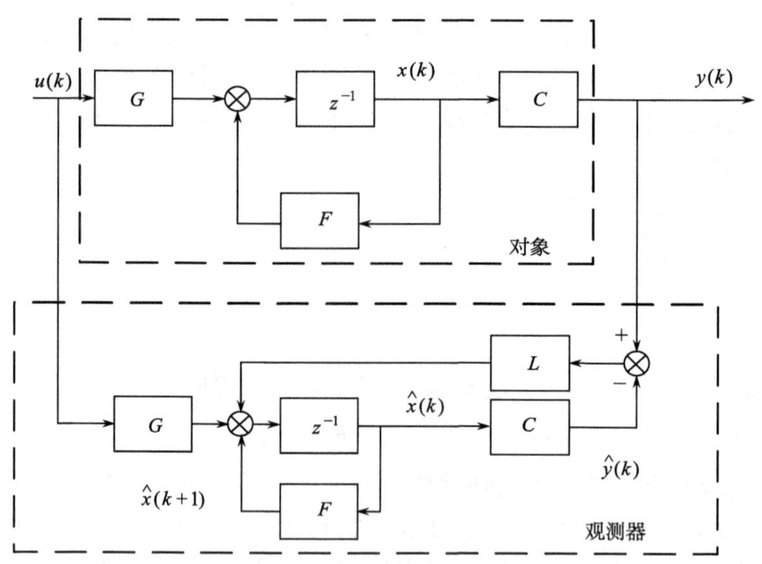

图 7-12　闭环状态观测器

$$\begin{aligned}\hat{x}(k+1) &= F\hat{x}(k) + Gu(k) + L[y(k) - C\hat{x}(k)] \\ &= [F - LC]\hat{x}(k) + Gu(k) + Ly(k)\end{aligned} \tag{7-37}$$

式中，L 是状态观测器的反馈增益矩阵，为 $n\times r$ 维，因为观测值 $\hat{x}(k+1)$ 是在测量值 $y(k+1)$ 之前求得的，故称为预测观测器。

由式(7-35)和式(7-37)可得观测误差方程

$$\tilde{x}(k+1) = [F - LC]\tilde{x}(k) \tag{7-38}$$

这是一个齐次方程，它表明观测误差与 $u(k)$ 无关，它的动态特性由 $[F-LC]$ 决定。如果 $[F-LC]$ 的特性是快速收敛的，那么对任何初始误差 $\tilde{x}(0)$，$\tilde{x}(k)$ 将快速收敛于零，即观测值 $\hat{x}(k)$ 快速收敛于 $x(k)$。

如果系统(7-35)完全可观，可通过初等变换得到其可观标准型

$$
\begin{aligned}
x(k+1) &= \begin{bmatrix} 0 & 0 & \cdots & 0 & -a_n \\ 1 & 0 & \cdots & 0 & -a_{n-1} \\ 0 & 1 & \cdots & 0 & -a_{n-2} \\ \vdots & \vdots & & \vdots & \vdots \\ 0 & 0 & \cdots & 1 & -a_1 \end{bmatrix} x(k) + Gu(k) \\
y(k) &= [0 \quad \cdots \quad 0 \quad 1] x(k) = Cx(k)
\end{aligned} \tag{7-39}
$$

式(7-37)也可以通过相同的变换得到可观标准型

$$
\hat{x}(k+1) = \begin{bmatrix} 0 & 0 & \cdots & 0 & -a_n \\ 1 & 0 & \cdots & 0 & -a_{n-1} \\ 0 & 1 & \cdots & 0 & -a_{n-2} \\ \vdots & \vdots & & \vdots & \vdots \\ 0 & 0 & \cdots & 1 & -a_1 \end{bmatrix} \hat{x}(k) + Gu(k) + L[y(k) - C\hat{x}(k)] \tag{7-40}
$$

可观标准型下的观测误差为

$$
\begin{aligned}
\tilde{x}(k+1) &= \begin{bmatrix} 0 & 0 & \cdots & 0 & -a_n \\ 1 & 0 & \cdots & 0 & -a_{n-1} \\ 0 & 1 & \cdots & 0 & -a_{n-2} \\ \vdots & \vdots & & \vdots & \vdots \\ 0 & 0 & \cdots & 1 & -a_1 \end{bmatrix} \tilde{x}(k) - LC\tilde{x}(k) \\
&= \begin{bmatrix} 0 & 0 & \cdots & 0 & -(a_n + l_1) \\ 1 & 0 & \cdots & 0 & -(a_{n-1} + l_2) \\ 0 & 1 & \cdots & 0 & -(a_{n-2} + l_3) \\ \vdots & \vdots & & \vdots & \vdots \\ 0 & 0 & \cdots & 1 & -(a_1 + l_n) \end{bmatrix} \tilde{x}(k)
\end{aligned} \tag{7-41}
$$

显然，若系统完全可观，可以选择反馈增益阵 L，任意配置观测器系统式(7-37)的极点。由于式(7-41)是式(7-22)的转置形式，设计观测器有时也直接采用“转置的等效过程”，即设等效状态变量

$$
\xi(k+1) = F^{\mathrm{T}}\zeta(k) + C^{\mathrm{T}}\vartheta(k) \tag{7-42}
$$

等效状态反馈

$$\vartheta(k) = -L^{\mathrm{T}}\xi(k) \tag{7-43}$$

设计方法可以完全采用状态反馈配置极点的方法，相应矩阵取转置替代，如取 $F \to F^{\mathrm{T}}, G \to C^{\mathrm{T}}, K \to L^{\mathrm{T}}$。

在观测器设计时，Ackermann 公式由转置方式直接得出

$$L = \alpha_{\mathrm{O}}(z) W_{\mathrm{O}}^{-1} [0 \quad 0 \quad \cdots \quad 1]^{\mathrm{T}} \tag{7-44}$$

式中，$\alpha_{\mathrm{O}}(z)$是观测器期望特征多项式，它由给定的期望极点确定。

利用上述方法估计系统状态，将要产生一步的延迟，精度较差，为此，可以采用第二种方法，构造现今值观测器，这种观测器的具体算法如下：

若已有了 k 时刻的观测值$\hat{x}(k)$，根据系统模型可以预测下一时刻的状态

$$\bar{x}(k+1) = F\hat{x}(k) + Gu(k) \tag{7-45}$$

测量 $k+1$ 时刻的系统输出值 $y(k+1)$，并用观测误差$[y(k+1) - C\bar{x}(k+1)]$修正预测值，从而得到 $k+1$ 时刻的观测值。

$$\hat{x}(k+1) = \bar{x}(k+1) + L[y(k+1) - C\bar{x}(k+1)]$$

或

$$\begin{aligned}\hat{x}(k+1) &= F\hat{x}(k) + Gu(k) + L\{y(k+1) - C[F\hat{x}(k) + Gu(k)]\} \\ &= [F - LCF]\hat{x}(k) + [G - LCG]u(k) + Ly(k+1)\end{aligned} \tag{7-46}$$

式中，L 仍是观测器增益，$\hat{x}(k)$是 $x(k)$的现今观测值。现今值观测器的结构如图 7-13 所示。

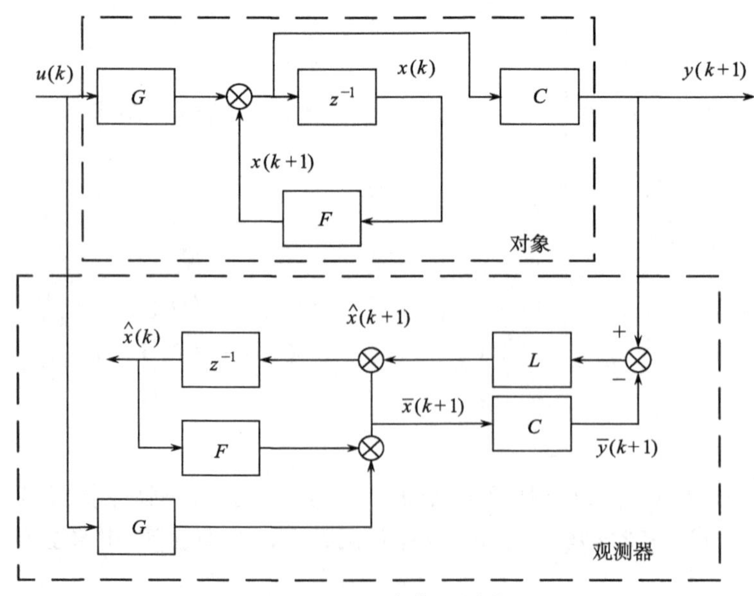

图 7-13　现今值观测器

现今值观测器的观测误差方程是

$$\tilde{x}(k+1)=[F-LCF]\tilde{x}(k) \tag{7-47}$$

式中，观测器增益 L 仍可利用预测观测器方法求取，所不同的是，由于式(7-47)的转移矩阵是$[F-LCF]$，所以观测器极点的配置不是由$[F \quad C]$的可观性决定，而是由$[F \quad CF]$的可观性决定。分析表明，如果$[F \quad C]$是可观的，那么$[F \quad CF]$也必定是可观的。因此，选择反馈增益 L 亦可任意配置现今值观测器的极点。

现今值观测器与预测观测器的主要差别是，后者利用陈旧的测量值 $y(k)$产生观测值$\hat{x}(k+1)$，而前者利用当前测量值 $y(k+1)$产生$\hat{x}(k+1)$，并进而计算控制作用。现今值观测器是不能准确实现的，但采用这种观测器，仍可使控制作用的计算减少时间延迟，比预测观测器更合理。

7.1.5 调节器设计

全状态反馈控制规律与状态观测规律组合起来构成了一个完整的控制系统，如图 7-14 所示。

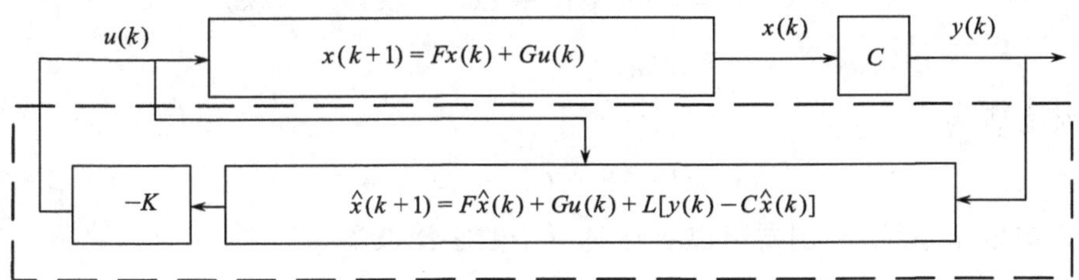

图 7-14 观测器与控制规律的组合

被控对象方程为

$$\begin{aligned} x(k+1) &= Fx(k)+Gu(k) \\ y(k) &= Cx(k) \\ u(k) &= -K\hat{x}(k) \end{aligned} \tag{7-48}$$

式中，反馈状态$\hat{x}(k)$由观测器产生，它可表示为

$$\hat{x}(k)=x(k)-\tilde{x}(k)$$

若采用预测观测器，观测误差的状态方程为

$$\tilde{x}(k+1)=[F-LC]\tilde{x}(k)$$

联立上述各方程，可得组合系统状态方程

$$\begin{bmatrix}\tilde{x}(k+1)\\ x(k+1)\end{bmatrix}=\begin{bmatrix}F-LC & 0\\ GK & F-GK\end{bmatrix}\begin{bmatrix}\tilde{x}(k)\\ x(k)\end{bmatrix}$$

$$y(k)=[0\quad C]\begin{bmatrix}\tilde{x}(k)\\x(k)\end{bmatrix}$$

该系统的特征方程是

$$\det\begin{bmatrix}zI-F+LC & 0\\GK & zI-F+GK\end{bmatrix}=0 \tag{7-49}$$

由于式(7-49)行列式右上角为零,所以

$$\det[zI-F+LC]\cdot\det[zI-F+GK]=\alpha_{\mathrm{C}}(z)\alpha_{\mathrm{O}}(z)=0 \tag{7-50}$$

该式表明,组合系统的阶次为 $2n$,它的特征方程分别由观测器及原闭环系统的特征方程组成,反馈增益 K 只影响反馈控制系统的特征根,观测器反馈增益 L 只影响观测器系统特征根。这说明控制规律与观测器可以分开单独设计,组合后各自的极点不变,这就是通常的分离原理。

把观测器系统与控制规律组合起来,构成控制器,如图 7-14 中画线部分所示。它的状态方程可表示为

$$\begin{aligned}\hat{x}(k+1)&=[F-GK-LC]\hat{x}(k)+Ly(k)\\u(k)&=-K\hat{x}(k)\end{aligned} \tag{7-51}$$

它的特征方程为

$$\det[zI-F+GK+LC]=0 \tag{7-52}$$

对单输入单输出系统,控制器可以看作是一个数字滤波器。

7.2 模型预测控制

模型预测控制是基于预测模型的一类计算机控制算法的总称,常见的有动态矩阵控制、模型算法控制、模型预测启发控制和广义预测控制等。虽然这些控制算法的名称、表达形式和控制方案不同,但它们的基本思想非常类似,其基本原理可归结为预测模型、滚动优化和反馈校正。

7.2.1 模型预测控制的基本原理

1. 预测模型

模型预测控制的基础是描述系统动态特性模型,该模型就称为预测模型。它的功能是根据被控对象的历史信息和未来的输入,预测系统未来的输出。在这里,预测模型只强调模型的功能而并不强调其结构形式。因此,它可以是被控对象的脉冲响应、阶跃响应等非参数模型,也可以是微分方程、差分方程等参数模型。由于利用预测模型,可通过系统的输入量直接预测其输出。由此,人们可以根据性能指标的需求计算出系统应有的控制量。

2. 滚动优化

模型预测控制是一种动态优化控制算法。目的是通过某一性能指标的最优来确定未来的控制作用,该性能指标涉及系统未来行为。随时间的推移不断地进行在线优化,即每个采样时刻,优化性能指标只涉及从该时刻起的未来有限时间;到下一个采样时刻,优化时段同时向前推移,未来的控制作用便可不断地被确定并实施。因此,预测控制的优化过程不是一次离线进行,而是反复在线进行。虽然各个不同时刻的优化指标的相对形式是相同的,每一步均按静态参数进行优化,但因为其包含的时间区域不同,从控制的全过程看,实现的仍是动态的优化。因而预测控制被称为是"滚动优化"的算法。与一般最优控制中的全局优化相比,预测控制中的滚动优化虽然只能得到全局的次优解,但由于它的优化始终建立在实际过程的基础上,使控制结果可以达到实际意义上的最优控制,能够有效地克服工业过程控制中的模型不精确、非线性、时变等不确定性的影响,这一点对工业控制的实际应用十分重要。

基于预测模型并通过滚动优化确定了一系列未来的控制作用后,为了防止模型失配或环境干扰引起控制对理想状态的偏离,通常的做法并不是把这些控制作用逐一全部实施,而是实施当前时刻的控制作用;到下一采样时刻到来之际,首先检测对象的实际输出值,并利用这一实时测量信息对基于模型的输出预测值进行修正,然后再进行新的优化。

因此,预测控制是一种闭环的反馈控制算法。预测控制的反馈校正形式是多样的,它可以在保持预测模型不变的基础上,对未来的误差做出预测并加以补偿;也可以根据在线辨识的原理直接修改预测模型。不论采取何种校正形式,预测控制都可以实现滚动优化,不断根据系统的实际输出修正预测的准确性。

综上所述,预测控制中的滚动优化不仅基于模型,而且利用了反馈信息,构成了闭环优化,是一种基于预测模型预测系统未来输出、滚动实施优化并结合了闭环反馈校正的计算机优化控制算法。由于它对预测模型的形式没有严格要求,对模型精度要求也不高,尤其是它用滚动的有限时间段优化取代了一次性的全局优化,实现滚动优化控制策略,更符合实际工业控制的特点,对克服系统的不确定性影响具有更强的鲁棒性。

7.2.2 动态矩阵控制(DMC)

动态矩阵控制是基于对象阶跃响应的一种预测控制算法,适用于渐进稳定的线性对象。

1. 预测模型

设被控对象为单位阶跃响应的采样数据为 $a_1, a_2, \cdots, a_N$。对于渐进稳定的系统,其阶跃响应在有限个采样周期后将趋于稳态值,即 $a_N \approx a(\infty)$。因此可用单位阶跃响应采样数据的有限集合$\{a_1, a_2, \cdots, a_N\}$来描述系统的动态特性,该集合的参数便构成了DMC算法中的预测模型参数。系统的单位阶跃向量 $a^{\mathrm{T}} = [a_1, a_2, \cdots, a_N]$称为 DMC 的模型向量,$N$ 称为建模时域,N 的选择应使 $a_i(i > N)$的值与阶跃响应的静态终值 a_N 之差可以被忽略。

根据线性系统的叠加原理，利用对象单位阶跃响应模型和给定的输入控制增量，可以预测系统未来的输出值。在 $t=kT$ 时刻，假如控制量不变化，系统在未来 N 个时刻的输出预测值为$\hat{y}_0\left(\frac{k+i}{k}\right)$，则在控制量 $\Delta u(k)$ 作用下的系统输出预测值可由下式算出

$$\hat{y}_{N1}(k) = \hat{y}_{N0}(k) + a\Delta u(k) \tag{7-53}$$

式中，$\hat{y}_{N0}(k)=\begin{bmatrix}\hat{y}_0\left(\frac{k+1}{k}\right)\\ \vdots \\ \hat{y}_0\left(\frac{k+N}{k}\right)\end{bmatrix}$和$\hat{y}_{N1}(k)=\begin{bmatrix}\hat{y}_1\left(\frac{k+1}{k}\right)\\ \vdots \\ \hat{y}_1\left(\frac{k+N}{k}\right)\end{bmatrix}$分别表示在 $t=kT$ 时刻，预测的输出在无控制增量 $\Delta u(k)$ 作用下和有控制增量 $\Delta u(k)$ 作用下未来 N 个时刻的系统输出。“$\frac{k+i}{k}$”表示在 $t=kT$ 时刻对 $t=(k+i)T$ 时刻进行的预测。

同样，在 M 个连续的控制增量 $\Delta u(k), \Delta u(k+1), \cdots, \Delta u(k+M-1)$ 作用下，系统在未来 P 个时刻的输出值可用式(7-54)表示。

$$\hat{y}_{PM}(k) = \hat{y}_{P0}(k) + A\Delta u_M(k) \tag{7-54}$$

式中

$$\hat{y}_{P0}(k) = \begin{bmatrix}\hat{y}_0\left(\frac{k+1}{k}\right)\\ \vdots \\ \hat{y}_0\left(\frac{k+P}{k}\right)\end{bmatrix}, \quad \hat{y}_{PM}(k) = \begin{bmatrix}\hat{y}_M\left(\frac{k+1}{k}\right)\\ \vdots \\ \hat{y}_M\left(\frac{k+P}{k}\right)\end{bmatrix}$$

$$\Delta u_M(k) = \begin{bmatrix}\Delta u(k)\\ \vdots \\ \Delta u(k+M-1)\end{bmatrix}, \quad A = \begin{bmatrix} a_1 & 0 & \cdots & 0 \\ a_2 & a_1 & \cdots & 0 \\ 0 & 1 & \cdots & 0 \\ \vdots & \vdots & & \vdots \\ a_P & a_{P-1} & \cdots & a_{P-M+1}\end{bmatrix}_{P\times M}$$

式中，$\hat{y}_{P0}(k)$和$\hat{y}_{PM}(k)$分别为 $t=kT$ 时刻预测未来 P 个时刻的无控制增量作用和有控制增量 $\Delta u(k), \Delta u(k+1), \cdots, \Delta u(k+M-1)$作用的系统输出，$\Delta u_M(k)$为从现在起的 M 个时刻的控制变量；矩阵 A 称为动态矩阵，其元素为描述系统动态特性的阶跃响应系数；P 是滚动优化时域长度；M 是控制时域长度，P 和 M 应满足 $M\leqslant P\leqslant N$。当输出 y 具有双下标时其含义是：第一个下标为预测的步数，第二个下标为未来控制作用的步数。

2. 滚动优化

DMC 采用了滚动优化目标函数，其目标是要在每一采样时刻 k，通过优化策略，确

定从该时刻起的未来 M 个控制增量 $\Delta u(k), \Delta u(k+1), \cdots, \Delta u(k+M-1)$，使系统在其作用下，未来 P 个时刻的输出预测值 $\hat{y}_M\left(\frac{k+1}{k}\right), \cdots, \hat{y}_M\left(\frac{k+P}{k}\right)$ 尽可能的接近期望值 $\omega(k+1), \cdots, \omega(k+P)$。

在采样时刻 $t=kT$，优化性能指标为

$$\min J(k)=\sum_{i=1}^{P} q_i\left[\omega(k+i)-\hat{y}_M\left(\frac{k+i}{k}\right)\right]^2+\sum_{j=1}^{M} r_j \Delta u^2(k+j-1) \tag{7-55}$$

其中，性能指标中的第二项是对控制增量的约束，目的是不允许控制量的变化过于剧烈，式中 q_i, r_j 为加权系数，它们分别表示对跟踪误差及控制量变化的抑制。

在不同采样时刻，优化性能指标是不同的，但却都具有式(7-55)的形式，且优化时域随时间而不断的向前推移。式(7-55)也可写成向量形式

$$\min J(k)=\| w_P(k)-\hat{y}_{PM}(k)\|_Q^2+\|\Delta u_M(k)\|_R^2 \tag{7-56}$$

式中

$$w_P^{\mathrm{T}}(k)=[w(k+1), \cdots, w(k+P)]$$

$$Q=\operatorname{diag}(q_1 \cdots q_P)$$

$$R=\operatorname{diag}(r_1 \cdots r_M)$$

其中，$w_P^{\mathrm{T}}(k)$ 为期望值向量，Q 和 R 分别称为误差权矩阵和控制权矩阵，它们是由权系数构成的对角阵。根据预测模型，将式(7-54)代入式(7-56)，得

$$\min J(k)=\| w_P(k)-\hat{y}_{P0}(k)-A \Delta u_M(k)\|_Q^2+\|\Delta u_M(k)\|_R^2 \tag{7-57}$$

由极值必要条件，在不考虑输入输出约束的条件下，通过对 $\Delta u_M(k)$ 求导，可得最优解。令 $E=w_P(k)-\hat{y}_{P0}(k)$ 展开式(7-57)得

$$\begin{aligned}
J(k)&=[E-A \Delta u_M(k)]^{\mathrm{T}} Q[E-A \Delta u_M(k)]+\Delta u_M^{\mathrm{T}}(k) R \Delta u_M(k) \\
&=\{E, Q[E-A \Delta u_M(k)]\}-\{A \Delta u_M(k), Q[E-A \Delta u_M(k)]\} \\
&\quad+\Delta u_M^{\mathrm{T}}(k) R \Delta u_M(k) \\
&=(E, QE)-[E, QA \Delta u_M(k)]-[A \Delta u_M(k), QE]+[A \Delta u_M(k), QA \Delta u_M(k)] \\
&\quad+\Delta u_M^{\mathrm{T}}(k) R \Delta u_M(k) \\
&=EQE-2 \Delta u_M^{\mathrm{T}}(k) A^{\mathrm{T}} QE+\Delta u_M^{\mathrm{T}}(k) A Q^{\mathrm{T}} A \Delta u_M(k)+\Delta u_M^{\mathrm{T}}(k) R \Delta u_M(k)
\end{aligned}$$

为了取到极值，令

$$\frac{\partial J}{\partial \Delta u_M(k)}=-2 A^{\mathrm{T}} QE+2 A^{\mathrm{T}} QA \Delta u_M(k)+2 R \Delta u_M(k)=0$$

求得最优解为

$$\begin{aligned}
\Delta u_M(k)&=(A^{\mathrm{T}} QA+R)^{-1} A^{\mathrm{T}} Q[w_P(k)-\hat{y}_{P0}(k)] \\
&=F[w_P(k)-\hat{y}_{P0}(k)]
\end{aligned} \tag{7-58}$$

$$F=(A^{\mathrm{T}} QA+R)^{-1} A^{\mathrm{T}} Q \tag{7-59}$$

式中，向量 $\Delta u_M(k)$ 就是在 $t=kT$ 时刻求解得到的未来 M 个时刻的控制增量 $\Delta u(k)$，$\Delta u(k+1)$，…，$\Delta u(k+M-1)$。由于这一最优解完全是基于预测模型求得的，所以只是开环的最优解。按上述方法，理论上可以每隔 M 个采样周期重新计算一次，然后将 M 个控制量在 k 时刻以后的 M 个采样周期分别作用于系统。但在此期间，模型误差和随机扰动等随时可能使系统输出远离期望值。为了克服这一缺点，最简单的方法是只取最优解中的即时控制增量 $\Delta u(k)$ 构成实际控制增量 $u(k)=u(k-1)+\Delta u(k)$ 作用于系统。到下一采样时刻，重复提出上述的优化问题并求出 $\Delta u(k+1)$，周而复始，即所谓"滚动优化"策略。

根据式(7-58)，可以求出

$$\Delta u(k)=[1\quad 0\quad \cdots\quad 0]\Delta u_M(k)=d^{\mathrm{T}}[w_P(k)-\hat{y}_{P0}(k)] \tag{7-60}$$

$$d^{\mathrm{T}}=[1\quad 0\quad \cdots\quad 0](A^{\mathrm{T}}QA+R)^{-1}A^{\mathrm{T}}Q=[1\quad 0\quad \cdots\quad 0]F \tag{7-61}$$

重复上述步骤，就可以算出 $(k+1)T$ 时刻的控制量 $\Delta u(k+1)$。

这种方法的缺点是没有充分利用已取得的全部信息，受系统中随机干扰的影响大。一种改进算法是将 kT 以前 M 个时刻得到的 kT 时刻的全部控制量加权平均作用于系统，即

$$\Delta u(k)=\frac{\sum_{j=1}^{M}a_j\,\Delta u\left[\dfrac{k}{(k-j+1)}\right]}{\sum_{j=1}^{M}a_j}$$

式中，$\Delta u[k/(k-j+1)]$ 是在 $(k-j+1)T$ 时刻计算得到 kT 时刻的控制增量。为了充分利用新的信息，通常取 $a_1=1>a_2>\cdots>a_M$。这种改进算法对控制系统的暂态和稳态性能以及控制量的振荡均有显著的改进，可以减少模型误差的影响。

3. 反馈校正

当 kT 时刻对被控系统施加控制作用 $u(k)$ 后，在 $(k+1)T$ 时刻可采集到实际输出 $y(k+1)$。与 kT 时刻基于模型所作系统输出预测值 $\hat{y}_1\left(\dfrac{k+1}{k}\right)$ 相比较，由于模型误差、干扰、弱非线性及其他实际过程中存在的不确定因素，由式(7-53)给出的预测值一般会偏离实际值，即存在预测误差

$$e(k+1)=y(k+1)-\hat{y}_1\left(\frac{k+1}{k}\right) \tag{7-62}$$

由于预测误差的存在，若不及时进行反馈校正，进一步的优化就会建立在虚假的基础上。为此，DMC 算法利用了实时预测误差对未来输出误差进行预测，以对在模型预测基础上进行的系统在未来各个时刻的输出开环预测值加以校正。由于对误差的产生缺乏因果性的描述，故误差预测只能采用时间序列方法。常用的是通过对误差 $e(k+1)$ 加权的方式修正对未来输出的预测，即

$$\hat{y}_{\mathrm{cor}}(k+1)=\hat{y}_{N1}(k+1)+he(k+1) \tag{7-63}$$

式中

$$\hat{y}_{cor}(k+1)=\begin{bmatrix}\hat{y}_{cor}\left(\frac{k+1}{k+1}\right)\\ \vdots \\ \hat{y}_{cor}\left(\frac{k+N}{k+1}\right)\end{bmatrix}$$

为 $t=(k+1)T$ 时刻经误差校正后所预测的未来系统输出；$h^{T}=[h_1 \quad h_2 \quad \cdots \quad h_N]$为误差校正向量，是对不同时刻的预测值进行误差校正时所加的权重系数，其中 $h_1=1$。

经校正的$\hat{y}_{cor}(k+1)$的各分量中，除第一项外，其余各项分别是$(k+1)T$ 时刻在尚无 $\Delta u(k+1)$ 等未来控制增量作用下对系统未来输出的预测值，于是，它们可作为$(k+1)T$时刻$\hat{y}_{N0}(k+1)$的前 $N-1$ 个分量。但由于时间基点的变动，预测的未来时间点也将移到 $k+2,\cdots,k+1+N$，因此，$\hat{y}_{cor}(k+1)$的元素还需通过移位才能成为$(k+1)T$ 时刻的初始预测值，即

$$\hat{y}_0\left(\frac{k+1+i}{k+1}\right)=\hat{y}_{cor}\left(\frac{k+1+i}{k+1}\right), \quad i=1,2,\cdots,N-1 \tag{7-64}$$

由于模型在$(k+N)T$ 时刻截断，$\hat{y}_0\left(\frac{k+1+N}{k+1}\right)$只能由$\hat{y}_{cor}\left(\frac{k+1+N}{k+1}\right)$来近似。这一初始预测值的设置可用向量形式表示为

$$\hat{y}_{N0}(k+1)=S\cdot\hat{y}_{cor}(k+1) \tag{7-65}$$

式中，$S=\begin{bmatrix}0 & 1 & 0 & \cdots & 0\\ 0 & 0 & 1 & \cdots & 0\\ \vdots & \vdots & \vdots & & \vdots\\ 0 & 0 & 0 & \cdots & 1\end{bmatrix}$称为移位矩阵。

在$(k+1)T$ 时刻，得到$\hat{y}_{N0}(k+1)$后，又可像上述 $t=kT$ 时刻那样进行新的预测和优化计算，求出 $\Delta u(k+1)$。整个控制就是以这样结合了反馈校正的滚动优化方式反复在线推移进行。

思 考 题

7.1 简述离散状态方程的几种建立方法。

7.2 由脉冲传递函数建立离散状态方程有哪几种方法？

7.3 简述可控性与可观性的定义及其判定方法。

7.4 加入状态反馈之后，闭环系统和开环系统之间的关系有何变化？

7.5 简述全阶状态观测器的设计过程。

7.6 简述模型预测控制的基本原理。

7.7 简述动态矩阵控制的基本原理。

第 8 章　计算机控制系统的设计

计算机控制系统的设计，既是一个理论问题，又是一个工程问题。计算机控制系统的理论设计包括：建立被控对象的数学模型；确定满足一定技术经济指标的系统目标函数，寻求满足该性能目标函数的控制策略并整定参数；选择适当的软件平台及语言；进行系统功能的软、硬件界面划分，并对硬件提出具体要求。进行计算机控制系统的工程设计，不仅要掌握生产过程的工艺要求，以及被控对象的动态和静态特性，而且要熟悉自动控制理论、计算机技术、检测技术及仪表、通信技术、电气电工、工艺设备乃至控制室的规划与装修等。本章主要介绍计算机控制系统设计的指导原则与实际开发过程，计算机控制系统的工程设计与实现。最后通过一个例子说明系统的设计过程。

8.1　计算机控制系统的设计原则与开发过程

8.1.1　计算机控制系统的设计原则

在设计控制系统的时候，首先是根据系统的性能指标和功能要求决定系统的结构形式、划分软硬件的分工、确定具体电路形式及元器件选型等设计工作，系统的设计方案在很大程度上也就决定了系统的可靠性。在系统方案设计时应遵循如下原则。

1. 简化方案

系统的可靠性是由组成系统的各个单元乃至每个元件的可靠性决定的，所以应该尽量提高元器件或独立单元的可靠性。从失效率的角度，系统的失效率是其所有组成元件的总和，避免一个元件失效的最好方法是在系统中省去这个元件。所以，只要能满足系统的性能和功能指标，就尽可能地简化系统结构。当然，如果某种附加有利于提高系统可靠性，则是必要的，如抗干扰设计、容错设计、冗余设计等。

2. 避免片面追求高性能指标和过多的功能

随着技术的发展，产品的性能和功能应该是越来越强的，但在一定阶段内和力所能及的技术条件下，应注意协调高指标与可靠性的关系。如果给系统定下过高的指标，势必使系统复杂化，一方面使用过多的元器件，直接降低了系统的可靠性；另一方面增加了设计中的不合理、不可靠隐患的机会。

3. 合理划分软硬件功能

这是计算机控制系统特有的问题，由于微处理器的参与，软件在数据处理、逻辑分析、通信和分时处理等方面具有硬件难以比拟的功能，而且软件在通过实践的验证后，不存在失效性的问题。在方案设计时，能够方便地用软件完成的功能一定要坚决地贯彻“以软代硬”的原则。另一方面就计算机控制系统而言，功能再强大的软件也需要硬件的支持，如果软件担负的任务过多，既增加开发的难度又不易保证软件的可靠性。所以需要合理地划分软硬件功能，“以软代硬”至少要在CPU时间资源允许的前提下进行。现在有很多可编程的集成芯片，一方面简化了硬件电路，提高了其可靠性，另一方面又促成了更进一步“以软代硬”的可能。

4. 尽可能用数字电路代替模拟电路

数字电路稳定性好、抗干扰能力强、可标准化设计、易于器件集成制造。数字电路代替模拟电路是电子技术发展的一个趋势。另外，还要尽可能多地采用集成芯片且集成度越高越好，集成芯片密封性好、焊点少，其失效率比同样功能的分离电路要低得多。

5. 变被动为主动

影响系统可靠性的因素很多，在发生的时间和程度上的随机性也很大，在设计方案时，对易遭受不可靠因素干扰的薄弱环节应主动地采取可靠性保障措施，以免在问题发生时被动地应付。抗干扰技术和容错设计是变被动为主动的两个重要手段。系统设计中采用了抗EMC技术和冗余的程序设计，能够主动地抗击一定程度的干扰以及达到一定程度的容错。

6. 可扩充性

系统的硬软件应具有扩充升级的余地，不可因软硬件扩充、升级或改型而使原有系统失去作用。

7. 实用性

注重采用成熟而实用的技术，使系统性价比最高，能产生良好的社会效益和经济效益。

8. 先进性

在实用的前提下，应尽可能跟踪国内外最先进的计算机软硬件技术、信息技术及网络通信技术，使系统具有较高的性能指标。

9. 易操作性

贯彻面向最终用户的原则，建立友好的用户界面，使用户操作简单直观，易于学习掌握。

8.1.2 计算机控制系统的开发过程

计算机控制系统由硬件和软件组成。硬件指计算机、单片机，DSP、扩展的存储器、输入输出设备，各种工业设备和网络系统等硬部件。软件是各种工作程序的总称。硬件和软件只有紧密配合，协调一致，才能组成高性能的计算机控制系统。在系统的开发过程中，软硬件设计的功能总在不断地调整，以便相互适应。硬件设计和软件设计不能截然分开。硬件设计应考虑软件的设计方法，而软件设计应了解硬件的工作原理，在整个开发过程中互相协调，以便提高工作效率。

整个系统的开发过程包括技术方案论证、硬件设计、软件设计和系统的调试与维护等几个阶段。

1. 技术方案论证

任何系统的开发都是从确定目标任务开始的，在着手进行系统设计之前，必须根据系统的应用场合、工作环境、具体用途提出合理的、详尽的功能技术指标和方案。为了设计出一个切实可行的总体方案与实施方案，设计者必须深入了解生产过程，分析工艺流程及工作环境，熟悉工艺要求，确定系统的控制目标与任务。在制定技术方案时，应对产品的可靠性、可维护性、先进性及成本等进行综合评价，考虑国内外同类产品的有关资料，使确定的技术指标合理而且符合有关标准。具体要求为：了解用户需求，确定设计规模和总体框架；弄清软、硬件技术难度，明确技术攻关点；针对主要问题展开调研工作，查找中外有关资料，确立初步方案；尽量采用可借鉴的成熟技术，减少不必要的重复开发，加快项目进度。

2. 硬件设计

硬件系统设计包括控制器和系统总线选择、输入输出通道设计、人机交互设计、现场设备选择、电路原理图设计等。硬件设计的指导原则是在方案论证的基础上，在满足系统指标及速度的前提下，尽量减少硬件电路的使用，而多采用软件编程的手段完成系统功能的完善。这样做不但可以降低系统的成本，还可以提高系统的可靠性。

3. 软件设计

系统软件的设计要选择合适的控制算法，满足各项控制指标要求。系统应用软件的设计应注意一些问题：采用模块化结构设计；采用自顶向下的程序设计；外部设备和外部事件尽量采用中断方式与 CPU 交换信息，便于系统模块化和提高程序运行效率；另外，设计软件时，应充分考虑软件抗干扰措施。软件设计是在硬件设计的基础上，为了实现各种功能要求而编写的程序的总称。计算机控制的软件设计主要包括系统软件和应用软件两个部分。通常情况下，系统软件一般是购买的稳定的商业化产品，而应用软件才是设计人员为满足系统要求所设计开发的专用的功能程序。计算机控制系统内主要功能程序由数据采集及数据处理模块、控制算法模块、通信模块、人机交互模块和监控处理模块等组成。

4. 系统的调试与维护

当系统的软硬件设计结束时，在系统交付用户使用前，要进行必要的联机调试。一般调试包括实验室调试阶段和工业现场调试阶段两个阶段。系统的调试可验证所设计系统的正确性和可靠性，并从中发现硬件设计的错误或者软件设计的 BUG，并进行修正改善。对于已交付的产品，应向用户提供必要的培训、系统维护及其升级服务等。

8.2 硬件设计

在硬件总体方案的基础上，进行硬件的细化设计。它主要包括计算机选型、输入输出通道设计、通信总线选择、人机交互设计、现场设备选择等。

8.2.1 计算机选型

在计算机控制系统的设计中，根据系统规模大小，有两种类型的计算机可供选择。在大中型控制系统中，通常选择商品化的工控机、单板电脑、PLC 或者行业专用控制器等作为主控制器；在小型控制系统中，通常选择 MCS51、DSP、PIC、ARM 等单片微控制器自行设计计算机控制系统。

8.2.2 输入输出通道硬件设计

(1) 对于采用工控机的控制系统，输入输出通道硬件设计非常简单，只需根据控制要求选择合适的输入输出通道模板，这包括数字量 I/O 模板、模拟量 I/O 模板等。

① 选择模拟量输入输出模板。AI/AO 模板包括 A/D、D/A 板及信号调理电路等。AI 模板输入可能是 0～±5V、1～5V、0～10mA、4～20mA 以及热电偶、热电阻和各种变送器的信号。AO 模板输出可能是 0～5V、1～5V、0～10mA、4～20mA 等信号。AI/AO 模板应根据 AI/AO 路数、分辨率、转换速度、量程范围等进行选择。

② 选择数字量输入输出模板。PC 总线和 STD 总线的并行 I/O 接口模板多种多样，通常可以分为 TTL 电平的开入开出和带光电隔离的开入开出。通常和工业控制机共地装置的接口可以采用 TTL 电平，而其他装置与工业控制机之间则采用光电隔离。

在采用工业控制计算机的控制系统中，输入输出模板可根据需要组合，不管哪种类型的系统，其模板的选择与组合均由生产过程的输入参数、输出参数的种类、数量、控制要求，并适当考虑系统将来扩充需要来确定。

(2) 对于采用微控制器进行自行设计的小型计算机控制系统，需要根据控制的要求，选择相应速度和精度的 A/D 和 D/A 芯片实现模拟量 I/O 通道的设计；根据执行机构的要求完成数字量 I/O 通道的设计。通常，为了保证系统的高抗干扰特性，需要进行通道隔离。模拟量 I/O 通道隔离可以选择专用的磁隔离、光电隔离芯片进行设计；数字量 I/O 通道隔离可以选择继电器、数字光耦等电路实现设计过程。

8.2.3 通信总线的选择

对于计算机控制系统而言，为了完成与外部设备的通信，需要设计相应的通信方式。其包括 Compact PCI 总线、RS-232-C 总线、RS-485 总线和 USB 总线等，在总线的选取时应当依据控制设计要求进行选择，下面分别介绍。

1. Compact PCI 总线

Compact PCI 的意思是“坚实的 PCI”，是当今第一个采用无源总线底板结构的 PCI 系统，是 PCI 总线的电气和软件标准加欧式卡的工业组装标准，是当今最新的一种工业计算机标准。Compact PCI 是在原来 PCI 总线基础上改造而来，它利用 PCI 的优点，提供满足工业环境应用要求的高性能核心系统，同时还考虑充分利用传统的总线产品，如 ISA、STD、VME 或 PC/104 来扩充系统的 I/O 和其他功能。

2. RS-232-C 总线

RS-232-C 是美国电子工业协会 EIA(Electronic Industry Association)制定的一种串行物理接口标准。RS-232-C 总线标准设有 25 条信号线,包括一个主通道和一个辅助通道,在多数情况下主要使用主通道,对于一般双工通信,仅需几条信号线就可实现,如一条发送线、一条接收线及一条地线。RS-232-C 标准规定的数据传输速率为每秒 50、75、100、150、300、600、1200、2400、4800、9600、19200bit。RS-232-C 标准规定,驱动器允许有 2500pF 的电容负载,通信距离将受此电容限制,例如,采用 150pF/m 的通信电缆时,最大通信距离为 15m;若每米电缆的电容量减小,通信距离可以增加。传输距离短的另一原因是 RS-232 属单端信号传送,存在共地噪声和不能抑制共模干扰等问题,因此一般用于 20m 以内的通信。

3. RS-485 总线

在要求通信距离为几十米到上千米时,广泛采用 RS-485 串行总线标准。RS-485 采用平衡发送和差分接收,因此具有抑制共模干扰的能力。加上总线收发器具有高灵敏度,能检测低至 200mV 的电压,故传输信号能在千米以外得到恢复。RS-485 采用半双工工作方式,任何时候只能有一点处于发送状态,因此,发送电路须由使能信号加以控制。RS-485 用于多点互连时非常方便,可以省掉许多信号线。应用 RS-485 可以联网构成分布式系统,其允许最多并联 32 台驱动器和 32 台接收器。

4. USB 总线

通用串行总线 USB(Universal Serial Bus)是由 Intel、Compaq、Digital、IBM、Microsoft、NEC、Northern Telecom 等 7 家世界著名的计算机和通信公司共同推出的一种新型接口标准。它基于通用连接技术,实现外设的简单快速连接,达到方便用户、降低成本、扩展 PC 连接外设范围的目的。它可以为外设提供电源,而不像普通的使用串、并口的设备需要单独的供电系统。另外,快速是 USB 技术的突出特点之一,USB1.1 的最高传输率可达 12Mbit/s,比串口快 100 倍,比并口快近 10 倍,而且 USB2.0 的最高传输率可达 480Mbit/s。

8.2.4 选择现场设备

执行机构是计算机系统中不可缺少的部分,其作用是接受计算机发出的控制信号并实施于被控生产过程,使生产过程按预先规定的控制要求正常运行。

执行机构分为气动、电动和液压三种类型。气动执行机构结构简单、价格低、防火防爆,但需要额外配置气源及电气转换器,使用上不是很方便;电动执行机构体积小、种类多、使用方便;液压执行机构推动力大、精度高。另外,在某些对控制精度要求不高或只需实现开关控制的控制系统,通常还选用电磁阀、有触点和无触点开关等。

以上所有设备的选择应当遵循高可靠性、合适的性能、合理的价格,不必盲目追求多功能化,高精度化,以免造成资源浪费。

8.2.5 操作台的设计

操作台是集成控制计算机的指令输入、计算机响应反馈显示、被控对象的监控等设备为一体的重要设备。在设计中应遵循安全可靠、使用方便、操作简单和布局合理等原则。

操作台的主要功能有如下几点。

(1) 执行指令的输入。

指令的输入主要是键盘按键,一般分为功能键和数字键两种,各有相应的键盘子程序与其配合,执行相应的管理程序和控制程序。通过键盘操作可实现给定值的设定、控制参数的修改、各种功能的执行等。

(2) 显示运行状态,在系统非正常工作时能够发出报警信号。

该功能是用于微机对各被测参数、控制参数、功能参数、系统状态、各种画面的显示。对于非正常情况下的运行需启动安装在监控设备上的警铃或扬声器等报警装置,使操作人员能及时发现并处理。

(3) 能够实现自动控制和手动控制的自由切换。

在自动化程度较高的环境下,可以实现无人值守,但在特殊情况下,还需手动操作时,操作台应当可以实现自动控制和手动控制的自由切换,达到提高控制精度的目的。

8.3 软件设计

软件是指完成各种功能的计算机程序的总和。控制系统软件设计的基本目的是:得到一个不仅满足控制系统功能、性能要求,而且可靠、易于维护的良好软件系统。此外,控制系统软件的易扩展性、易修改性和可移植性也是非常重要的。

同其他软件设计一样,控制系统软件设计必须从需求规格说明开始。由这些需求,结合控制系统中的对象及其他硬件设备组成,提取系统基本性能参数(这些参数会直接或间接地影响软件系统的设计与开发);采取恰当的解耦方法,将系统结构化为子系统,并且定义子系统间的I/O接口(解耦设计);将每一子系统结构化为并发任务,并定义任务间的接口(子系统抽象设计)。

计算机控制系统的软件需遵循以下设计原则。

1. 实时性要求

工业控制系统要求能够在被控对象允许的时间间隔内完成对数据采集、运算、传输和控制等任务。因此,除了选择高速硬件外,还需考虑软件的设计和算法的复杂度问题,以期获得较好的响应时间。

(1)使用汇编语言可以提高代码执行效率。

(2)尽量避免过多的函数调用,减少函数调用时的资源开销。

(3)对多个处理任务可实行中断嵌套或采用多重中断。

2. 具有可重复性

软件系统的设计应遵循软件工程的要求。程序的模块化设计具有重要意义,其具有结构清晰,功能明确,设计简便,程序模块可共享、便于扩展和维护等特点。另外面向对象编程技术是未来软件中采用的主要技术,更具灵活性。

3. 具有可靠性和容错性

为确保软件的可靠性,需要注意以下事项。

(1)设置检测与诊断程序,对系统运行中出现的问题及时处理或给出报警。

(2)采用冗余设计技术。

(3)将调试好的二进制代码固化在存储器中。

4. 有效性

有效性是指合理利用系统资源,提高效率。这些资源主要包括 CPU、存储器、I/O 口、中断、定时/计数器和远程通信等。在设计中应充分发挥系统的自身优势,即可以缩短开发周期,又能提高资源利用率。

5. 可维护性要求

软件的设计是十分困难的,为了使软件能易于维护,必须考虑使软件具有可维护性。软件的可维护性是软件开发阶段的关键目标。影响软件可维护性的因素较多,设计、编码及测试中的疏忽和低劣的软件配置,缺少文档等都对软件的可维护性产生不良影响。

8.4 系统的调试与运行

控制系统的调试是系统开发的重要环节。当完成整个应用系统的软硬件设计和硬件组装后,就到了系统的调试阶段。系统调试的目的是要查出用户系统中硬件设计和软件设计中存在的错误及可能出现的不协调问题,以便于修改设计,最终使用户系统能正确可靠,最好能在方案设计阶段就考虑系统的调试问题,如采用的调试方法和调试仪器的选择问题。

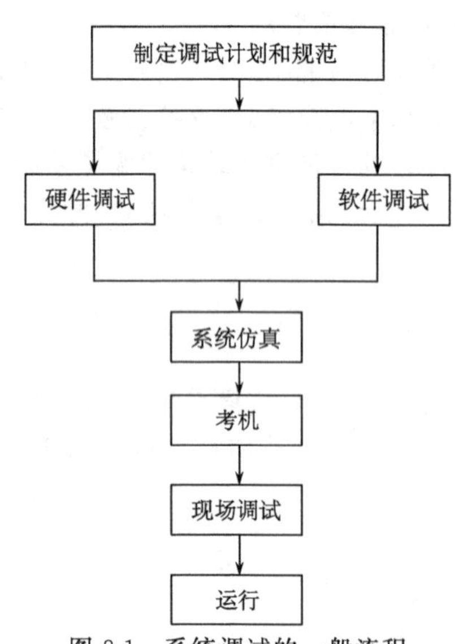

图 8-1 系统调试的一般流程

系统的调试与运行可分为离线仿真与调试和在线调试与运行两个阶段。离线仿真与调试一般是在实验室或非工业现场进行,而在线调试与运行是在生产过程工业现场进行。离线仿真与调试是基础,是检查系统硬件和软件的整体性能,为在线调试与现场运行做准备。现场运行是对全系统的实际考验与检查。图 8-1 给出了系统调试的一般流程。图中硬件调试、软件调试、考机属于离线仿真与调试阶段,而现场调试、运行属于在线调试与运行阶段。

在系统调试和运行阶段，应做好调试方案、测试数据、图表等记录，并建立完备的调试文档资料。

8.4.1 离线仿真与调试

1. 硬件调试

对于自行开发的硬件和电路板，首先需要用万用表或逻辑测试笔逐步按照逻辑图检查电路板中各器件的电源及各引脚的连线是否正确，检查数据总线、地址总线和控制总线是否有短路等故障。有时为了保护集成芯片，先对各管座电位进行检查，确定其无误后再插入芯片。再根据设计说明、设计要求和预定技术指标对电路板功能进行功能性检查，测试其是否满足要求。

对于各种标准功能模板，应按照说明书要求检查主要功能。在检查过程中，最好利用仿真器或开发系统，有时需要编制一些短小有针对性的测试程序对各功能电路进行分别测试，以检测这些电路的正确性或存在的问题。

对于 A/D 和 D/A 模板首先检查信号的零点和满量程，然后再分栏检查。例如，满量程的 10%、25%、50%、75%、100%，并且上行和下行来回调试，以便检查线性度是否合乎要求。如果有多路开关板，还应测试各通路是否能正确切换。

检查开关量输入和开关量输出模板，须利用开关量输入和输出程序来进行。对于开关量的输入，可在各输入端加开关量信号，以检查读入状态的正确性。对于开关量的输出，运行开关量输出测试程序，在输出端检查输出状态的正确性。

对于现场仪表和执行机构，如温度变送器、流量变送器、差压变送器、电压变送器、电流变送器、功率变送器以及电动或气动调节阀等。这些仪表和执行机构必须在安装前按照说明书要求进行校验。

分级计算机控制系统和分布式计算机控制系统，需要测试其通信功能，检查数据传输的正确性。

2. 软件调试

软件调试一般安排在硬件调试之后。有了正确的硬件作保证，就很容易发现软件的错误。在软件调试过程中，有时也会发现硬件故障。一般情况下，软件调试后，硬件中的隐藏问题大部分能被发现和纠正。

软件一般有主程序、功能模块和子程序。一般调试顺序为子程序、功能模块和主程序。有些程序的调试比较简单，利用仿真器或开发系统提供的调试程序就可以进行调试。近年来出现一种所谓的仿真软件，可不用硬件直接在微机上调试汇编语言程序，待基本调试好以后，再移到硬件系统中去调试。这种软件和硬件并行调试的方法，可大大加快系统开发速度。

3. 系统仿真

在硬件和软件分别调试后，需要进行硬件和软件统调，以进一步在实验室条件下把存在的问题充分暴露，并加以解决。硬件和软件统调试验，就是通常所说的“系统仿真”。所谓系统仿真，就是应用相似原理和类比关系来研究事物，也就是用模型来代替实际系统进行试验和研究。

4. 考机

在系统仿真结束后，还要进行考机运行试验。控制系统中有些问题和缺陷在短时间运行中可能不会暴露，只有长时间运行才会出现。因此，考机的目的是要在连续不停机的运行中暴露问题和解决问题，同时也是检验整个系统可靠性的关键步骤之一。在考机过程中可根据现场可能出现的运行条件和周围环境设计一些特殊运行条件和外部干扰，以考验系统的运行情况和抗干扰能力。

8.4.2 在线调试与运行

计算机控制系统最终是要安装生产现场，能经受现场运行环境和运行条件的考验，并能发挥预定的作用。在现场进行安装、调试、运行过程中，设计人员和用户要反复磋商，密切配合，首先制定有关的调试计划、实施方案、安全措施以及双方的工作内容和责任等，为了做到有把握，在现场调试前要进行以下内容检查。

(1) 检测元件、变送器、显示仪表、调节阀等必须通过校验，保证精度要求。

(2) 对接线和线路检查，保证连接正确。

(3) 检查系统的干扰情况和接地情况，如果不符合要求，应采取措施。

(4) 对安全防护措施也要检查。

经过检查并已安装正确后，即可进行系统的投运和参数的整定。投运时应先切入手动，待系统运行接近于给定值时再切到自动。

在现场调试过程中，由于运行环境和运行条件的复杂性，往往会出现在设计和离线调试过程中未能考虑到的问题。这就需要设计人员在生产现场查找引起问题的原因，并加以改进。

8.5 设计举例

8.5.1 基于微型计算机 PIC18F4620 的加热板温度控制系统设计

温度控制系统是典型的过程控制对象，在冶金、机械、食品、化工等工业中均有广泛的应用。温度控制方式的选择、运行结果的好坏，直接影响到工业生产的产品质量、能源的消耗以及企业的生产效率。在此，以 PIC18F4620 作为主控制器来控制热熔对焊机加热板的温度为例，来说明典型的数字温度控制系统的设计。

1. 控制系统的总体设计

1) 认识被控对象

传统的天然气管道，采用钢管进行气体传输，但是钢管的柔韧性差和耐腐蚀能力不强是这种传输方式的致命弱点。如今，越来越多的天然气管道开始使用 PE 管来代替钢管，PE 管不但柔韧性强、耐腐蚀，而且使用周期更是长达 50 年以上。两截 PE 管对接焊时需要使用热熔对焊机，为了满足焊接工艺要求，对其加热板的温度的精度要求比较高。由此可见，此系统是一个典型的温度控制系统。

2）方案选择

由于此温度控制系统规模比较小，如果采用工控机或者 PLC 进行系统设计，则造成系统体积庞大、成本高等致命缺点，所以应该采用单片微型控制器自行设计控制系统。图 8-2 是该系统的结构组成框图，为了满足系统的控制指标要求，采用 Microchip 公司的 PIC18F4620 作为主控制器，通过 Pt100 采集热板温度，经过相应的信号调理电路送入 PIC18F4620 中进行处理，处理结果通过控温电路实现加热板的温度控制。同时，该系统具备温度显示和报警等功能。

2. 控制系统硬件设计

根据系统方案设计可知，该系统由 PIC18F4620 单片机、Pt100、基于恒流源的温度信号检测电路、电压放大电路、A/D 转换、显示和控温电路等组成。

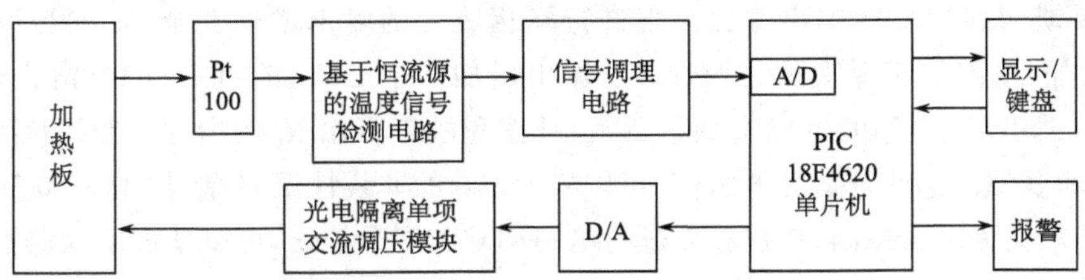

图 8-2　温度控制系统硬件原理框图

1）基于恒流源的温度检测电路

恒流源电路如图 8-3 所示。其中芯片 OP07 为运算放大器，它和 5 个电阻组成恒流源电路，在 V_{IN+} 处输出 1mA 的工作电流。图中 $V_{CC}=5V$，GND$=0V$。其中 J_1 用于连接 Pt100 铂热电阻。

采用测温精度较高的 Pt100 作为温度检测元件。根据 IEC-751 标准，Pt100 的电阻值与温度的关系可以表示为

$$R_t = R_o(1 + at + bt^2)$$

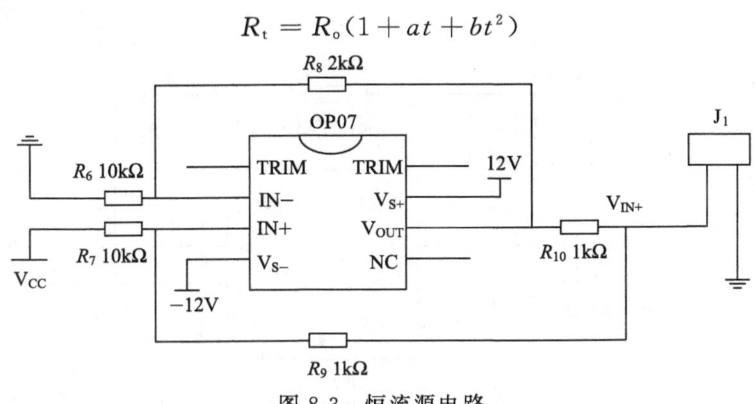

图 8-3　恒流源电路

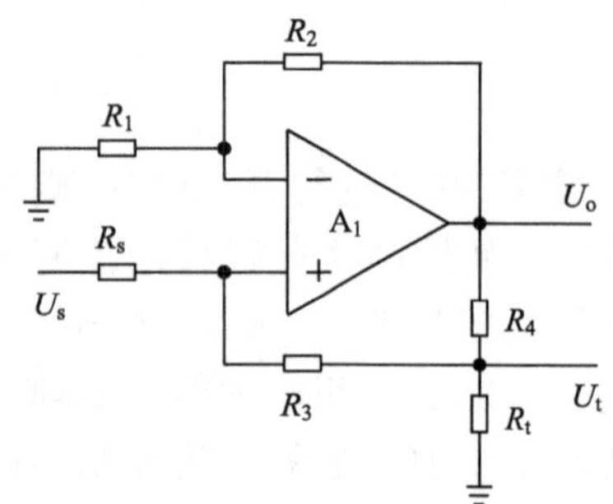

图 8-4　Pt100 非线性校正电路

式中，$a=3.9685\times10^{-3}/℃$，$b=-5.847\times10^{-7}/℃$。

因为式中二次项 bt^2 系数为负，当温度上升时 R_t 电阻值随着增加略有下垂，呈现出非线性关系，必须进行非线性补偿，Pt100 的非线性补偿电路如图 8-4 所示。

补偿电路由运放 A_1，电阻 R_1、R_2、R_3、R_4 组成。这是温度检测变换电路的第一级，也是进行非线性校正和决定检测精度的关键一级。其中，R_1、R_2 组成了负反馈回路，R_3、R_4 组成了正反馈回路，R_t 为 Pt100，U_t 是经 Pt100 温度检测变换后经过非线性校正的电压输出。为了维持电路的平衡，运放 A_1 的正、负反馈回路皆会产生电流，U_s 为电路的正反馈回路提供电流，而负反馈回路产生对地的电流，因此该电路又称为电流泵电路。如果电路中没有 R_3，该电路仅为一个同相放大器，R_3 接入正反馈回路，将引入部分正反馈，此时 U_o 的输出将比原仅进行同相放大的输出增加一个 ΔU_o，当温度升高时，R_t 增加，电路的正反馈随之增加，U_o 输出增加一个 ΔU_o，流过 R_t 的电流也会增加，由于正反馈引起了 U_t 的输出增加了 ΔU_t，补偿和校正了由 R_t 的增加呈非线性下垂而产生的 U_t 非线性。选取合适的电阻值，可以将 Pt100 的非线性误差降到 0.5%(0～500℃)。由于电加热板为定温控制，在控温点进行电路调整和测量校正，可以使温度检测达到很高的精度。

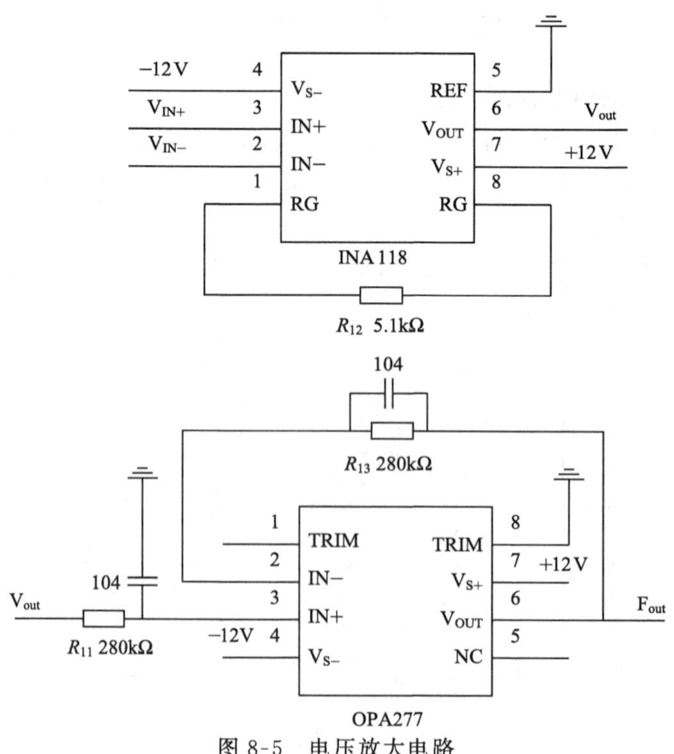

图 8-5　电压放大电路

2）电压放大及 A/D 转换电路

Pt100 铂热电阻输出的电压很小，如果直接与 A/D 转换器相连接，则转换数据偏差较大；所以设计中将 Pt100 铂热电阻输出的电压放大 10 倍后与电压跟随器相连接，再进行 A/D 转换，这样就能得到较好的转换效果，如图 8-5 所示。精密放大器 INA118 构成放大电路，V_{IN+} 为 Pt100 铂热电阻输出的电压值，V_{IN-} 为地（零电位）；V_{out} 为放大后的输出电压值。计算公式为：$V_{out}=G\times(V_{IN+}-V_{IN-})$，其中 G 的大小由电阻 R_{12} 来决定，$G=1+50\ \text{k}\Omega/R_{12}$。芯片 OPA277 与外围电阻组成电压跟随器。为了充分利用单片机的内部资源和节省成本，利用单片机 PIC18F4620 内部的 10 位 A/D 转换器，来对温度信号进行采样，如图 8-6 所示。

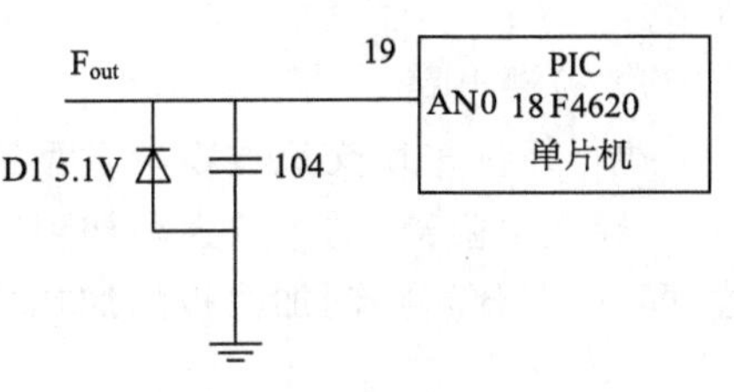

图 8-6　A/D 接口电路

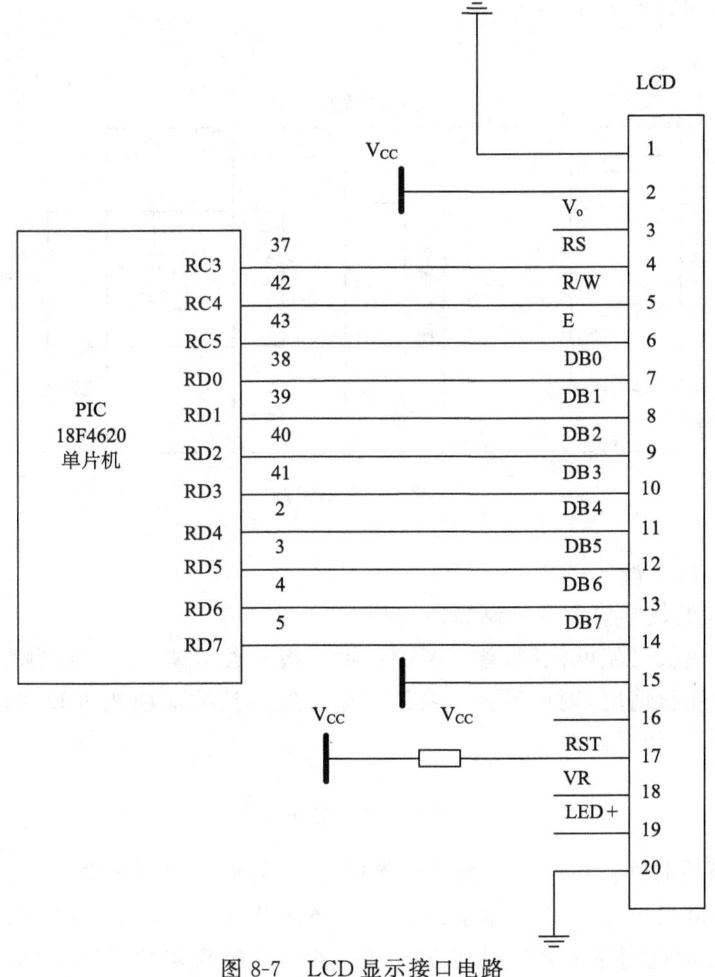

图 8-7　LCD 显示接口电路

3）显示接口电路

显示处理模块主要完成人机交互作用，实现将采样温度值、设定温度值以字符的形式通过液晶屏显示出来。系统中使用的液晶屏为 LCM128645ZK，接口电路如图 8-7 所示。

4）控温电路

执行元件采用交流过零触发型固态接触器（SSR），由单片机的引脚输出触发脉冲信号，经光电隔离、功率放大后加到双相晶闸管上，通过控制采样周期内导通的周波个数，即 n 值，便可控制加热板的加热功率。其公式为

$$P = nI^2R/N$$

式中，P 负载输入功率，单位为 kW；N 为采样周期 T 内的周波数，若 T 为 5s，则 N 为 250；n 为采样周期 T 内导通的周波数；R 为负载电阻，单位为 Ω；I 为在采样周期 T 内电流全导通时流过 R 的电流有效值。

控温电路如图 8-8 所示。

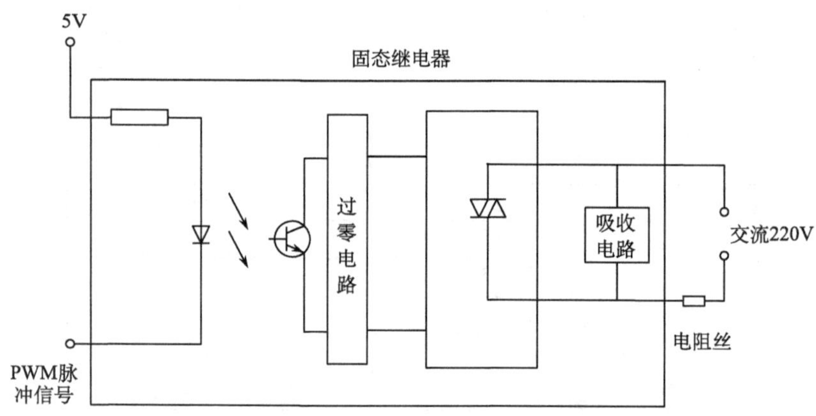

图 8-8　控温电路

3. 系统的软件设计

1）加热板的数学模型及控制算法选择

要实现加热板的温度控制，首先要测得加热板的数学模型。令加热板全导通，测量加热板的温度变化情况，则可得到电路的响应曲线。从响应曲线可知加热板为一阶纯滞后惯性环节，其传递函数为

$$G(s) = \frac{K\mathrm{e}^{-\tau s}}{1 + T_\tau s}$$

式中，τ 为纯滞后时间，$\tau = NT$，T 为采样周期。T_τ 为惯性时间常数，K 为放大系数，利用飞升曲线法可求出 K，τ，T_τ，在本设计中参考经验值 $K=0.1$，$\tau=20\text{s}$，$T_\tau=18\text{s}$。由表 5-1 可知，温度控制系统采样时间 $T=10\sim20\text{s}$，系统采用的是 $T=10\text{s}$；由表 5-3，求

得 $K_p=130$，$T_i=40$，$T_d=9$。

2）系统的程序设计

系统需要将采集来的实时温度信息与设定温度比较，进行 PID 控制并将数据送往液晶屏显示。主要子程序包括数据采集及数据处理程序、PID 控制程序和液晶显示程序等。主程序流程图如图 8-9 所示。

在本温度控制中采用了 PID 控制算法，即比例、积分、微分控制，它是工业过程控制中应用广泛的一种基本控制方法。增量式 PID 控制算法为

$$u_k - u_{k-1} = K_p(e_k - e_{k-1}) + K_I e_k + K_D(e_k - 2e_{k-1} + e_{k-2})$$

但是直接采用此算法，在系统启动、停止或大幅调节时容易产生很大的超调量，引起积分饱和。因此，对 PID 算法进行改进，采用积分分离法，可以抑制这一现象。积分分离法在开始时(即实际温度与设定温度值偏差较大时)不积分；当控制的实际温度接近设定值时，投入积分算法以消除静差，提高控制精度。积分分离式 PID 算法框图如图 8-10 所示。

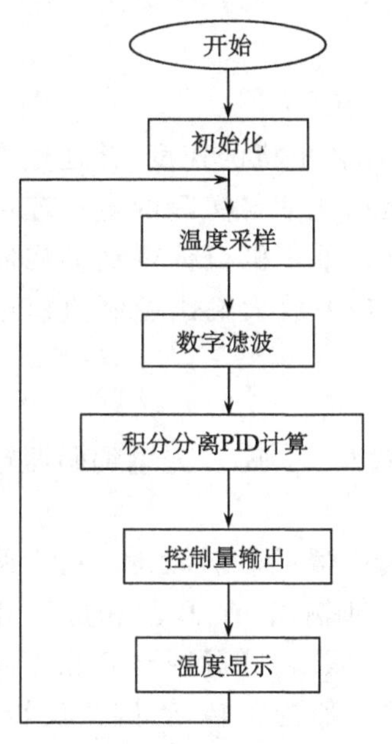

图 8-9　主程序流程图

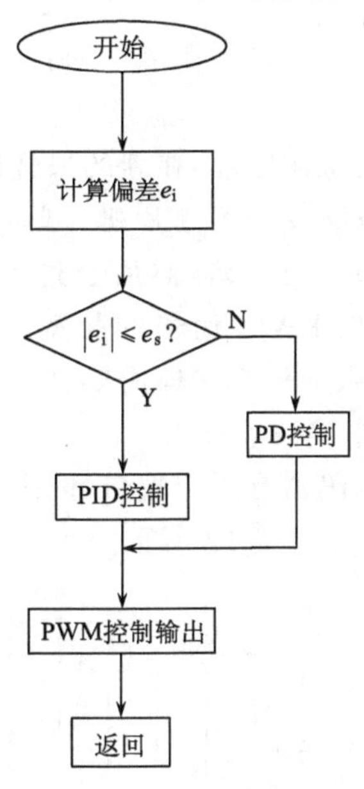

图 8-10　积分分离式 PID 算法框图

8.5.2　基于单片机的直流电动机闭环调速系统的设计

直流电动机具有良好的线性调速特性、控制简单、效率高及优异的动态特性，长期以来一直占据着调速控制领域的重要地位。对大多数控制系统来说，电机的开环性能不能满足要求，所以实例使用 ATmega8 单片机为核心控制芯片，结合美国国家半导体公司推出的专用于直流电动机驱动的 H 桥组件 L298，采用 PWM 控制方式进行调速，

通过 PID 算法实现直流电动机闭环控制。

1. 硬件原理

1）系统工作原理

AVR 单片机 ATmega8 采用先进的 RISC 结构，具有高速度、低功耗、片内资源丰富、抗干扰能力强等特点。ATmega8 具有 32 个通用工作寄存器及丰富的指令集，带有硬件乘法器，它有三通道的 PWM 输出和 8 路 10 位 ADC，还带有 8KB 的 Flash 和 1KB 的 SRAM。

闭环控制系统的原理示意图如图 8-11 所示，主要由 ATmega 8 单片机、L298 驱动电路、增量式光电编码器、编码器接口电路、LCD 显示屏和 RS-232 串行通信接口电路构成。

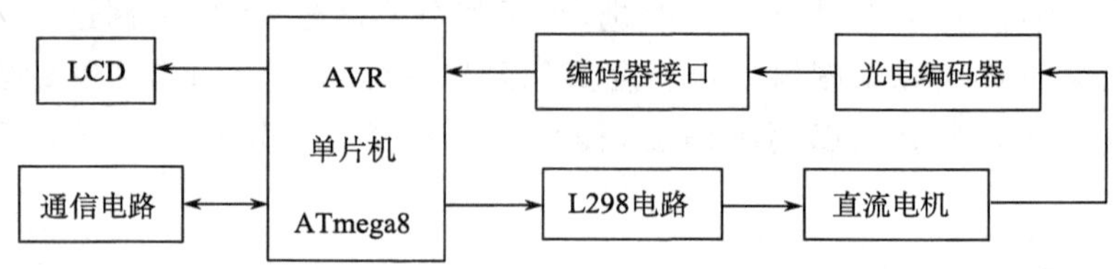

图 8-11　闭环控制系统原理示意图

系统的工作原理：在新的采样周期到来时，光电编码器测得电机的速度，并通过编码器接口电路反馈到单片机。单片机通过比较预定义的运动速度与实际的电机速度（反馈速度）得到偏差，然后经过 PID 控制算法得出控制量。单片机根据得到的控制量，改变输出 PWM 信号的脉宽。PWM 信号经 L298 进行功率放大输出控制直流电机，然后进入下一个采样周期。

2）光电编码器接口

光电编码器有 4 个端口、两个电源端口、两个脉冲输出端口（A，B）。光电编码器输出信号形式如图 8-12 所示。

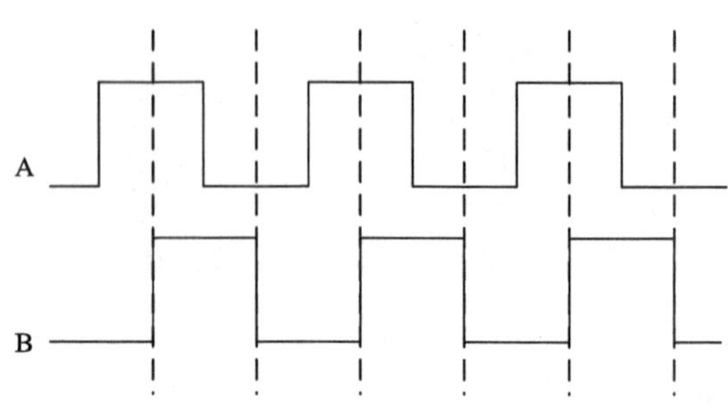

图 8-12　光电编码器输出信号形式

当光电编码器的轴转动时，A，B 两根线都产生脉冲输出，A，B 两相脉冲相差 90°相位角，如果 A 相脉冲比 B 相脉冲超前则光电编码器为正转，否则为反转。B 线用于测量脉冲个数，B 线与 A 线配合可以测量出转动方向。根据编码器的工作原理设计出编码器硬件接口电路如图 8-13 所示。

以上升沿触发为例，当 B 路信号的上升沿引起中断时，单片机判断 PC5 信号的电平高低。若 PC5 为低电平，则电机为正转，计数器 N 值加 1；若为高电平，则电机为反转，计数器 N 值减 1。电机的速度即为一个采样周期中 N 值的变化量。电机的转速 $\omega = c \times \Delta N / T_s$，式中，$c$ 为标度变换系数，可

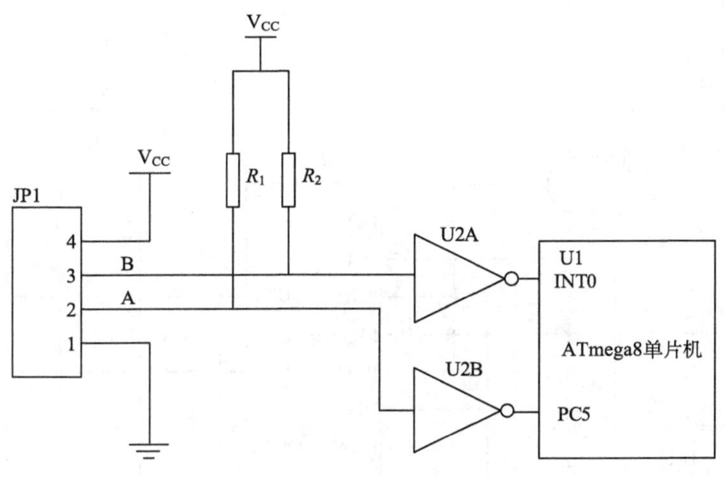

图 8-13　编码器接口硬件电路

根据转速的量纲来选择；ΔN 为一个采样周期中的计数值，它的符号反映电机的转动方向；T_s 为采样周期。

3）L298 驱动接口

AVR 单片机 ATmega8 输出的 PWM 信号需要经过功率放大才能控制直流电机，本系统采用 L298 作为驱动芯片。驱动接口电路如图 8-14 所示。

L298 是双 H 桥高电压大电流功率集成芯片，直接采用 TTL 逻辑电平控制，它的驱动电压高达 46V，直流电流总和高达 4A，由 L298 构成的 PWM 功率放大器的工作形式为单极可逆方式，单极性驱动方式是指在一个 PWM 周期内，电动机电枢只承受单极性的电压。单片机的 PWM 输出脚(15 脚)接到 L298 的 ENA 和 ENB 引脚上，控制着电机转速的大小。单片机的 26 脚(PC3)接到 L298 的 IN1 和 IN3 脚；27 脚(PC4)接到 L298 的 IN2 和 IN4 脚上，控制电机的方向。为了增强 L298 的驱动能力，对 L298 的两路驱动采用并联处理，最大驱动电流可达 3A。

比较器 LM339 主要起到了限制过流和保护 L298 的作用。LM339 的同相端直接连接到一个可调电位器上，通过调节电位器的参考电压来调节 L298 的限流电压，LM339 的反相端接到 L298 的 SENSEA 和 SENSEB 两个检测端。当检测电阻两端的电压大于限流电压时，比较器的反相端的电压大于同相端的电压，输出端输出低电平，从而把 L298 的 ENA 和 ENB 使能端拉低，L298 停止工作。这就起到了限制过流和保护 L298 的作用。

2. 软件设计

系统的软件设计包括单片机程序和在上位机上运行的应用程序。单片机控制软件采用 C 语言模块化程序结构。从结构上看，系统程序主要包括一个主循环体程序、串

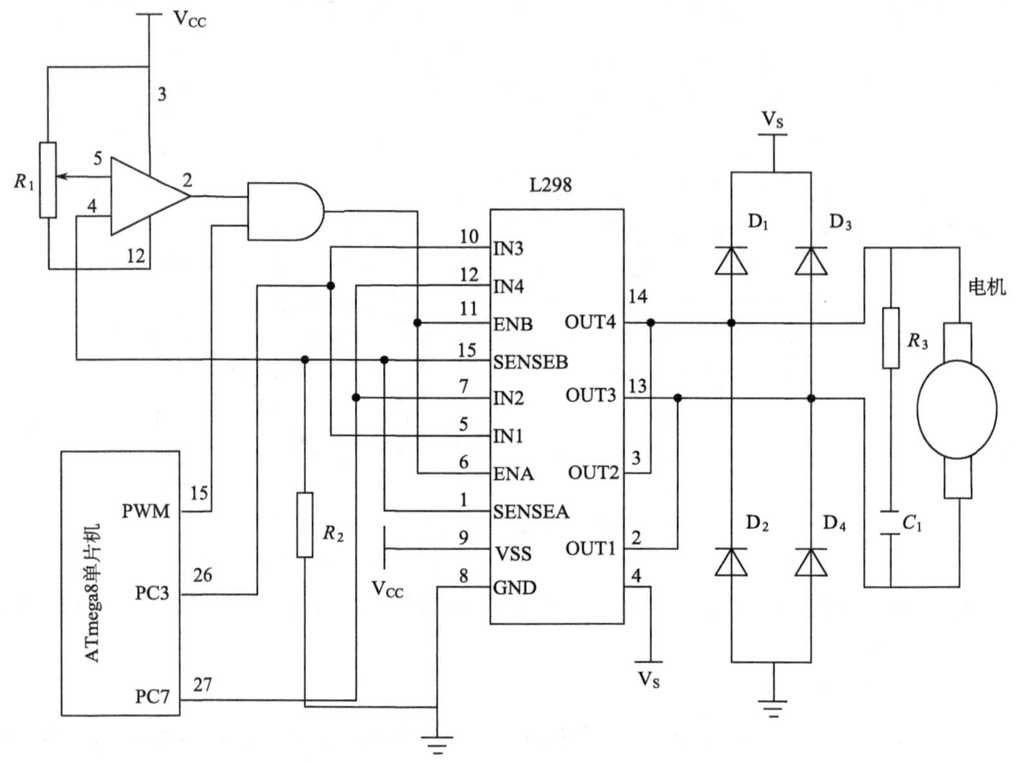

图 8-14　L298 接口硬件电路

口数据处理程序、PID 控制程序、中断服务程序和液晶显示控制程序。PID 控制程序通过采集实时转速值与设定值的偏差，通过软件编程实现转速的 PID 调节器的运算，从而实现电机的闭环控制。

1）主程序流程图

主程序的结构如图 8-15 所示。

2）PID 调节程序流程图

在连续控制系统中，按偏差的比例、积分、微分进行控制的 PID 控制器获得了广泛的应用，它结构简单、参数易于调整、适应性广，本程序采用增量式数字 PID 程序以 PWM 方式来对直流电机进行调速。下式给出了增量式数字 PID 调节的数学表达式。其中 K_p 为比例常数，T_i 为积分时间常数，T_d 为微分时间常数，T 为采样周期。

$$D(z)=\frac{U(z)}{E(z)}=\frac{a_0-a_1z^{-1}+a_2z^{-2}}{1-z}$$

$$a_0=K_p\left(1+\frac{T}{T_i}+\frac{T_d}{T}\right),\quad a_1=K_p\left(1+2\,\frac{T_d}{T}\right),\quad a_2=\frac{K_pT_d}{T}$$

软件实现 PID 算法的流程图如图 8-16 所示。

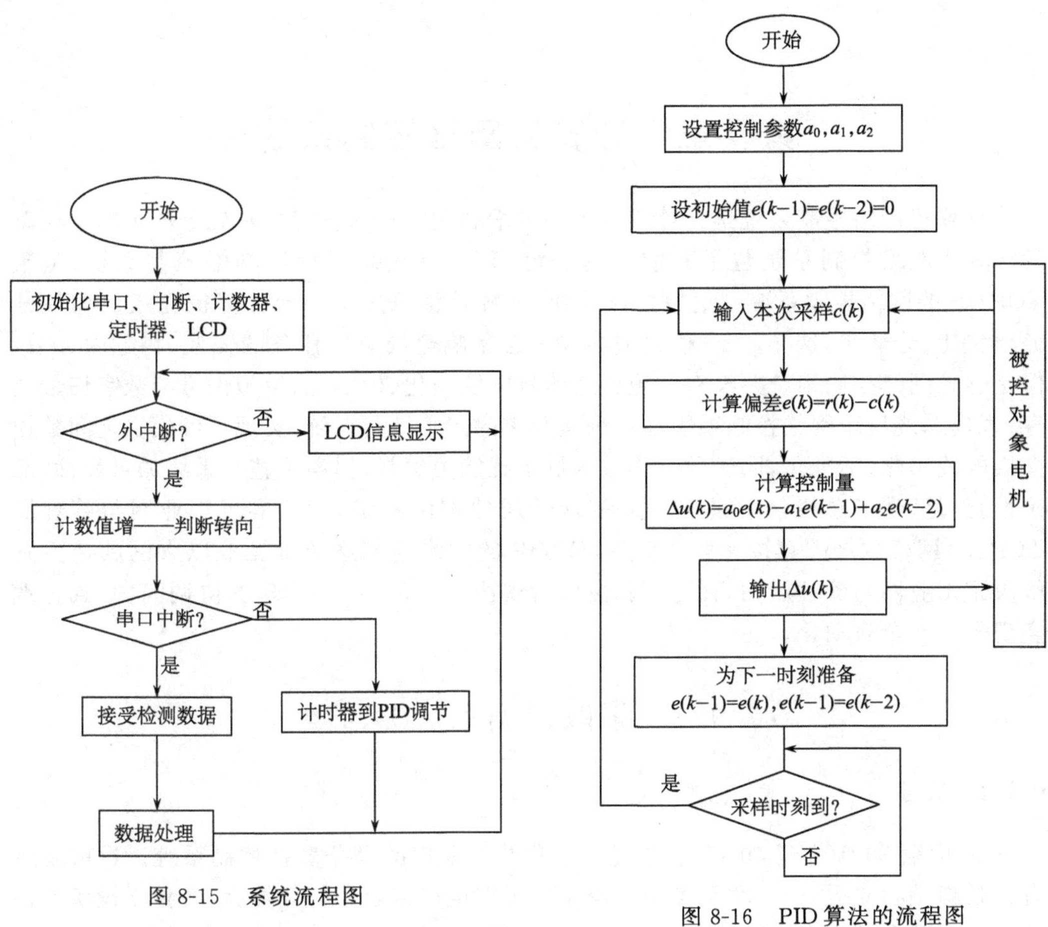

图 8-15　系统流程图

图 8-16　PID 算法的流程图

思　考　题

8.1　计算机控制系统的设计原则有哪些?

8.2　计算机控制系统的设计内容和步骤有哪些?

8.3　通过查阅有关文献资料,举一个计算机控制系统的实际应用例子。

第 9 章　计算机网络控制系统

计算机网络控制系统是在计算机控制技术和网络技术发展的基础上产生的。典型的计算机网络控制系统包括集散控制系统 DCS、现场总线局域网络控制系统、基于 TCP/IP 的网络控制系统。集散控制系统 DCS 是将原先由一台计算机完成的监控任务模块化、分散化，这样，一个模块损坏并不会影响全局监控任务的完成，将危险分散，但是这种网络控制系统并没有实现传递信号的统一化、标准化，模拟信号与数字信号共存；现场总线局域网络控制系统是一种全数字的网络控制系统，实现了各模块之间数据交换的统一化、标准化，同时数字信号的抗干扰能力更强，提高了整个系统的可靠性、准确性，但是，现场总线技术是一种局域网性质的控制网络，无法实现工业网与管理层 TCP/IP 网络数据的直接互联；基于 TCP/IP 的网络控制系统即工业以太网的产生则解决了工业网与管理层网络的互联，更好的解决了工厂生产、管理的协调问题，真正地实现了工业全自动化。

9.1　集散控制系统 DCS

9.1.1　概述

20 世纪 30 年代到 40 年代，工业自动化装置采用的是分散性控制系统。也就是所有设备都是独立运行，不联网控制。操作员根据生产需求进行计算后，将独立设备的特性调节到适合的程度，然后就开始工作。之后采用了气动、电动模拟仪表组成过程控制系统，实现了一定程度上的集中监视、操作和分散控制，较好地适应了工业生产的需求。可是，随着生产规模和复杂程度的不断提高，原有的控制系统显得滞后、笨重、繁冗，因为一台仪表只有一种控制规律，要实现某些复杂的控制就很困难。另外，控制仪表数量越来越多，再继续采用仪表盘控制的话，控制盘越来越长，就不便于数据的准确观察。最致命的就是老系统之间不便于实现通信，很难分级控制和综合管理。再者，系统变更比较麻烦，只有通过更换仪表及变更仪表连线才能实现。

第三次科技革命开始后，随着计算机技术的发展，人们开始尝试将计算机用于过程控制。试图利用计算机所具有的功能特点，来克服常规模拟仪表的局限性。但当时采用的办法是用一台计算机控制几十甚至上百个回路，这样做的危险性很高，如果计算机出现故障，会导致很严重的后果，这就是所谓的“危险集中”。若采用双机双工系统，虽可以提高系统的可靠性，但成本太高，如果工厂的生产规模不大，则经济性很差，用户难以接受。

直到 20 世纪 70 年代开始，随着计算机技术的日渐成熟，大规模集成电路及微处理器的诞生后，人们开始思考是否能将“危险分散”。就是原来靠一台大计算机完成的“艰巨”任务，能否用几十台微处理器来完成。这样的话，即使某一个处理器损坏，也不至于“牵一发而动全身”，使危险系数大大降低。答案是肯定的。至此集散控制系统DCS(Distributed Control System)就诞生了。DCS虽然在系统的体系结构上没有发生重大改变，但是经过不断的发展和完善，其功能和性能都得到了巨大的提高。

作为生产过程自动化领域的计算机控制系统，传统的DCS仅仅是一个狭义的概念。如果以为DCS只是生产过程的自动化系统，那就会引出错误的结论，因为现在的计算机控制系统的含义已非常广泛，它不仅包括过去DCS中所包含的各种内容，还向下深入到了现场的每台测量设备、执行机构；向上发展到了生产管理，企业经营的方方面面。传统意义上的DCS现在仅仅是指生产过程控制这一部分的自动化，而工业自动化系统的概念，则应定位到企业全面解决方案，即Total Solution的层次。只有从这个角度上提出问题并解决问题，才能使计算机自动化真正起到其应有的作用。

集散控制系统是以微处理器为基础的对生产过程进行集中监视、操作、管理和分散控制的集中分散控制系统，简称DCS系统，如图9-1所示。该系统将若干台微机分散应用于过程控制，全部信息通过通信网络由上位管理计算机监控，实现最优化控制，整个装置继承了常规仪表分散控制和计算机集中控制的优点，克服了常规仪表功能单一，人-机联系差以及单台微型计算机控制系统危险性高度集中的缺点，既实现了在管理、操作和显示三方面集中，又实现了在功能、负荷和危险性三方面的分散。DCS系统在现代化生产过程控制中起着重要的作用。

目前国内DCS主要有新华XDPS、鲁能的LN2000、国电智深DCS、中控DCS、和利时DCS、南京科远DCS和浙江中自等。国外的有西屋(艾默生)ovation、FOXBORO、ABB、西门子PCS7、霍尼韦尔、横河DCS等。

9.1.2 集散控制系统的基本组成与功能划分

一个典型的DCS如图9-1所示，由分散执行控制功能的现场控制站(Field Control Station)和进行集中监视、操作的操作站(Operation Station)以及高速通信总线组成，其基本结构如图9-2所示。

1. 现场控制站

现场控制站又称数据采集装置，主要是将过程非控变量进行数据采集和预处理，而且对实时数据进一步加工处理，供CRT操作站显示和打印，从而实现开环监视，并将采集到的数据传输到监控计算机。输出装置在有上位机的情况下，能以开关量或者模拟量信号的方式，向终端元件输出计算机控制命令。

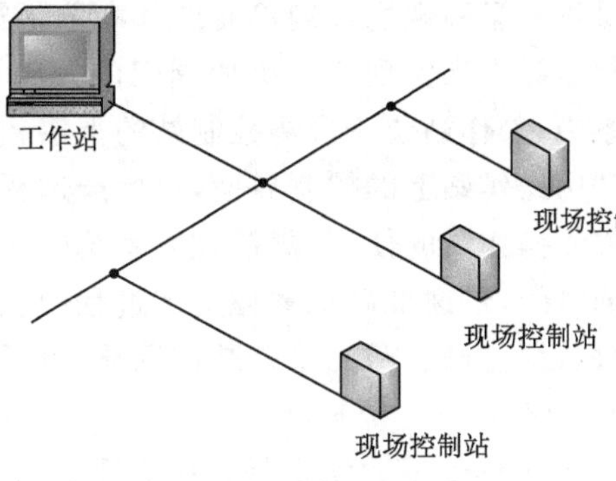

图9-1 集散控制系统的组成

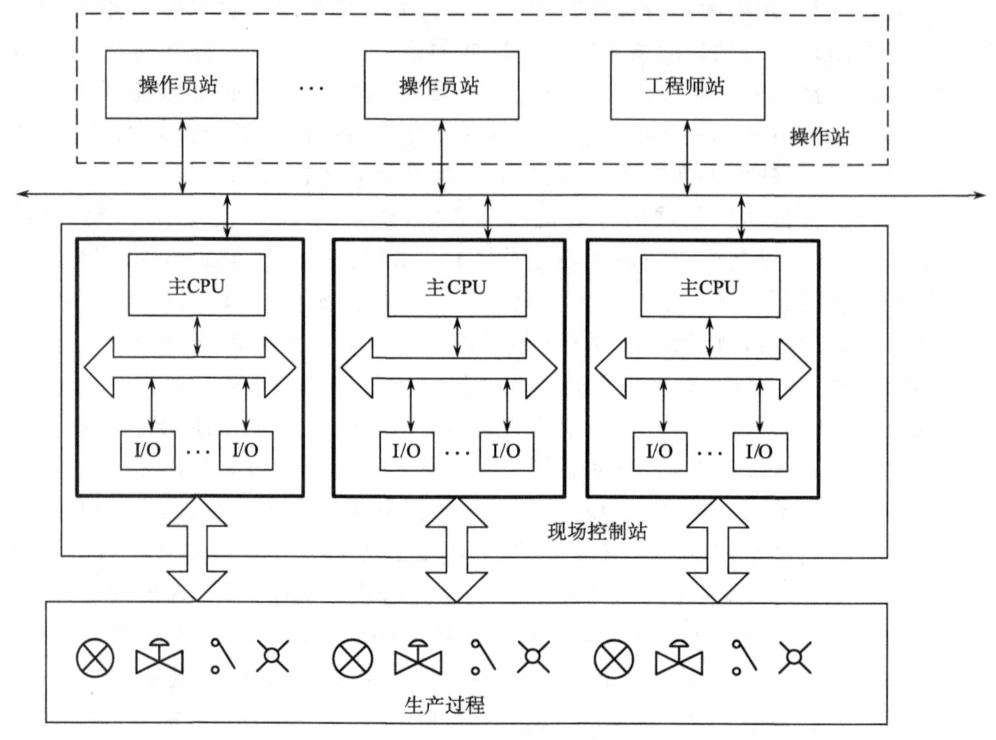

图 9-2 集散控制系统的基本结构

这一个级别直接面对现场，跟现场过程相连。比如，阀门、电机、各类传感器、变送器、执行机构等。它们都是工业现场的基础设备，同样也是 DCS 的基础。在 DCS 系统中，这一级别的功能就是服从上位机发来的命令，同时向上位机反馈执行的情况。由于模拟信号在传递的过程或多或少存在一些失真或者受到干扰，所以目前流行的是通过现场总线来进行 DCS 信号的传递。

2. 操作站

操作站又称现场控制单元或基本控制器，是 DCS 系统中的核心部分。生产工艺的调节都是靠它来实现的。比如阀门的开闭调节、顺序控制、连续控制等。在 DCS 的结构体系中，操作站位于现场控制站的上层，它通过通信总线与现场控制站交换信息。操作员利用操作站上的控制界面，对生产过程从全局到细节进行集中监控、操作和管理。为了方便操作员的使用，集散控制系统的人机界面提供了多种显示画面，让操作员能以最短的时间，迅速准确地掌握生产过程的状态，并根据需要修改控制回路的设定值、整定参数、运行方式，乃至系统结构调整，也可以实现对现场生产过程的直接操作。

3. 通信网络

DCS 中的通信网络也是系统重要的组成部分。为保证通信系统的可靠性，DCS 系统常采用多主站的令牌方式。在系统内，各操作站和控制站的地位是相同的，没有固定的主站与从站划分。这种方式可以避免只有一个固定主站时，万一主站发生故障引起全局通信瘫痪的危险。

9.1.3 集散控制系统的特点

DCS控制系统与常规模拟仪表及集中型计算机控制系统相比，具有很显著的特点。它是一个由过程控制级和过程监控级组成的以通信网络为纽带的多级计算机系统，综合了计算机、通信、显示和控制等技术，其基本思想是分散控制、集中操作、分级管理、配置灵活、组态方便。

DCS具有以下特点。

1. 高可靠性

由于DCS将系统控制功能分散在各台计算机上实现，系统结构采用容错设计，因此某一台计算机出现的故障不会导致系统其他功能的丧失。此外，由于系统中各台计算机所承担的任务比较单一，可以针对需要实现的功能采用具有特定结构和软件的专用计算机，从而使系统中每台计算机的可靠性也得到提高。

2. 开放性

DCS采用开放式、标准化、模块化和系列化设计，系统中各台计算机采用局域网方式通信，实现信息传输，当需要改变或扩充系统功能时，可将新增计算机方便地连入系统通信网络或从网络中卸下，几乎不影响系统其他计算机的工作。

3. 灵活性

通过组态软件根据不同的流程应用对象进行软硬件组态，即确定测量与控制信号及相互间连接关系、从控制算法库选择适用的控制规律以及从图形库调用基本图形组成所需的各种监控和报警画面，从而方便地构成所需的控制系统。

4. 易于维护

功能单一的小型或微型专用计算机，具有维护简单、方便的特点，当某一局部或某个计算机出现故障时，可以在不影响整个系统运行的情况下在线更换，迅速排除故障。

5. 协调性

各工作站之间通过通信网络传送各种数据，整个系统信息共享，协调工作，以完成控制系统的总体功能和优化处理。

6. 配置灵活，齐全

控制功能齐全，控制算法丰富，集连续控制、顺序控制和批处理控制于一体，可实现串级、前馈、解耦、自适应和预测控制等先进控制，并可方便地加入所需的特殊控制算法。DCS的构成方式十分灵活，可由专用的管理计算机站、操作员站、工程师站、记录站、现场控制站和数据采集站等组成，也可由通用的服务器、工业控制计算机和可编程控制器构成。处于底层的过程控制级一般由分散的现场控制站、数据采集站等就地实现数据采集和控制，并通过数据通信网络传送到生产监控级计算机。生产监控级对来自过程控制级的数据进行集中操作管理，如各种优化计算、统计报表、故障诊断、显示报警等。随着计算机技术的发展,DCS 可以按照需要与更高性能的计算机设备通过网络连接来实现更高级的集中管理功能,如计划调度、仓储管理、能源管理等。

9.1.4 DCS 系统的硬件结构

DCS 的硬件系统主要由集中操作管理装置、分散过程控制装置和通信接口设备等组成。通过通信网络将这些硬件设备连接起来,共同实现数据采集、分散控制和集中监视、操作及管理等功能。

1. 现场控制站

现场控制站中的主要设备是现场控制单元。现场控制单元是 DCS 直接与生产过程进行信息交互的 I/O 处理系统,它的主要任务是进行数据采集及处理,对被控对象实施闭环反馈控制、顺序控制和批量控制。用户可以根据不同的应用需求,选择配置不同的现场控制单元构成现场控制站。它可以是以面向连续生产的过程控制为主,辅以顺序逻辑控制,构成的一个可以实现多种复杂控制方案的现场控制站;也可以是以顺序控制、连锁控制功能为主的现场控制站;还可以是一个对大批量过程信号进行总体信息采集的现场控制站。

现场控制站是一个可以独立运行的计算机检测控制系统。由于它是专为过程检测、控制而设计的通用型设备,所以其机柜、电源、输入输出通道和控制计算机等,与一般的计算机系统有所不同。

为了避免现场控制站发生故障对整个生产过程造成极大的影响,DCS 从两个方面采取措施。首先,从危险分散的角度,适当限制了控制站的回路数目,将控制站发生故障的影响限制在有限的范围;其次,在可靠性要求高的场合,对控制站所有关键部分,从运算控制单元(CPU)、输入输出接口卡、电源,到站内数据线,都采取双重化冗余备用措施。

现场控制站的功能框图如图 9-3 所示。与单回路控制仪表相比,除反馈控制功能、运算功能、报警功能、通信功能更加充实之外,最主要的特点是顺序控制功能大大增强。

现场控制站内的顺序控制,除能按常规的开关条件切换外,还包含各种定时器、计数器、算术运算式、逻辑运算式等,能自动监视连续量的变化。当某些变化量的幅度、方向、变化量、时间、次数及相对大小达到一定条件时,向外发出控制动作。现场控制站内顺序控制与反馈控制很容易结合在一起,组成包括开车、停车过程及事故处理等在内的全程自动控制系统,并能适应近年来生产向小批量、多品种发展的市场趋势,成组地改变设定值、整定参数及控制模式,使得控制能力提高到一个新的水平。

2. 操作站

运行在 PC 硬件平台、NT 操作系统下的通用操作站的出现,给 DCS 用户带来了许多方便。由于通用操作站的适用面广,相对生产量大,成本下降,因而可以节省用户的经费,维护费用也比较少。

集散控制系统的操作站主要有三大功能,即以系统生成、维护为主的工程功能;以

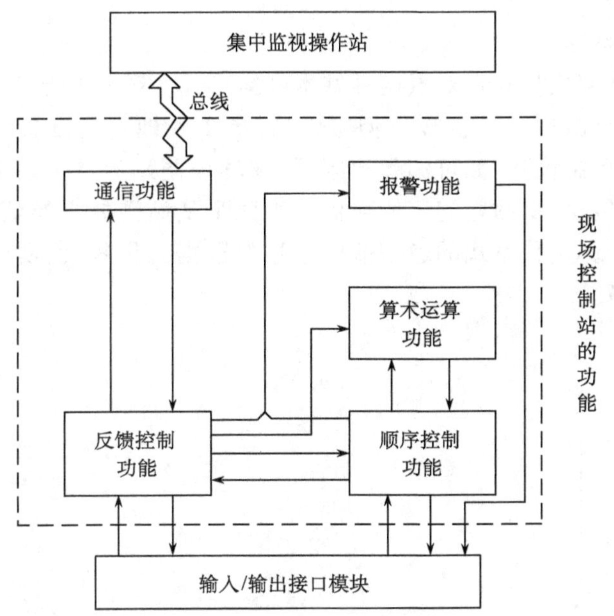

图 9-3　DCS 现场控制站功能模块

监视、运行、记录为主的操作功能；与现场控制站和上位机交换通信功能以及运行数据文件的存储、管理功能。

在图 9-2 所示的集散控制系统结构中，DCS 的工程功能通过工程师实现，操作功能由操作员实现。工程师站与操作员站共同组成 DCS 操作站。在较小规模的 DCS 和早期的 DCS 中，由中央处理计算机同时承担工程师站和操作员站的职能，通过设置工程师密码赋予工程师进行系统生产、维护和系统管理功能等工程功能，必要时可配置专门的工程师键盘和 CRT 以方便监视和操作；通过设置操作权限进行管理。

为了实现监视和管理等功能，操作站必须配置以下设备：操作台、微处理机系统或者大型服务器、大容量外部存储设备、图形显示终端、操作键盘和鼠标、打印输出设备。操作通过各种画面的显示、切换以及功能键等，实现对生产过程正常运行的监视与操作管理。

3. 通信网络

DCS 通过分布在现场的控制站实现对生产过程的控制，通过操作站进行集中监视和操作管理，达到实时了解生产的总体状况，实现对生产过程全面监控与管理的目的。只有将控制站和操作站通过通信网络连接起来，才能实现上述目标。DCS 的现场控制站和操作站在空间上分布在一定区域之内，它的通信网络是一个局域网络。DCS 局域网与一般办公系统的局域网络不同，要求实时响应迅速、能适应恶劣的工业现场环境、具有开放性等，对网络的可靠性要求很高。

DCS 通信网络技术涉及网络结构、信道访问规则、通信协议、信号发送技术、传输介质和网络接口等。

1）DCS的网络形式

集散系统多采用主从和点对点两种基本网络形式。图9-4所示为主从通信网络系统，其中主站一般是微型计算机或大型工作站，负责处理网络设备之间的通信指挥任务；从站多为现场控制设备，如可编程控制器、现场控制站等。主站采用独立访问从站的方式，实现数据传输，从站之间不能通信。当两个从站需要交换信息时，必须经过主站的中转方可实现。这种方式的通信造成主站的数据流量较大，实际中要建立后备网络以防止主站故障。

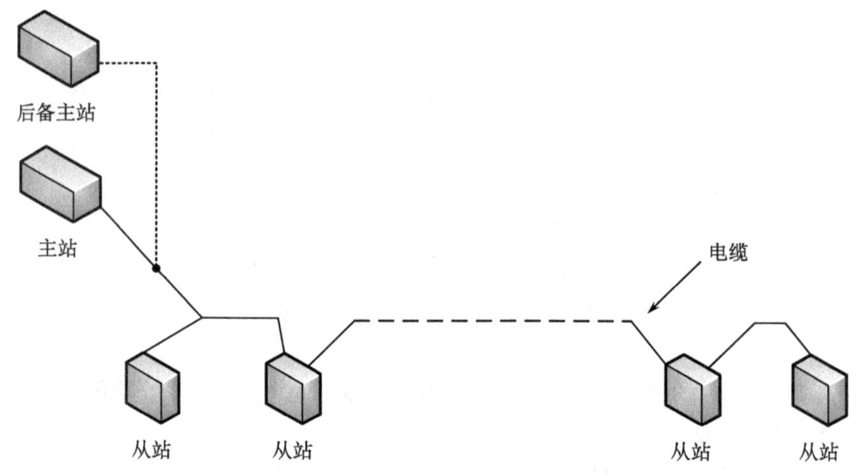

图9-4　主从通信网络

点对点方式的通信网络如图9-5所示，在这种网络中，每个网络设备都可以独立作为主站或从站处理通信任务。由于每个网络设备都有同等的功能，因此，控制权归哪个设备所有的问题需要复杂的处理过程。

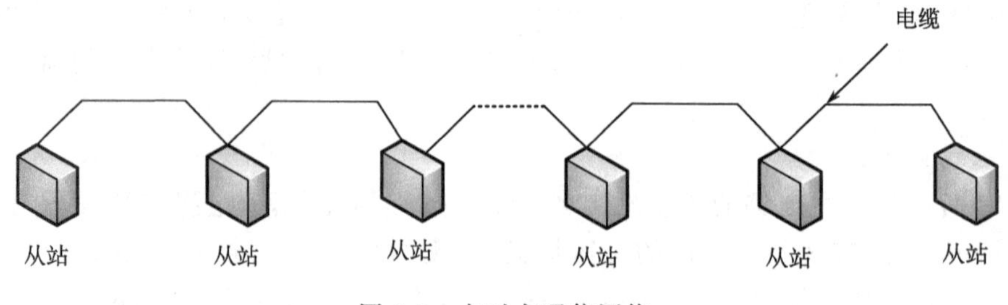

图9-5　点对点通信网络

2）通信网络的硬件构成

通信网络主要由两部分组成：传输电缆、光缆和接口电子设备。接口电子设备常称为链路接口单元(调制解调器、网络适配器),它的功能是控制数据交换、传送、存取等,DCS 通信控制的典型功能包括误码检验、数据链路控制管理以及可编程控制器、控制单元或计算机之间的通信协议的处理等。DCS 的网络要在恶劣的工业环境中运行,所以调制解调器都规定在特定的频率下通信,最大限度地减少干扰造成传送误差。

3) 通信网络的拓扑结构

DCS 网络物理拓扑结构有星型、树型、环型、总线型和复合型等几种主要形式,如图 9-6 所示。

(1) 星型网络结构。图 9-6(a)所示的星型网络结构属于主从形式的网络结构。网络中主从站之间链路专用,传输效率高,通信简单,便于管理与资源共享集中管理。但主站处理所有信息量,负荷量大,系统对主站的依赖性较大,如果主站出问题,则通信过程会立即停止,存在安全隐患。

(2) 树型网络结构。图 9-6(b)所示为树型网络结构,适用于分级管理和控制系统。优点是布局灵活,但是故障检测较为复杂。由于通信线路总长度较短,故成本低,易推广。网络中任意节点或连线的故障均影响其所在支路网络的正常工作。

(3) 环型网络结构。在图 9-6(c)所示的结构中,网络首尾相连成环型。网络信息的传送是从始发站经过其余各站最后又回到始发站。数据传输方向可单向也可双向,环型网络结构简单,设备连接容易,但单节点的故障会造成通行环路的阻塞。

(4) 总线型网络结构。图 9-6(d)所示为总线型网络结构。在这种结构中所有节点通过接口连接到一条数据通道上,节点发送到总线的数据同时被所有节点所接收,但每个节点只接收以本节点为目的地址的数据。每次只允许一台设备发送数据,这样就需要按一定访问方法来决定哪一个节点占有网络。网络结构简单,系统可大可小,易于扩

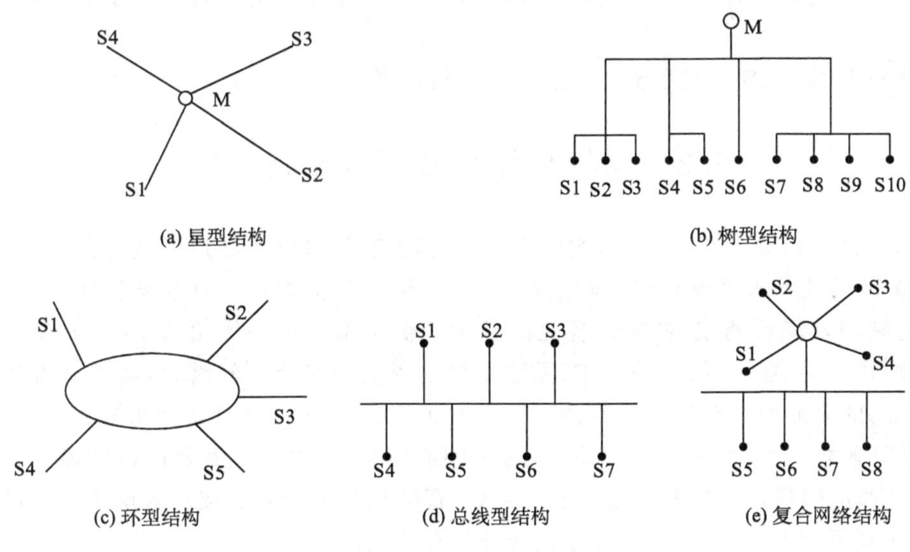

图 9-6 通信网络的结构

展。若某一设备发生故障,不会影响整个系统。

(5) 复合网络结构。图 9-6(e)为复合网络,有机地结合集中经典网络结构可以提高系统的实用性和可靠性。因此,这种系统在大规模并网应用中较为广泛。

4) 通信协议

随着通信网络规模的扩大和功能的提高,对数据通信规定有了规范化的要求。如果数据不按照一定的规范编制,接收端就无法正确理解所收到的信息并加以利用。这种在网络上定义数据资料传输规范的协议就称为通信协议。

DCS 中采用的通信协议有 IEEE 802 标准、MAP 标准和 PROWAY 标准等,其中应用最多的是 IEEE 802 标准。

9.1.5 DCS 的发展趋势

DCS 从产生以来,在生产过程控制领域发挥了极其重要的作用,使得整个工业控制技术发生了革命性的变化。集散控制系统是以微机为核心,把微机、工业控制计算机、数据通信系统、显示操作装置、输入/输出通道、模拟或数字仪表等有机地结合起来的一种计算机控制系统,它为生产的综合自动化创造了条件。若采用先进的控制策略,会使自动化系统向低成本、综合化和高可靠性的方向发展,实现计算机集成制造系统。未来 DCS 的发展将有以下特点。

(1) 满足超大规模生产需求,实现更高层次的集散控制概念。

(2) 过程控制器更加节省空间,更加便于安装和维护。

(3) 过程控制器功能更加强大。

(4) 使用基于交换机的高速以太网作为工业控制网络,满足工业控制系统的开放、高速、低运行和维护成本要求,同时满足控制网络的实时性、可用性、和安全性要求。

总的来说,DCS 控制系统的发展方向就是提高控制品质。

9.2 现场总线局域网络控制系统

DCS 诞生以来,由于其优越的性能,在过程控制领域得到了广泛的应用。一方面,传统 DCS 的技术水平虽然在不断提高,但通信网络最低端只达到现场控制站一级,现场控制站与现场检测仪表、执行器之间的联系仍采用一对一传输的 4～20mA 模拟信号,传输成本高、效率低、维护困难,无法发挥现场仪表智能化的潜力,实现对现场设备工作状态的全面监控和深层次管理。另一方面,基于厂家专有技术而形成的 DCS 通信协议及软硬件的封闭性,成为不同 DCS 之间兼容互连、设备间互换的巨大障碍。而基于 DCS 通信网络标准化和现场仪表数字化、智能化的现场总线技术为现场仪表通信网络化、实现不同 DCS 之间的兼容互连开辟了有效途径。

9.2.1 现场总线发展及主要的现场总线技术

1. 现场总线技术及其通信模型

1）现场总线的发展

按照现场总线基金会的定义，所谓现场总线就是连接智能测量与控制设备的全数字式、双向传输、具有多节点分支结构的通信链路。

现场总线的思想形成于20世纪80年代。1984年，美国仪表学会ISA开始制定ISA/SP50现场总线标准；1986年联邦德国开始制定过程现场总线Profibus(Process Field Bus)标准，并于1990年完成；1994年又推出用于过程自动化的现场总线Profibus-PA；1986年，Rosemount提出HART通信协议，它是在4～20mA DC模拟信号上叠加数字信号，既可以用于4～20mA模拟仪表，也可以用于数字通信仪表，是现场总线的过渡性协议；1992年，由Siemens、Foxboro、Yokogawa、ABB等公司成立的ISP(可互操作规划组织)，以Profibus为基础制定现场总线标准；1993年成立ISP基金会ISPF；1993年由Honeywell、Bailey等公司牵头成立World FIP，约120多个公司加盟，以FIP为基础制定现场总线标准；1994年，世界两大现场总线组织ISPF和World FIP合并，成立现场总线基金会，简称FF(Fieldbus Foundtion)，总部设在美国得克萨斯州的Austin。

以现场总线为技术的全数字控制系统成为21世纪自动化控制系统的主流。目前世界发达国家的自动化仪表公司都以巨大的人力和财力投入，全方位的进行技术研究和实际应用。由于现场总线是以开放、独立、全数字化的双向多变量通信代替4～20mA的现场仪表，实现全数字化的控制系统，因此标准化至关重要。

2）现场总线通信模型

(1) 开放系统互连参考模型。

计算机网络体系结构(Network Architecure)是计算机网络层次结构模型和各层次协议的集合。国际标准化组织(International Standardization Organization，ISO)和国际电工委员会(International Electrotechnical Commission，IEC)于1978年共同建立联合技术委员会ISO/IEC JTCI，提出了一个试图使各种计算机在世界范围内互连成网的标准框架，为保持相关标准的一致性和兼容性提供共同的参考，这就是开放系统互连参考模型OSI/RM，也称ISO/OSI模型，并于1983年成为正式国际标准ISO7 498。其中“开放”是指按ISO/OSI模型建立的任意两系统之间的连接与操作，即相互通信、相互开放；“系统”是指计算机、终端、数据传输设备、外部设备、操作员与软件的集合。

OSI按照以下原则实现通信功能。

① 网中各节点都有相同的层次，相同的层次有相同的功能。

② 统一节点相邻之间通过接口通信。

③ 每一层使用下层提供的服务，并向上一层提供服务。

④ 不同节点的同等层按照协议实现对等层之间的通信。

OSI 参考模型将整个网络通信的功能划分为七个层次，如图 9-7 所示。它们由低到高分别是物理层(Physical Layer)、链路层(Datalink Layer)、网络层(Network Layer)、传输层(Transport Layer)、会话层(Session Layer)、表示层(Presentation Layer)、应用层(Applicational Layer)。每层完成一定的功能，每层都直接为其上层提供服务，并且所有层次都互相支持。第四层到第七层主要负责互操作性，而一层到三层则用于创造两个网络设备间的物理连接。

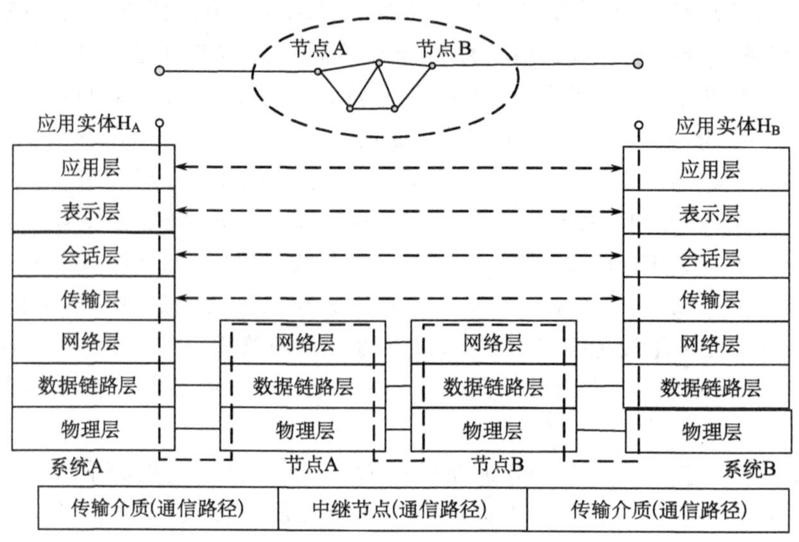

图 9-7　ISO/OSI 参考模型

在每一层上都采用了不同的安全机制：

物理层：采用防窃听技术，就是将传输线封装在内含高压气体的密封管线中，以有效的对付搭线窃听的攻击手段。

数据链路层：采用链路加密机制，对于点到点线路上的分组，它们离开一台机器的时候可以加密，当进入另一台机器的时候可以解密。

网络层：可以通过安装防火墙来过滤好的分组和坏的分组，让好的分组正常通过，坏的分组禁止出入。IPSec 也是运行在这一层上。

传输层：整个连接可以采用端到端的加密，也就是说，从进程到进程的加密。介绍一种重要机制，SSL(安全套接字层)，它在两个套接字之间建立一个安全的连接。而它进行标准化之后得到 TLS(传输层安全)。

在应用层上则解决了用户认证和不可否认这样的问题。

(2) 现场总线通信结构模型。

工业生产现场存在大量传感器、执行器，分布范围较大。由这些节点组成的底层控制网络中，单个节点的信息量不大，信息传输任务简单，但对实时性、可靠性要求高。如果按照 ISO/OSI 参考模型的七层模式，层间操作与转换复杂，网络接口的造价与时间开销显得过高。为满足实时性要求，也为了实现工业网络的低成本，现场总线采用的通信模型大都在 ISO/OSI 模型的基础上进行了不同程度的简化。

一个典型的现场总线通信结构模型如图 9-8 所示，它采用简化的 ISO/OSI 模型，仅保持了其中的三个典型层：物理层、数据链路层和应用层，而将省去中间 3～6 层的必要功能，通过其他几层并入第七层及第二层。该模型具有结构简单、执行协议直观、价格低廉等优点，也满足工业现场应用的性能要求，其流量与差错控制在数据链路层中进行。现场总线参考模型既遵循开放系统集成的原则，又充分兼顾了测控应用的特点和特殊要求，有比较好的性价比。

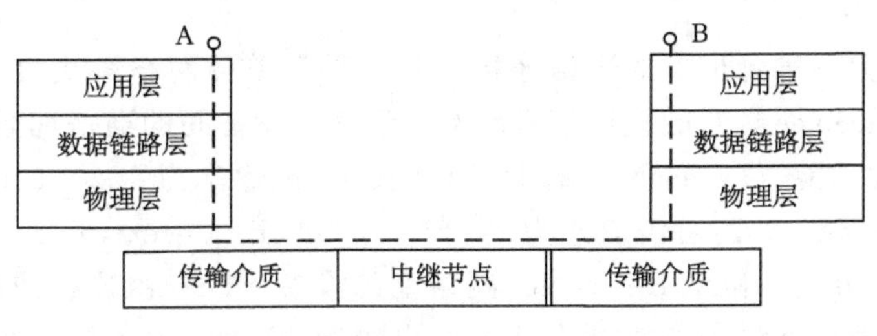

图 9-8　典型现场总线型结构模型

2. 几种主要的现场总线技术

1) 基金会现场总线(Fieldbus Foundtion,FF)

这是以美国 Fisher-Rousemount 公司为首的联合了横河、ABB、西门子、英维斯等 80 家公司制定的 ISP 协议和以 Honeywell 公司为首的联合欧洲等地 150 余家公司制定的 WorldFIP 协议于 1994 年 9 月合并的。该总线在过程自动化领域得到了广泛的应用，具有良好的发展前景。

基金会现场总线采用国际标准化组织 ISO 的开放化系统互联 OSI 的简化模型(1,2,7 层)，即物理层、数据链路层、应用层，另外增加了用户层。FF 分低速 H1 和高速 H2 两种通信速率，前者传输速率为 31.25kbit/s，通信距离可达 1900m，可支持总线供电和本质安全防爆环境。后者传输速率为 1Mbit/s 和 2.5Mbit/s，通信距离为 750m 和 500m，支持双绞线、光缆和无线发射，协议符合 IEC1158-2 标准。FF 的物理媒介的传输信号采用曼切斯特编码。

2) CAN(Controller Area Network，控制器局域网)

最早由德国 BOSCH 公司推出，它广泛用于离散控制领域，其总线规范已被 ISO 国际标准组织制定为国际标准，得到了 Intel、Motorola、NEC 等公司的支持。CAN 协议分为二层：物理层和数据链路层。CAN 的信号传输采用短帧结构，传输时间短，具有自动关闭功能，具有较强的抗干扰能力。CAN 支持多主多从的工作方式，并采用了非破坏性总线仲裁技术，通过设置优先级来避免冲突，通信距离最远可达 10km/5kbit/s，通信速率最高可达 40m /1Mbit/s，网络节点数实际可达 110 个。目前已有多家公司开发了符合 CAN 协议的通信芯片。

3）Lonworks

它由美国 Echelon 公司推出，并由 Motorola、Toshiba 公司共同倡导。它采用 ISO/OSI 模型的全部 7 层通信协议，采用面向对象的设计方法，通过网络变量把网络通信设计简化为参数设置。支持双绞线、同轴电缆、光缆和红外线等多种通信介质，通信速率为 300bit/s～1.5Mbit/s 不等，直接通信距离可达 2700m(78kbit/s)，被誉为通用控制网络。Lonworks 技术采用的 LonTalk 协议被封装到 Neuron(神经元)的芯片中，并得以实现。采用 Lonworks 技术和神经元芯片的产品，被广泛应用在楼宇自动化、家庭自动化、保安系统、办公设备、交通运输和工业过程控制等行业。

4）DeviceNet

DeviceNet 是一种低成本的通信连接也是一种简单的网络解决方案，有着开放的网络标准。DeviceNet 具有的直接互联性不仅改善了设备间的通信而且提供了相当重要的设备级阵地功能。DeviceNet 基于 CAN 技术，传输率为 125～500kbit/s，每个网络的最大节点为 64 个，其通信模式为：生产者/客户（Producer/Consumer），采用多信道广播信息发送方式。位于 DeviceNet 网络上的设备可以自由连接或断开，不影响网上的其他设备，而且其设备的安装布线成本也较低。DeviceNet 总线的组织结构是开放式设备网络供应商协会（Open DeviceNet Vendor Association，ODVA）。

5）PROFIBUS

PROFIBUS 是德国标准(DIN19245)和欧洲标准(EN50170)的现场总线标准。由 PROFIBUS-DP、PROFIBUS-FMS、PROFIBUS-PA 系列组成。DP 用于分散外设间高速数据传输，适用于加工自动化领域。FMS 适用于纺织、楼宇自动化、可编程控制器、低压开关等。PA 用于过程自动化的总线类型，服从 IEC1158-2 标准。PROFIBUS 支持主-从系统、纯主站系统、多主多从混合系统等几种传输方式。PROFIBUS 的传输速率为 9.6kbit/s～12Mbit/s，最大传输距离在 9.6kbit/s 下为 1200m，在 12Mbit/s 下为 200m，可采用中继器延长至 10km，传输介质为双绞线或者光缆，最多可挂接 127 个站点。

6）HART

HART 是 Highway Addressable Remote Transducer 的缩写，最早由 Rosemount 公司开发。其特点是在现有模拟信号传输线上实现数字信号通信，属于模拟系统向数字系统转变的过渡产品。其通信模型采用物理层、数据链路层和应用层三层，支持点对点、主从应答方式和多点广播方式。由于它采用模拟数字信号混合，难以开发通用的通信接口芯片。HART 能利用总线供电，可满足安全防爆的要求，并可用于由手持编程器与管理系统主机作为主设备的双主设备系统。

7）CC-Link

CC-Link 是 Control&Communication Link(控制与通信链路系统)的缩写，在 1996 年 11 月，由三菱电机为主导的多家公司推出，其增长势头迅猛，在亚洲占有较大份额。在其系统中，可以将控制和信息数据同时以 10Mbit/s 高速传送至现场网络，具有性能卓越、使用简单、应用广泛、节省成本等优点。其不仅解决了工业现场配线复杂的问题，同时具有优异的抗噪性能和兼容性。CC-Link 是一个以设备层为主的网络，同时也可覆盖较高层次的控制层和较低层次的传感层。2005 年 7 月 CC-Link 被中国国家标准委员会批准为中国国家标准指导性技术文件。

8）WorldFIP

WorldFIP 的北美部分与 ISP 合并为 FF 以后，WorldFIP 的欧洲部分仍保持独立，总部设在法国。其在欧洲市场占有重要地位，特别是在法国占有率大约为 60%。WorldFIP 的特点是具有单一的总线结构来适用不同的应用领域的需求，而且没有任何网关或网桥，用软件的办法来解决高速和低速的衔接。WorldFIP 与 FFHSE 可以实现“透明连接”，并对 FF 的 H1 进行了技术拓展，如速率等。在与 IEC61158 第一类型的连接方面，WorldFIP 做得最好，走在世界前列。

9）INTERBUS

INTERBUS 是德国 Phoenix 公司推出的较早的现场总线，2000 年 2 月成为国际标准 IEC61158。INTERBUS 采用国际标准化组织 ISO 的开放化系统互联 OSI 的简化模型（1，2，7 层），即物理层、数据链路层、应用层，具有强大的可靠性、可诊断性和易维护性。其采用集总帧型的数据环通信，具有低速度、高效率的特点，并严格保证了数据传输的同步性和周期性；该总线的实时性、抗干扰性和可维护性也非常出色。INTERBUS 被广泛地应用到汽车、烟草、仓储、造纸、包装和食品等工业，成为国际现场总线的领先者。

此外较有影响的现场总线还有丹麦公司 Process-Data A/S 提出的 P-Net，该总线主要应用于农业、林业、水利和食品等行业；SwiftNet 现场总线主要使用在航空航天等领域，还有一些其他的现场总线这里就不再赘述了。

9.2.2 现场总线控制系统及其特点

1. 现场总线控制系统

采用现场总线技术构成的控制系统称为现场总线控制系统（Fieldbus Control System，FCS）。

一个最简单的单回路控制系统的基本构成元素包括测量变送单元、控制计算单元、操作执行单元，将这些基本元素与被控过程按一定要求连接起来，就构成一个简单而完整的控制系统。FCS 由现场设备与总线系统的传输介质组成。现场总线控制系统将通信总线延伸到现场变送器、执行器，它们都挂接在通信总线上，如图 9-9 所示。

现场单元具备通信能力，多个现场智能设备可构成多个变量参与的复杂控制系统与精确测量系统；另外，现场设备及仪表具备数字通信能力，不仅可以传递测量数据信息，也可以传递设备标识、运行状态、故障诊断等信息，因而可以实现智能仪表设备资源的在线管理。FCS 中，原先由控制器实现的信号处理、PID 控制算法、输入/输出处理等功能可由现场单元来完成，使系统的控制功能更加分散。

鉴于现场总线的优越性，生产商将现场总线技术引入 DCS 的通信网络系统。图 9-10所示为引入现场总线 DCS 体系结构。

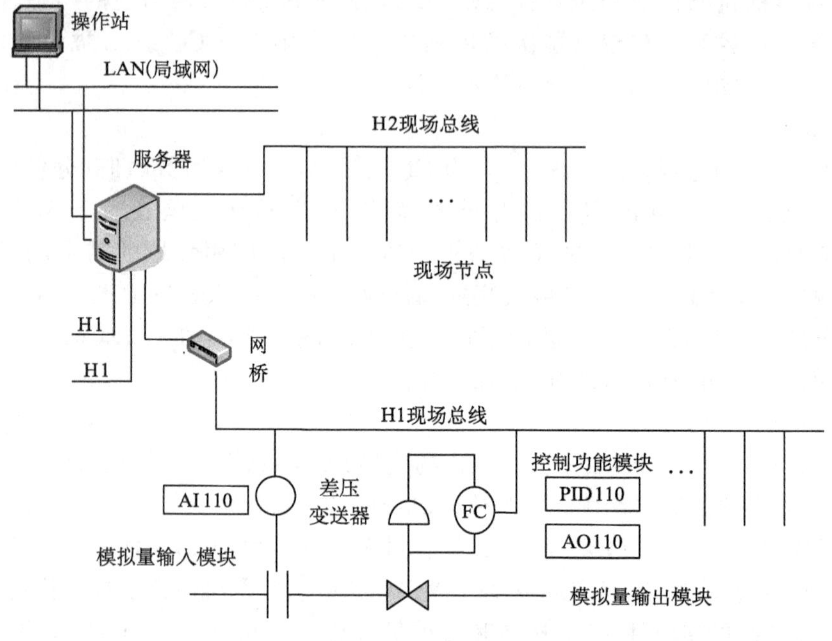

图 9-9 现场总线控制系统

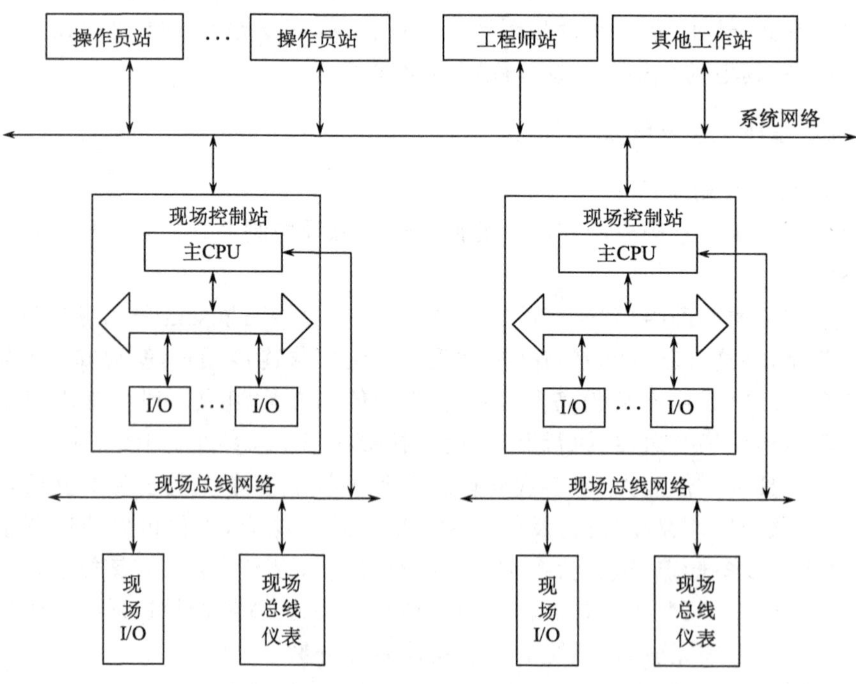

图 9-10 引入现场总线技术的 DCS 体系结构

在图 9-10 中，由于用数字通信代替了模拟信号传输，可实现在一堆线缆上传输多个信号。除现场设备以外，现场控制站不再需要 A/D、D/A 转换部件，这样就为简化系统结构、节约硬件设备、节约连接电缆、降低各种安装和维护费用创造了条件。

2. 现场总线控制系统的技术特点

1984 年，现场总线的概念得到正式提出。国际电工委员会(International Electrotechnical Commission，IEC)对现场总线(Fieldbus)的定义为：现场总线是一种应用于生产现场，在现场设备之间、现场设备和控制装置之间实行双向、串行、多节点的数字通信技术。

不同的机构和不同的人可能对现场总线有着不同的定义，不过通常情况下，大家公认现场总线的本质体现在以下六个方面。

1）现场通信网络

用于过程自动化和制造自动化的现场设备或现场仪表互连的现场通信网络。

2）现场设备互联

依据实际需要使用不同的传输介质把不同的现场设备或者现场仪表相互关联。

3）互操作性

用户可以根据自身的需求选择不同厂家或不同型号的产品构成所需的控制回路，从而可以自由地集成 FCS。

4）分散功能块

FCS 废弃了 DCS 的输入/输出单元和控制站，把 DCS 控制站的功能块分散地分配给现场仪表，从而构成虚拟控制站，彻底地实现了分散控制。

5）通信线供电

通信线供电方式允许现场仪表直接从通信线上摄取能量，这种方式提供用于安全环境的低功耗现场仪表，与其配套的还有安全栅。

6）开放式互联网络

现场总线为开放式互联网络，既可以与同层网络互联，也可与不同层网络互联，还可以实现网络数据库的共享。

从以上内容可以看到，现场总线体现了分布、开放、互联、高可靠性的特点，而这些正是 DCS 系统的缺点。DCS 通常是一对一单独传送信号，其所采用的模拟信号精度低，易受干扰，位于操作室的操作员对模拟仪表往往难以调整参数和预测故障，处于“失控”状态，很多的仪表厂商自定标准，互换性差，仪表的功能也较单一，难以满足现代的要求，而且几乎所有的控制功能都位于控制站中。FCS 则采取一对多双向传输信号，采用的数字信号精度高、可靠性强，设备也始终处于操作员的远程监控和可控状态，用户可以自由按需选择不同品牌种类的设备互联，智能仪表具有通信、控制和运算等丰富的功能，而且控制功能分散到各个智能仪表中去。由此可以看到 FCS 相对于 DCS 的巨大进步。

也正是由于 FCS 的以上特点使得其在设计、安装、投运到正常生产都具有很大的优越性：首先由于分散在前端的智能设备能执行较为复杂的任务，不再需要单独的控制器、计算单元等，节省了硬件投资和使用面积；FCS 的接线较为简单，而且一条传输线可以挂接多个设备，大大节约了安装费用；由于现场控制设备往往具有自诊断功能，并能将故障信息发送至控制室，减轻了维护工作；同时，由于用户拥有高度的系统集成自主权，可以比较灵活的选择合适的厂家产品；整体系统的可靠性和准确性也大为提高。这一切都帮助用户实现了减低安装、使用、维护的成本，最终达到增加利润的目的。

9.2.3 现场总线的现状与存在的问题

由于各个国家各个公司的利益之争，虽然早在 1984 年国际电工技术委员会/国际标准协会(IEC/ISA)就着手开始制定现场总线的标准，至今统一的标准仍未完成。很多公司也推出其各自的现场总线技术，但彼此的开放性和互操作性还难以统一。目前现场总线市场有着以下的特点。

1. 多种现场总线并存

目前世界上存在着大约四十余种现场总线，如法国的 FIP，英国的 ERA，德国西门子公司 Siemens 的 ProfiBus，挪威的 FINT，Echelon 公司的 LonWorks，PhenixContact 公司的 InterBus，RoberBosch 公司的 CAN，Rosemounr 公司的 HART，CarloGarazzi 公司的 Dupline，丹麦 ProcessData 公司的 P-net，PeterHans 公司的 F-Mux，以及 ASI (ActraturSensorInterface)，MODBus，SDS，Arcnet，国际标准组织-基金会现场总线 FF：FieldBusFoundation，WorldFIP，BitBus，美国的 DeviceNet 与 ControlNet 等。这些现场总线大都用于过程自动化、医药领域、加工制造、交通运输、国防、航天、农业和楼宇等领域，大概不到十种的总线占有 80%左右的市场。

2. 各种总线都有其应用的领域

每种总线大都有其应用的领域，如 FF、PROFIBUS-PA 适用于石油、化工、医药、冶金等行业的过程控制领域；LonWorks、PROFIBUS-FMS、DeviceNet 适用于楼宇、交通运输、农业等领域；DeviceNet、PROFIBUS-DP 适用于加工制造业，而这些划分也不是绝对的，每种现场总线都力图将其应用领域扩大，彼此渗透。

3. 每种现场总线都有其国际组织和支持背景

大多数的现场总线都有一个或几个大型跨国公司为背景并成立相应的国际组织，力图扩大自己的影响、得到更多的市场份额。比如，PROFIBUS 以 Siemens 公司为主要支持，并成立了 PROFIBUS 国际用户组织，WorldFIP 以 Alstom 公司为主要后台，成立了 WorldFIP 国际用户组织。

4. 多种总线成为国家和地区标准

为了加强自己的竞争能力，很多总线都争取成为国家或者地区的标准，如 PROFIBUS 已成为德国标准，WorldFIP 已成为法国标准等。

5. 设备制造商参与多个总线组织

为了扩大自己产品的使用范围，很多设备制造商往往参与不止一个甚至多个总线组织。

6. 各个总线彼此协调共存

由于竞争激烈，而且还没有哪一种或几种总线能一统市场，很多重要企业都力图开发接口技术，使自己的总线能和其他总线相连，在国际标准中也出现了协调共存的局面。

工业自动化技术应用于各行各业，要求也千变万化，使用一种现场总线技术也很难满足所有行业的技术要求。现场总线不同于计算机网络，人们将会面对一个多种总线技术标准共存的现实世界。技术发展很大程度上受到市场规律、商业利益的制约。技术标准不仅是一个技术规范，也是一个商业利益的妥协产物。而现场总线的关键技术之一是彼此的互操作性，实现现场总线技术的统一是所有用户的愿望。

在这种情况下，将各个现场总线网段和 DCS 通过以太网集成在一起，就出现了由现场总线、DCS 和以太网构成的混合式控制网络，图 9-11 就是这种控制网络的结构图。这种混合式控制网络在一定程度上满足了工业化领域某些方面的要求，但也存在明显的不足之处。首先，现场总线属于低速总线，传输数据量有限，当要求传输现场设备图像和视频信息时，低宽带的现场总线显得无能为力。其次是现有的安全防爆技术与标准，限制了总线电缆长度和总线上负载的数量，严重制约现场总线的广泛应用。另外，在数据链路介质访问控制子层上，每种介质访问控制方法自身的缺陷使总线的数据传输确定性和延迟在轻载和重载时有很大差别，系统的鲁棒性较差，稳定性不好。而 DCS 和 FCS 之间不能进行直接通信，只能在管理层面上进行信息集成。

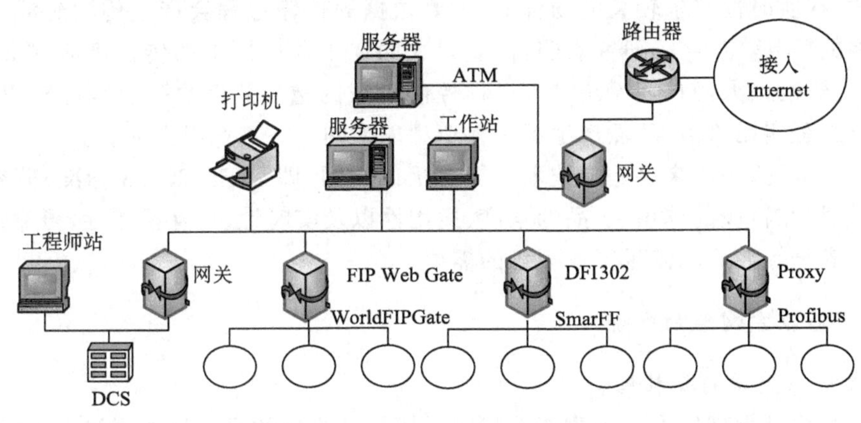

图 9-11　混合控制网络结构图

9.3　工业以太网控制系统

9.3.1　以太网简介

需求的转变促使了工业以太网的产生。在大型控制系统中，大多采用专门为控制系统而设计的实时控制网络，称为现场总线系统（FCS）。FCS是顺应智能现场仪表而发展起来的，它的初衷是用数字通信代替4～20mA模拟传输技术，但随着现场总线技术与智能仪表管控一体化（仪表调校、控制组态、诊断、报警、记录）的发展，使FCS在控制领域内引起了一场前所未有的革命。

在过去的十几年间，在工厂自动化和过程自动化领域中，FCS是现场级通信系统中的主流解决方案。不过，随着技术的不断进步和发展，传统现场总线越来越多地表现出了其本身的局限性。一方面，随着现场设备智能程度的不断提高，控制变得越来越分散，分布在工厂各处的智能设备之间以及智能设备和工厂控制层之间需要连续地交换控制数据，这使得现场设备之间数据的交换量飞速增长。另一方面，随着计算机技术的发展，企业希望能够将底层的生产信息整合到统一的全厂信息管理系统中。于是，企业的信息管理系统需要读取现场的生产数据，并通过工业通信网络实现远程服务和维护。因此，纵向一致性也成为热门的话题，用户希望管理层和现场级能够使用统一的、与办公自动化技术兼容的通信方案，这样可以大大简化工厂控制系统的结构，节约系统实施和维护的成本。

基于这样的需求，以太网技术（Ethernet）开始逐渐从工厂和企业的信息管理层向底层渗透，以太网技术开始应用于工厂的控制级通信。以太网具有传输速度高、低功耗、易于安装和兼容性好等方面的优势，由于它支持几乎所有流行的网络互联协议，所以在商业系统中被广泛采用。但是传统以太网是为面向办公自动化等实时性要求不高的领域而设计的，它采用总线式拓扑结构和多路存取载波侦听碰撞检测（CSMA/CD）通信方式，在实时性要求较高的场合下，重要数据的传输过程会产生传输延滞，这被称为以太网的“不确定性”。研究表明，商业以太网在工业应用中的传输延滞在2～30ms之间，这是影响以太网长期无法进入过程控制领域的重要原因之一。因此对以太网的研究具有工程实用价值，从而产生了一种新型以太网——工业以太网。

工业以太网，一般来讲是指技术上与商用以太网（即IEEE 802.3标准）兼容，但在产品设计时，在材质的选用、产品的强度、适用性以及实时性、可互操作性、可靠性、抗干扰性甚至安全等方面能满足工业现场的需要。

9.3.2 工业以太网控制系统

1. 工业以太网的拓扑结构

拓扑结构是物理层上一个重要的问题。拓扑结构指的是如何在网络中走线。

点对点的连接是一个工作站和一个集线器的接口的连接，一个集线器和另一个集线器的连接，或一个工作站和另外一个工作站的连接。

1）商用以太网拓扑结构

商用以太网拓扑结构是工业以太网拓扑结构的始祖，主要包含以下几种。

（1）总线型：早期以太网多使用总线型的拓扑结构，采用同轴电缆作为传输介质，采用共享的访问机制。但由于它存在的固有缺陷，已经逐渐被以集线器和交换机为核心的星型网络所代替。

(2) 星型：采用专用的网络设备(如集线器或交换机)作为核心节点，通过双绞线将局域网中的各台主机连接到核心节点上，这就形成了星型结构。星型拓扑可以通过级联的方式使网络得到扩展，因此被绝大部分的以太网所采用。

(3) 树型：是星型和总线型的结合。

(4) 环型：IEEE 802.5 令牌环网，由于性价比的因素，在市场上几乎已淘汰。

2) 工业以太网的拓扑结构

关于工业以太网的研究表明，商用的 EN50173 标准和 ISO/IEC11801 标准所描述的拓扑结构，在完成一些修正后完全应用到工业环境中，就成就了目前工业以太网拓扑结构的雏形。

大多数工业现场的用户都比较熟悉总线型的连接即多个工作站共享一个通用的连接，EIA-485 或控制器局域网(CAN) 是这些网络的很好的例子。但是，总线拓扑结构在工业以太网中已不再存在。尽管 10BASE2 和 10BASE5 确实是总线型的基于同轴线缆的以太网网络，但由于它们局限于 10Mbit/s 的半双工工作状态，更由于它们不被包含在新兴的商业楼宇的布线标准 TIA/EIA-568-A 中，它们的用途在逐渐减少。

基于以上原因，初期的工业以太网的布线多采用星式，即要求连接型集线器或工业以太网交换型机。目前，大家不再去考虑用总线型的方法去连接传送系统一类的网络，尽管其非常简单。如果要使用工业以太网，就多使用星型、树型或环型的拓扑结构。

在一个典型的工业环境中，可以从整体的角度做出分割，将其中的各个单元做如下的划分，在这种分割下，一个典型工业以太网拓扑结构如图 9-12 所示。

- CD(Campus Distributor)，即工业园区级节点。
- BD(Building Distributor)，即厂房级节点。
- FD(Floor Distributor)，即车间级节点。
- MD(Machine Distributor)，即机器(设备)级节点。
- MO(Machine Outlet)，即设备输出节点。
- TO(Terminal Outlet)，即终端输出节点。

如果不考虑无线网络系统，目前工业以太网的拓扑结构主要还是星型和环型。基于安全可靠方面的考虑，冗余双星型和冗余双环型是主流网络拓扑，而环型似乎更受到自动化用户的青睐。

2. 工业以太网控制系统的组成

近几年来，控制系统技术发生了深刻的变革。控制系统结构向网络化、开放性方向发展是控制系统技术发展的主要潮流。以太网作为目前应用最为广泛的局域网技术，在工业自动化和过程控制领域得到了越来越多的应用。

一般来讲，控制系统网络可分为 3 层：信息层、控制层和设备层，如图 9-13 所示。控制系统在信息层大都采用以太网，而在控制层和设备层一般采用不同的现场总线或

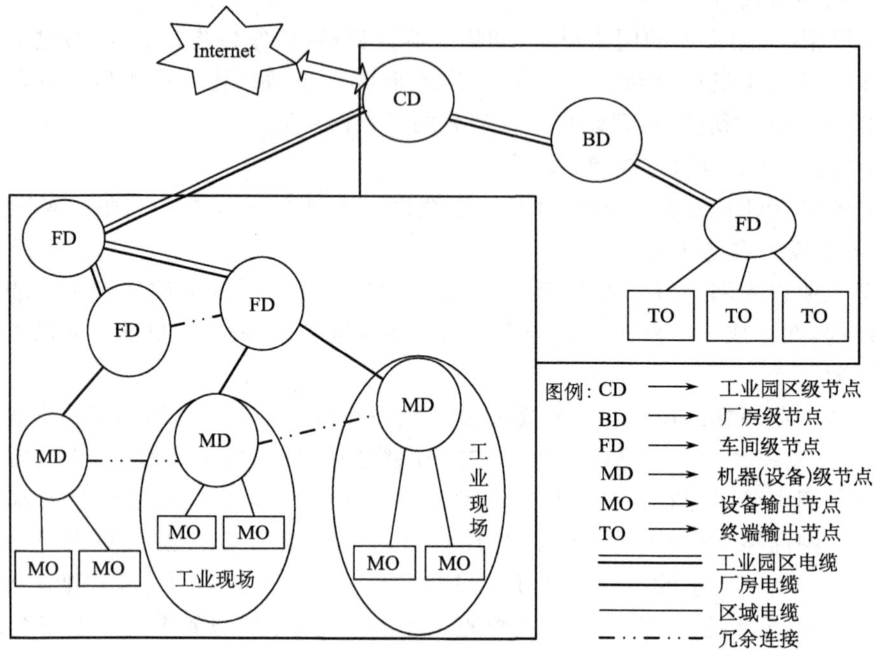

图 9-12　工业以太网拓扑结构

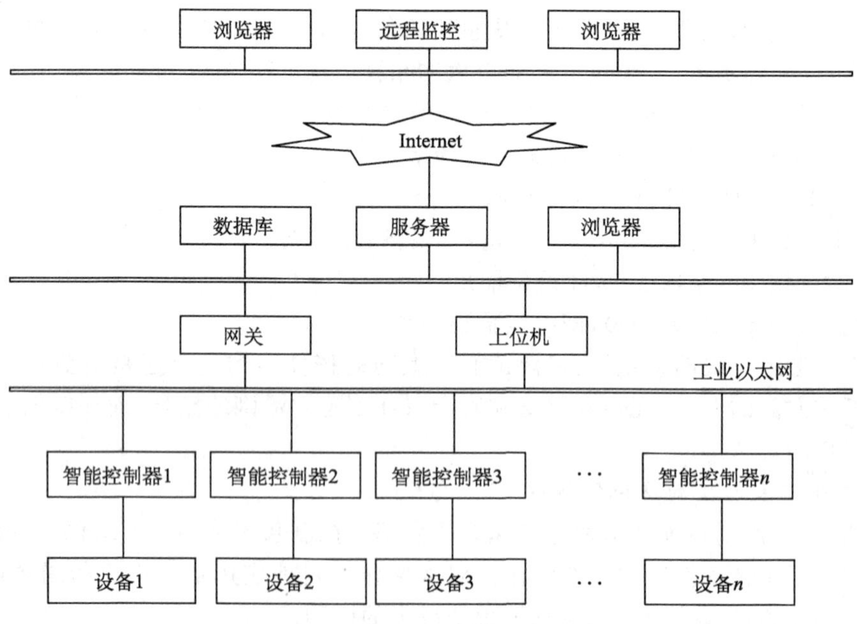

图 9-13　工业以太网控制系统结构

其他专用网络。数据可以双向流通、层与层之间可以交换数据，对某一具体应用可以选择其中某层或某几层，而且每层之间可能存在层叠。其目的是，采用一个开放的、扁平的、满足高性能系统需求的、降低整体系统费用的(包括提高网络/设备诊断能力、减少接线、安装、系统调试时间，提高纠错能力)工业联网标准。

9.3.3 工业以太网的技术特点

1. 实时性和确定性

随着快速以太网与交换式以太网技术的发展，给解决以太网的非确定性问题带来了新的契机，使这一应用成为可能。首先，以太网的通信速率从10Mbit/s、100Mbit/s增大到如今的1000Mbit/s、10Gbit/s，在数据吞吐量相同的情况下，通信速率的提高意味着网络负荷的减轻和网络传输延时的减小，即网络碰撞几率大大下降。其次，采用星型网络拓扑结构，交换机将网络划分为若干个网段。以太网交换机由于具有数据存储、转发的功能，使各端口之间输入和输出的数据帧能够得到缓冲，不再发生碰撞；同时交换机还可对网络上传输的数据进行过滤，使每个网段内节点间数据的传输只限在本地网段内进行，而不需经过主干网，也不占用其他网段的带宽，从而降低了所有网段和主干网的网络负荷。再次，全双工通信又使得端口间两对双绞线(或两根光纤)上分别同时接收和发送报文帧，也不会发生冲突。因此，采用交换式集线器和全双工通信，可使网络上的冲突域不复存在(全双工通信)，或碰撞几率大大降低(半双工)，因此使以太网通信确定性和实时性大大提高。

2. 稳定性和可靠性

以太网进入工业控制领域的另一个主要问题是，它所用的接插件、集线器、交换机和电缆等均是为商用领域设计的，而未针对较恶劣的工业现场环境来设计(如冗余直流电源输入、高温、低温、防尘等)，故商用网络产品不能应用在有较高可靠性要求的恶劣工业现场环境中。

随着网络技术的发展，上述问题正在迅速得到解决。为了解决在不间断的工业应用领域，在极端条件下网络也能稳定工作的问题，美国Synergetic微系统公司和德国Hirschmann、Jetter AG等公司专门开发和生产了机架导轨式集线器、交换机产品，安装在标准DIN导轨上，并有冗余电源供电，接插件采用牢固的DB-9结构。台湾四零四科技(Moxa Technologies)在2002年6月推出工业以太网产品——MOXA EtherDevice Server(工业以太网设备服务器)，特别设计用于连接工业应用中具有以太网接口的工业设备(如PLC、HMI、DCS系统等)。

近期发布的IEEE 802.3af标准中，对Ethernet的总线供电规范也进行了定义。此外，在实际应用中，主干网可采用光纤传输，现场设备的连接则可采用屏蔽双绞线，对于重要的网段还可采用冗余网络技术，以此提高网络的抗干扰能力和可靠性。

3. 工业以太网协议

由于工业自动化网络控制系统不单单是一个完成数据传输的通信系统，而且还是一个借助网络完成控制功能的自控系统。它除了完成数据传输之外，往往还需要依靠所传输的数据和指令，执行某些控制计算与操作功能，由多个网络节点协调完成自控任务。因而它需要在应用、用户等高层协议与规范上满足开放系统的要求，满足互操作条件。

对应于ISO/OSI七层通信模型，以太网技术规范只映射为其中的物理层和数据链路层，而在其之上的网络层和传输层协议，目前以TCP/IP（传输控制/网间）协议为主（已成为以太网之上传输层和网络层"事实上的"标准）。而对较高的层次如会话层、表示层、应用层等没有作技术规定。目前商用计算机设备之间是通过FTP（文件传送协议）、Telnet（远程登录协议）、SMTP（简单邮件传送协议）、HTTP（WWW协议）、SNMP（简单网络管理协议）等应用层协议进行信息透明访问的，它们如今在互联网上发挥了非常重要的作用。但这些协议所定义的数据结构等特性不适合应用于工业过程控制领域现场设备之间的实时通信。

为满足工业现场控制系统的应用要求，必须在Ethernet＋TCP/IP协议之上，建立完整的、有效的通信服务模型，制定有效的实时通信服务机制，协调好工业现场控制系统中实时和非实时信息的传输服务，形成为广大工控生产厂商和用户所接收的应用层、用户层协议，进而形成开放的标准。为此，各现场总线组织纷纷将以太网引入其现场总线体系中的高速部分，利用以太网和TCP/IP技术，以及原有的低速现场总线应用层协议，从而构成了工业以太网协议。表9-1列出了流行的现场总线和工业以太网协议标准。

表9-1　流行的现场总线和工业以太网协议标准

现场总线串行协议	基于以太网的协议
CANopen	EtherCAT
CANopen	Ethernet Powerlink
DeviceNet/ControlNet	Ethernet/IP
LonWorks	Lon over Ethernet
Modbus/RTU	Modbus/TCP
PROFIBUS	PROFINET
SERCOS Ⅰ/Ⅱ	SERCOS Ⅲ
CC-Link	CC-Link IE
Fieldbus Foundation H1	Fieldbus Foundation HSE

1) HSE (High Speed Ethernet，高速以太网)

现场总线基金会明确将HSE定位成实现控制网络与互联网Internet的集成。HSE链接设备将H1网段信息传送到以太网的主干上并送到企业的ERP和管理系统，操作员在主控室可直接使用网络浏览器查看现场运行情况，现场设备也可以从网络获得控制信息。HSE在低四层直接采用Ethernet ＋ TCP/IP，在应用层和用户层直接采用 FF H1 的应用层服务和功能块应用进程规范，并通过链接设备将 FF H1 网络连接到 HSE 网段上。HSE 链接设备同时具有网桥和网关的功能，它的网桥功能能用来连接多个 H1 总线网段，使不同 H1 网段上的 H1 设备之间能够进行对等通信而无需主机系统的干预。HSE 主机可以与所有的链接设备和链接设备上挂接的 H1 设备进行通信，使操作数据能传送到远程的现场设备，并接收来自现场设备的数据信息，实现监控和报表功能。监视和控制参数可直接映射到标准功能块或者“柔性功能块”中。

2）PROFInet

Profibus 国际组织针对工业控制要求和 Profibus 技术特点，提出基于以太网的 PROFInet。它主要包含三方面的技术：①基于通用对象模型(COM)的分布式自动化系统；②规定了 Profibus 和标准以太网之间的开放、透明通信；③提供一个包括设备层和系统层、独立于制造商的系统模型。PROFInet 采用标准 TCP/IP ＋以太网作为连接介质，采用标准 TCP/IP 协议加上应用层的 RPC /DCOM 来完成节点之间的通信和网络寻址。它可以同时挂接传统 Profibus 系统和新型的智能现场设备。现有的 Profibus 网段可以通过一个代理设备连接到 PROFInet 网络当中，使整套 Profibus 设备和协议能够原封不动地在 PROFInet 中使用。

3）Ethernet/IP

Ethernet/IP 网络采用商业以太网通信芯片、物理介质和星型拓扑结构，采用以太网交换机实现各设备间的点对点连接，能同时支持 10Mbit/s 和 100Mbit/s 以太网商用产品。Ethernet/IP 协议由 IEEE 802.3 物理层和数据链路层标准、TCP /IP 协议组和控制与信息协议 CIP 等 3 个部分组成。Ethernet/IP 为了提高设备间的互操作性，采用了 Control Net 和 Device Net 控制网络中相同的 CIP。其控制部分用来实现实时 I/O 通信，信息部分则用来实现非实时的信息交换。近来，随着网络通信技术的进一步发展，用户的需求也日益迫切，国际上许多标准化组织正在积极地工作以建立一个工业以太网的应用协议。工业自动化开放网络联盟(Industrial Automation Open Network Alliance，IAONA)和协同 ODVA 和分散自动化集团(Interface for Distributed Automation，IDA)共同开展工作，并对推进基于 Ethernet TCP/IP 工作以太网的通信技术达成共识。由 IAONA 负责定义工业以太网公共的功能和互操作性，具体内容包括对于 IP 地址即插即用互操作的通用策略、装置描述和恢复机制、网络诊断的方案；指导使用 Web 技术；一致性测试；以及定义一种应用接口，以消除各种协议间的差异。我们相信，经过各方面的共同努力，不久的将来就会出现一个具有互操作性的工业以太网。

9.3.4 工业以太网的发展前景

1. 工业以太网与现场总线相结合

工业以太网技术的发展将与现场总线相结合，具体表现在以下几个方面。

(1) 物理介质采用标准以太网连线，如双绞线、光纤等；

(2) 使用标准以太网连接设备，在工业现场使用工业以太网交换机；

(3) 采用IEEE 802.3物理层和数据链路层标准、TCP/IP协议组；

(4) 应用层(甚至是用户层)采用现场总线的应用层、用户层协议；

(5) 兼容现有成熟的传统控制系统，如DCS、PLC等。

2. 工业以太网技术直接用于工业现场设备间通信

以太网应用于现场设备间通信的关键技术获得重大突破。对工业现场设备间通信具有实时性强、数据信息短、周期性较强等特点和要求，采用以下技术可解决通信所遇到的问题。

(1) 实时通信技术。采用以太网交换技术、全双工通信、流量控制等技术，以及确定性数据通信调度控制策略、简化通信栈软件层次、现场设备层网络微网段化等针对工业过程控制的通信实时性措施，解决了以太网通信的实时性。

(2) 总线供电技术。采用直流电源耦合、电源冗余管理等技术，设计了网络供电或总线供电的以太网集线器，解决了以太网总线的供电问题。

(3) 远距离传输技术。采用网络分层、控制区域微网段化及光纤等技术解决以太网的远距离传输问题。

(4) 网络安全技术。采用控制区域微网段化，各控制区域通过具有网络隔离和安全过滤的现场控制器与系统主干相连，实现各控制区域与其他区域之间的逻辑上的网络隔离。

(5) 可靠性技术。采用分散结构化设计、EMC设计、冗余、自诊断等可靠性设计技术等，提高基于以太网技术的现场设备可靠性。

目前以太网已经在工业企业综合自动化系统中的资源管理层、执行制造层得到了广泛应用，并呈现向下延伸直接应用于工业控制现场的趋势。未来工业以太网将在工业企业综合自动化系统中的现场设备之间的互连和信息集成中发挥越来越重要的作用。

由于工业以太网技术展示出来"一网到底"的工业控制信息化美景，即它可以一直延伸到企业现场设备控制层，所以被人们普遍认为是未来控制网络的最佳解决方案，工业以太网已成为现场总线中的主流前沿技术。

思 考 题

9.1 简述集散控制系统的特点。

9.2 现在有哪几种主流的现场总线技术？

9.3 简述现场总线控制系统的特点。

9.4 解决工业以太网通信所遇到问题的几个途径是什么？

参考文献

陈秋良．2001．现场总线控制系统综述[J]．兵工自动化，20(1)：13-16

储春华，李志俊．2005．工业以太网技术的发展现状与前景[J]．仪表技术，(6)：62-63

丁健．2007．计算机控制系统的可靠性技术研究[J]．计算机工程与设计，28(4)：985-987

古天龙，高衿畅，周春晖．1995．实时系统控制软件及其设计[J]．信息与控制，24(3)：475-482

何衍庆，俞金寿，蒋慰孙．2004．工业生产过程控制[M]．北京：化学工业出版社

胡寿松．2001．自动控制原理[M]．北京：科学出版社

胡寿松，王执铨，胡维礼．2005．最优控制理论与系统[M]．2版．北京：科学出版社

黄晓明．2005．中，大规模(MSI/LSI)数字集成电路的组合逻辑实现[J]．湖北教育学院学报，22(2)：64-66

黄樱，彭代文，刘君等．2007．嵌入式系统硬件抗干扰技术研究[J]．科技资讯，(11)：27

霍星．2006．基于ADC0809的微机原理综合实验设计[J]．吉林省教育学院学报，22(4)：38-40

姜学军，刘新国，李晓静．2009．计算机控制技术[M]．2版．北京：清华大学出版社

姜玉春，吴红燕．2006．PID控制器参数整定[J]．莱钢科技，122(2)：54-55

巨永锋．2005．最优控制[M]．重庆：重庆大学出版社

赖寿宏．2000．微型计算机控制技术[M]．北京：机械工业出版社

李杰训，徐晶，岳绍信等．2003．计算机过程控制系统的应用与发展[J]．油气田地面工程，22(11)：1-2

李平利．2005．基于AD650的VFC型A/D转换器[J]．现代电子技术，28(6)：117-122

李正军．2005．现场总线及其应用技术[M]．北京：机械工业出版社

梁坚．1996．一种新型的在线实时自整定PID控制器[J]．自动化与仪器仪表，(3)：32-35

廖芳芳，肖建．2005．基于BP神经网络PID参数自整定的研究[J]．系统仿真学报，17(7)：1711-1713

刘丁．2006．自动控制理论[M]．北京：机械工业出版社

刘光斌，刘冬，姚志成．2003．单片机系统实用抗干扰技术[M]．北京：人民邮电出版社

刘金琨．2004．先进PID控制Matlab仿真[M]．北京：电子工业出版社

刘开茂．2006．谈谈计算机控制技术及应用[J]．四川建材，(5)：49-50

刘思华，胡广大，王英．2007．一种改进的基于优化的PID参数整定方法[J]．系统仿真学报，19(16)：3745-3748

刘文，张建军．2004．基于嵌入式控制技术的抗干扰设计思想[J]．现代电子技术，27(13)：52-61

楼正家，楼正国，洪明．2002．一种新型洗胃机的研制[J]．医疗设备信息，17(12)：11-12

马立明，魏小成，焦建勇．2002．现场总线与现场总线控制系统[J]．河北省科学院学报，19(4)：237-240

司栋森．2001．嵌入式控制系统的可靠性设计[J]．自动化仪表，22(1)：45-48

苏小林．2004．计算机控制技术[M]．北京：中国电力出版社

孙增圻．2003．智能控制理论与技术[M]．北京：清华大学出版社

陶永华．2002．新型PID控制及其应用[M]．北京：机械工业出版社

滕旭，胡志昂．2004．电子系统抗干扰实用技术[M]．北京：国防工业出版社

王百鸣. 2001. 一种基于流水逐次逼近比较方式的模/数转换器[J]. 微电子学,31(2):93-96
王彪. 2005. PLC的简介及日常维护保养[J]. 技术论坛,(6):49-52
王国栋,刘相华,王军生. 2003. 冷连轧计算机过程控制系统[J]. 轧钢,20(2):41-44
王红卫. 2005. 浅谈计算机控制系统的可靠性与抗干扰技术[J]. 太原科技,(03):58-59
王洪庆. 2005. 微型计算机控制技术[M]. 北京:机械工业出版社
王再英,刘淮霞,陈毅静. 2006. 过程控制系统与仪表[M]. 北京:机械工业出版社
温希东,路勇. 2005. 计算机控制技术[M]. 西安:西安电子科技大学出版社
吴劲松. 2006. 可编程控制器简介[J]. 鄂钢科技,(2):30-33
吴作勋. 2005. 计算机控制技术的发展现状[J]. 福建农机,(3):15-19
肖诗松,刘明,刘时进等. 2006. 计算机控制——基于MATLAB实现[M]. 北京:清华大学出版社
邢继祥,张春蕊,徐洪泽. 2003. 最优控制应用基础[M]. 北京:科学出版社
闫杰,王百鸣. 2006. 基于采样保持器的滤波电路研究[J]. 微电子学,36(6):707-709.
姚燕南. 2004. 微型计算机原理与接口技术[M]. 北京:高等教育出版社
袁任光. 2003. 集散型控制系统应用技术与实例[M]. 北京:机械工业出版社
张国良,曾静,柯熙政等. 2002. 模糊控制及MATLAB应用[M]. 西安:西安交通大学出版社
张洪钺,王青. 2006. 最优控制理论与应用[M]. 北京:高等教育出版社
张泾周,杨伟静,张安祥. 2009. 模糊自适应PID控制的研究及应用仿真[J]. 计算机仿真,26(9):132-135
张荆桥. 2004. 数控机床的数字化全闭环控制[J]. 江西煤炭科技,(3):36-38
张世峰,李鹏. 2009. 基于神经网络的自整定PID控制器设计[J]. 自动化仪表,30(7):64-66
张新跃. 2006. 计算机控制与抗干扰技术现状[J]. 中国市场,(22):77
赵江东,李娟,马小陆. 2009. 基于RBF神经网络动态辨识的自整定PID控制策略[J]. 工业仪表与自动化装置,(6):12-15
郑改成. 2006. 论CIMS及其应用[J]. 科技情报开发与经济,16(8):231
周晓庆. 2005. 基于知识的CIMS系统框架研究及设计[J]. 软件导刊,(13):41-43
朱苏朋,符文星,杨军. 2009. 计算机控制及仿真[M]. 北京:国防工业出版社
Sheldake P F. 1971. Attitudes to the computer and its uses. Journal of Management Studies, 8(1):39
Takahashi, Hideyuki. An automatic-controller description language[J]. IEEE Transactions on Software Engineering,1980,6(1):53-64
Thoscano R. 2005. A simple robust PI/PID controller design via numerical optimization approach[J]. Journal of Process Control,15(1):81-88
Zhao Z Y, Satoru M. 1993. Fuzzy gain scheduling of PID controllers[J]. IEEE Transactions on Systems, Man and Cybernetics,23(5):1392-1398
Zil'berman G A et al. 1983. Methods of checking automated equipment for measuring the dynamic characteristics of analog-digital converters[J]. General Problems of Metrology and Measurement Techniques,26(4):250-253
http://ati. nstl. gov. cn/car/tech/90423. asp,2009
http://baike. baidu. com/view/46688. htm? fr=ala0_1,2009
http://www. gongkong. com/webpage/forum/200804/2008041709350200001-1. shtml,2009

附录1　常见系统的 z 变换和广义 z 变换

$F(s)$	$f(t)$	$F(z)$	$F(z,\beta)$
e^{-kTs}	$\delta(t-kT)$	z^{-k}	$z^{\beta-1-k}$
1	$\delta(t)$	1	0
$\frac{1}{s}$	$1(t)$	$\frac{z}{z-1}$	$\frac{1}{z-1}$
$\frac{1}{s^2}$	t	$\frac{Tz}{(z-1)^2}$	$\frac{\beta T}{z-1}+\frac{T}{(z-1)^2}$
$\frac{1}{s^3}$	$\frac{1}{2}t^2$	$\frac{T^2}{2}\frac{z(z+1)}{(z-1)^2}$	$\frac{T^2}{2}\left[\frac{\beta^2}{z-1}+\frac{2\beta+1}{(z-1)^2}+\frac{2}{(z-1)^3}\right]$
$\frac{T}{Ts-\ln a}$	$a^{t/T}$	$\frac{z}{z-a}$	$\frac{a^{\beta}}{z-a}$
$\frac{1}{s+a}$	e^{-at}	$\frac{z}{z-\mathrm{e}^{-aT}}$	$\frac{\mathrm{e}^{-a\beta T}}{z-\mathrm{e}^{-aT}}$
$\frac{1}{(s+a)^2}$	$t\mathrm{e}^{-at}$	$\frac{Tz\mathrm{e}^{-aT}}{(z-\mathrm{e}^{-aT})^2}$	$\frac{T\mathrm{e}^{-a\beta T}[\mathrm{e}^{-aT}+\beta(z-\mathrm{e}^{-aT})]}{(z-\mathrm{e}^{-aT})^2}$
$\frac{a}{s(s+a)}$	$1-\mathrm{e}^{-at}$	$\frac{(1-\mathrm{e}^{-aT})z}{(z-1)(z-\mathrm{e}^{-aT})}$	$\frac{1}{z-1}-\frac{\mathrm{e}^{-a\beta T}}{z-\mathrm{e}^{-aT}}$
$\frac{a}{s^2(s+a)}$	$t-\frac{1-\mathrm{e}^{-at}}{a}$	$\frac{Tz}{(z-1)^2}-\frac{(1-\mathrm{e}^{-aT})z}{a(z-1)(z-\mathrm{e}^{-aT})}$	$\frac{Tz}{(z-1)^2}+\frac{\beta T-1/a}{(z-1)}+\frac{\mathrm{e}^{-a\beta T}}{a(z-\mathrm{e}^{-aT})}$
$\frac{\omega}{s^2+\omega^2}$	$\sin\omega t$	$\frac{z\sin\omega T}{z^2-2z\cos\omega T+1}$	$\frac{z\sin\beta\omega T+\sin(1-\beta)\beta T}{z^2-2z\cos\omega T+1}$
$\frac{s}{s^2+\omega^2}$	$\cos\omega t$	$\frac{z(z-\cos\omega T)}{z^2-2z\cos\omega T+1}$	$\frac{z\cos\beta\omega T-\cos(1-\beta)\beta T}{z^2-2z\cos\omega T+1}$

附录 2 广义 z 变换简介

普通 z 变换只反映采样点上的信息，但在计算机控制系统中，往往还要求知道两采样点之间的信息，这可将普通 z 变换作适当的扩展或改进，得到广义 z 变换。利用广义 z 变换就可求得在两采样点间的信息。

广义 z 变换有超前型和滞后型两种。

1. 超前情况

设信号 $f(t)$ 的拉氏变换为 $F(s)$，超前型信号 $f(t+\alpha T)$ 的拉氏变换定义为

$$F(s,\alpha)\Rightarrow F(s)\mathrm{e}^{\alpha Ts}=L[f(t+\alpha T)],\quad 0<\alpha<1$$

若要取得 $f(t+\alpha T)$ 在采样点上的值，则有 z 变换

$$\begin{aligned}F(z,\alpha)\Rightarrow L[F(s,\alpha)]&=L[F(s)\mathrm{e}^{\alpha Ts}]=L[f(t+\alpha T)]\\&=\sum_{k=0}^{\infty}f(kT+\alpha T)z^{-k},\quad 0<\alpha<1\end{aligned}$$

2. 滞后情况

设信号 $f(t)$ 的拉氏变换为 $F(s)$，滞后型信号 $f(t-qT)$ 的拉氏变换定义为

$$F(s,q)\Rightarrow F(s)\mathrm{e}^{-qTs}=L[f(t-qT)],\quad 0<q<1$$

设 $\beta=1-q$，则 $0<\beta<1$，上式可定义为

$$F(s,\beta)\Rightarrow F(s)\mathrm{e}^{-(1-\beta)Ts}=L[f(t-(1-\beta)T)],\quad 0<\beta<1$$

若要取得 $f(t-qT)$ 在采样点上的值，则有 z 变换

$$\begin{aligned}F(z,\beta)\Rightarrow L[F(s,\beta)]&=L[F(s)\mathrm{e}^{-(1-\beta)Ts}]\\&=L[f(t+\beta T-T)]\\&=z^{-1}L[f(t+\beta T)]\\&=z^{-1}\sum_{k=0}^{\infty}f(kT+\beta T)z^{-k},\quad 0<\beta<1\end{aligned}$$

可见，超前型和滞后型广义 z 变换在本质上没有区别，实际应用时可以采用任何一种形式。